Torsten Dewi, Katrin Tempel

Dr. Hope

Eine Frau gibt nicht auf

PIPER

Zu diesem Buch

Das ungewöhnlich intelligente und lebhafte Mädchen Hope schreibt sich Ende des 19. Jahrhunderts gegen den Willen ihrer Familie an der Universität ein, mit dem Ziel, die erste praktizierende Ärztin Deutschlands zu werden – damals ein Skandal! Es gelingt ihr gegen alle Widerstände, und wenig später eröffnet sie gemeinsam mit ihrem Mann eine Praxis. Doch Hope wird selbst zum Opfer: Sie erkrankt an Tuberkulose. Nicht bereit, das vermeintliche Todesurteil anzunehmen, entwickelt die junge Ärztin eine völlige neue TBC-Kur und überwindet die Krankheit. Ihr Ruhm wächst – doch als sie im hitzköpfigen Revolutionär Carl Lehmann die Liebe ihres Lebens findet, zerbricht ihre Ehe. Hope kämpft um eine faire Scheidung, ein gemeinsames Sorgerecht für die Kinder, eine neue Zukunft ... Die authentische Geschichte einer mutigen Frau.

Torsten Dewi, geboren 1968, lebt in München. Aus seiner Feder stammen die Romane »Der Ring der Nibelungen« und »Die Rache der Nibelungen« sowie Drehbücher zu Filmen wie »Apokalypse Eis« und »Lost City Raiders«. Er arbeitet als Projektentwickler und Skriptdoktor und besitzt das erfolgreiche Weblog www.wortvogel.de.

Katrin Tempel, geboren 1967, lebt mit ihrer Familie in Bad Dürkheim. Sie studierte in Münster und München und arbeitete anschließend lange als Journalistin, unter anderem als Chefredakteurin der Zeitschrift Gong. Sie ist heute Geschäftsführerin eines Redaktionsbüros und schreibt Romane und Drehbücher.

Gemeinsam verfassten sie das Drehbuch zum TV-Film »Dr. Hope. Eine Frau gibt nicht auf«.

Torsten Dewi
Katrin Tempel

Dr. Hope
Eine Frau gibt nicht auf

Deutschlands erste Ärztin

Piper München Zürich

Mehr über unsere Autoren und Bücher:
www.piper.de

Für Emma

Mix
Produktgruppe aus vorbildlich bewirtschafteten
Wäldern und anderen kontrollierten Herkünften
www.fsc.org Zert.-Nr. GFA-COC-001223

Originalausgabe
1. Auflage September 2009
4. Auflage April 2010

Umschlaggestaltung: semper smile, München
Umschlagfoto: Erika Hauri
Satz: Filmsatz Schröter, München
Druck und Bindung: CPI – Clausen & Bosse, Leck
Printed in Germany ISBN 978-3-492-25488-5

Dresden, 1874

»Was ist denn da drin? Steine?« Der rotgesichtige Mann hob ächzend den abgeschabten Koffer an.

»Meine Bücher«, erklärte Hope. »Ich habe auf dem Bedford College ...«

»Für solchen Kinderkram ist keine Zeit mehr«, unterbrach er sie. »Jetzt musst du wirklich arbeiten.«

Hope holte tief Luft, um ihm eine passende Antwort zu geben. Was bildete sich dieser Sachse nur ein? Noch bestimmte sie selber, was sie mit ihrer Zeit anfing. Und Bücher ließ sie sich auf gar keinen Fall verbieten! Schon gar nicht von einem angeheirateten Cousin. Bevor sie jedoch den Mund öffnen konnte, spürte sie den spitzen Ellbogen ihrer Mutter Ellen Bridges in ihrer Seite. Überrascht sah Hope sie an.

»Nicht jetzt!«, deutete Ellen mit lautlosen Lippenbewegungen an. Hope runzelte die Stirn. Sie sollte diese Beleidigung ihrer Bildung einfach dulden? Insgeheim schwor sie sich, dass Gregor ihre Meinung schon noch hören würde.

Erst einmal wollten sie sich allerdings einrichten. Seit Tagen war sie mit ihrer Mutter unterwegs, spätestens seit der rauen Überfahrt auf dem Kanal hatte sie von dieser Reise genug. Und jetzt dieses Land, in dem sie eine neue Heimat finden sollte. Obwohl ihre Mutter seit Hopes Kindheit darauf bestanden hatte, dass sie Deutsch lernte, klang das, was sie von dem Schaffner und den Mitreisenden gehört hatte, fremd und hart. Vor allem, seitdem sie im Königreich Sachsen angekommen waren. Das sollte Deutsch sein? Es klang eher wie eine merkwürdige, eigene Sprache.

Hier würde sie mit ihrer Mutter bei Gregor und Lisbeth leben. Lisbeth war Ellens Cousine und damit wohl so etwas wie eine Großcousine für Hope. Seit einem »Missgeschick« – niemand hatte Hope erklären können, was damit gemeint war – konnte Lisbeth den Alltag nicht mehr ohne Hilfe bewältigen. Diese Hilfe kam ab heute von Ellen. Hope war sich nicht sicher, was das für sie bedeutete.

Die Droschke vor dem Dresdner Bahnhof verdiente kaum diesen Namen. Karren traf es viel genauer. Die eisenbeschlagenen Räder hingen schief an der Nabe, die Sitze waren ungepolsterte Holzbänke. Und die beiden Gäule wurden wohl nur von der Deichsel am Umfallen gehindert. Gregor stapelte die Koffer und Taschen auf der Ladefläche und setzte sich zu dem Kutscher auf den Bock. Mit einer herrischen Handbewegung wies er Ellen und Hope ihren Platz zu. Kaum hatten sie Platz genommen, setzte sich das Gefährt schaukelnd in Bewegung.

Während sie über das holprige Pflaster ratterten, hing Hope ihren Gedanken nach. Es schien ihr noch nicht lange her, dass sie mit ihrer Mutter und ihrem Vater in einem schönen Haus in London gelebt hatte. Aber dann war der Husten gekommen, der ihrem Vater die Gesundheit geraubt hatte. Sie erinnerte sich noch genau: In diesem Winter hatte es genauso geregnet …

London, 1871

»Und beste Grüße zur Genesung an den Herrn Papa!« Der Apotheker zwinkerte, und Hope fragte sich, ob er damit eine verschlüsselte Botschaft loswerden wollte – oder ob er lediglich eine merkwürdige Marotte hatte. Ihre Finger schlossen sich um das kleine Glasfläschchen, das er ihr reichte. »Das werde ich ihm gerne ausrichten«, entgegnete sie ernst. »Aber es geht ihm nicht gut. Seine Lunge …«

Sie sah durch die trüben Scheiben der Schaufenster hinaus. Der Regen vermischte sich mit dem Dreck auf dem Kopfsteinpflaster zu einem schmierigen Film. Es dämmerte schon wieder, obwohl doch eben erst Mittagszeit gewesen war. Höchste Zeit, sich auf den Weg nach Hause zu machen. Sie nickte dem Apotheker zu, zog den Schal fester über ihre Zöpfe, und schon stand sie auf dem Bürgersteig. Die Londoner drängten sich dicht an dicht, der kalte Geruch nach ungewaschenen Menschen und feuchter Wolle drang in ihre Nase. Obwohl die neue Untergrundlinie jetzt schon einige Zeit in Betrieb war, wurden die Menschenmengen nicht weniger. Ihr schien es fast, als ob die ganze Welt ihr Glück in London suchte. Oder wenigstens eine Arbeitsstelle. Sie schüttelte den Kopf und machte sich auf den Weg. So schnell es ging, lief sie an den Hauswänden entlang nach Hause.

»Victoria!«

Der Schrei einer Frau ein paar Meter entfernt. Eine junge Stimme. Hope hob ihren Blick – und entdeckte ein pausbäckiges kleines Mädchen, das mit weit ausgebreiteten Armen über die Straße rannte. Sie sah aus wie ein kleiner Engel, mit blonden Locken und großen, dunklen Augen. Was immer sie auf der anderen Seite entdeckt haben mochte – Hope hatte nur Augen für dic elegante Droschke, die um die Ecke bog. Auf dem Kopfsteinpflaster schlingerte sie kurz, dann nahm sie wieder Fahrt auf. Das blonde Mädchen entdeckte die Gefahr erst jetzt. Sie hielt mitten auf der Straße an und sah mit offen stehendem Mund den beiden Pferden entgegen. Der Klang der eisenbeschlagenen Hufe mischte sich mit dem Ruf des Kindermädchens. »Victoria! Komm sofort zurück.«

»Jetzt haltet doch an!«, schrie jetzt auch Hope, während sie auf die Straße rannte. Sie packte das Mädchen und zerrte es weiter. Das Rad der Kutsche verfing sich einen Augenblick in ihrem weiten Rock, bis es sich mit dem scharfen Geräusch von reißendem Stoff löste. Hope strauchelte und fiel mit dem Mädchen im Arm auf das Kopfsteinpflaster. Während sie noch die glatten Sohlen der Schnürstiefel verfluchte, blieb ihr die Luft weg. Das eng geschnürte Korsett war einfach nicht für solche Übungen gedacht. Kurz verschwammen der Regen, das Kopfsteinpflaster und das zappelnde Mädchen in ihrem Arm zu einem fernen Traum, dann drangen die Geräusche allmählich wieder klar an ihre Ohren.

Vorsichtig richtete sie sich auf und sah sich um. Die Droschke verschwand am Ende der Straße. Der Fahrer hielt es für überflüssig, sich nach den Mädchen umzusehen, die ihm da vor die Pferde gesprungen waren. Wenigstens beugte sich ein verängstigtes Gesicht besorgt über Hope. Die Sorge galt allerdings nicht ihrer Gesundheit. Offensichtlich war es das Kindermädchen, ungefähr im gleichen Alter wie Hope. Sie griff nach dem rundlichen Kinderarm des kleinen Mädchens, das jetzt angefangen hatte, schrill zu heulen und sich aus Hopes festem Griff zu winden.

»Das ist deine eigene Schuld! Ich habe dir doch gesagt, dass du immer bei mir bleiben sollst! Ich werde es deiner Mutter sagen, dass du wieder ungehorsam warst – sie wird sich schon um deine Strafe kümmern!«, schimpfte das Kindermädchen, während sie das Mädchen auf die Beine zog. Ohne einen weiteren Blick auf Hope zu werfen, nahm sie das Mädchen auf den Arm und verschwand in der gaffenden Menge auf dem Bürgersteig.

Hope kam ächzend auf die Beine. Wenigstens ein kleines Dankeschön wäre nett gewesen. Ihr Knöchel tat weh, das Kleid hatte einen langen Riss und war mit dem Dreck der Straße verschmiert. Hastig fingerte sie nach dem Glasfläschchen in ihrer Tasche. Es war noch ganz, das war das Wichtigste. Sehr viel langsamer als vorher humpelte sie nach Hause.

Als sie schließlich die schwere Tür zum Haus ihrer Eltern aufdrückte, war sie völlig durchnässt. Sie setzte sich auf die Treppe und machte sich an ihrem klammen Schnürstiefel zu schaffen. Mit steifen Fingern öffnete sie vorsichtig die Schnürsenkel. Langsam zog sie den Fuß heraus, bewegte vorsichtig den Knöchel und zog eine Grimasse. Dafür hatte sie eigentlich ewige Dankbarkeit von diesem Kindermädchen verdient! Sie hörte die leise Stimme ihrer Mutter im Salon und humpelte schnell durch die Tür – sie musste unbedingt ihre Empörung loswerden.

»Stell dir vor …«, begann sie, als sie in der Tür wie vom Donner gerührt stehen blieb. Ihre Eltern hatten Besuch – und sie tauchte ausgerechnet jetzt in diesem nassen, zerrissenen Kleid auf. Auf dem Sofa saß eine schmale Frau, die sie neugierig aus ihren ernsten Augen musterte.

William Bridges hob eine Augenbraue in die Höhe. »Hope, du siehst aus, als ob du in einen Krieg geraten wärst – dabei solltest du doch nur meine Medizin abholen.« Er lächelte sie warm an. »Hat sich der Apotheker etwa geweigert, meine Tropfen herauszugeben?«

Hope griff in ihre Manteltasche und reichte ihm das Glasfläschchen. »Der Apotheker war kein Problem – ich habe mich nur auf dem Heimweg vor eine Kutsche geworfen …« Mit wenigen Worten erzählte sie von ihrem Abenteuer.

Die Besucherin richtete sich auf. »Kann ich deinen Knöchel sehen?« Fragend sah Hope ihre Eltern an. Sie sollte einer wildfremden Frau ihr Bein entgegenstrecken?

»Beth ist Ärztin, sie kann dir sicher sagen, ob du dich ernsthaft verletzt hast!«, ermunterte ihre Mutter sie. Zögernd raffte Hope ihre Röcke nach oben. Mit erstaunlich festem Griff packte die Besucherin ihr Bein und verdrehte den Knöchel etwas. Hope entwich ein überraschter Schmerzenslaut. Mit einem zufriedenen Nicken ließ die Frau ihren Knöchel wieder los. »Der ist wirklich nur verstaucht, mach dir keine Sorgen!«

»Sind Sie wirklich Ärztin?«, platzte es aus Hope heraus. »Ich meine – es gibt doch gar keine Ärztinnen! Das können doch nur Männer!« Sie musterte die Frau kurz. Das lange dunkle Haar trug sie in einem eleganten Knoten im Nacken, das graue Kleid ließ ihre Haut noch heller wirken, als sie ohnehin war. Die dunklen Augen waren von einem kleinen Kranz feiner Fältchen umgeben – ansonsten wirkte sie erstaunlich jung. »Vielleicht sind Sie ja Krankenschwester, so wie Florence Nightingale?«, schlug Hope verlegen vor.

»Du hast recht: Es gibt nicht viele wie mich«, nickte die Frau freundlich und streckte ihr die Hand entgegen. »Ich habe mich auch noch nicht vorgestellt: Mein Name ist Elizabeth Garrett. Und seit letztem Jahr bin ich Ärztin. Mit Florence habe ich zusammen ein College gegründet, an dem Frauen Medizin studieren können.«

Hope strich sich aufgeregt eine Strähne ihrer glatten, dunkelblonden Haare hinter das Ohr. »Ehrlich?« Erst jetzt fiel ihr auf, wie unhöflich die Frage war. »Ich meine: Dieses College ist hier in London? Und es dürfen alle Frauen dorthin? Wo haben Sie denn Ihre Praxis? Behandeln Sie auch Männer? Was sagt Ihr Mann dazu – oder haben Sie vielleicht gar keinen Mann?«

»Halt, halt«, unterbrach sie ihr Vater. »Du kannst unseren Besuch nicht mit all deinen Fragen gleichzeitig bombardieren. Du musst Beth schon Zeit geben, dir zu antworten ...«

»Verzeihen Sie«, murmelte Hope verlegen. »Aber ich hätte so gerne gewusst ...«

Beth hob die Hände. »Du musst dich nicht entschuldigen. Die Antwort ist kompliziert: Ja, ich durfte in England Medizin studieren. Aber ein Studienabschluss wurde mit verwehrt, den habe ich letztes Jahr erst an der Sorbonne in Paris gemacht. Aber jetzt bin ich hier – und ich habe meinen Traumberuf!«

»Können Sie meinen Vater gesund machen?«, platzte Hope heraus und biss sich sofort wieder auf die Unterlippe. Sie musste endlich aufhören, sich wie ein kleines Mädchen zu benehmen. Für eine junge Dame geziemte es sich nicht, immer das zu sagen, was ihr gerade durch den Kopf ging.

Elizabeth Garrett sah verwirrt zu dem stattlichen, weißhaarigen Mann in dem Lehnstuhl hin. »Dein Vater?« Sie runzelte die Stirn. »Fehlt ihm denn etwas?«

»Nein, nein«, antwortete William Bridges hastig. »Wir unterhalten uns mit Beth, um sie für einen Vortrag für die Emanzipationsbewegung zu gewinnen. Unsere Mitglieder würden von einem Bericht über ihren Werdegang sicher profitieren.«

Ellen Bridges strich ihrem Mann liebevoll über den Rücken. Sie war fast vierzig Jahre jünger als ihr Mann, aber ihrer Zuneigung tat das keinen Abbruch. »Wer weiß. Vielleicht hätte Beth ja eine Idee, wie sie deine Krankheit bekämpfen könnte. Hast du sie denn schon befragt?«

Unwirsch schüttelte Hopes Vater den Kopf. »Ich habe einen schlimmen Husten. Das ist alles. Wenn ich richtig informiert bin, dann ist Beths Spezialgebiet die weibliche Gesundheit. Das hat wohl kaum etwas mit meinem Leiden zu tun! Ich wollte von ihr auch keinen kostenlosen Rat einholen, bloß weil ich sie um einen Vortrag bei der Emanzipationsbewegung bitte.«

Mit hellwachen Blicken folgte Beth dem kurzen Austausch,

bevor sie sich einmischte. »Mit Verlaub, lieber William, ich musste zuerst die ganze Medizin studieren, bevor ich mich auf den weiblichen Körper spezialisiert habe. Und diese Spezialisierung entsprang nicht meiner ureigenen Neigung, sondern den Normen, die mir die Gesellschaft aufzwang. Von mir erwartet jeder, dass ich mich lediglich mit Geburten oder Frauenkrankheiten auskenne. Das ist allerdings kaum der Fall. Ich bin enttäuscht, dass sogar du das so siehst.«

William Bridges errötete leicht und sah verlegen auf seine Hände. »Du hast recht, Beth. Ich bin genauso verbohrt wie alle anderen, die von einem weiblichen Arzt nichts wissen wollen. Aber glaube mir: Bei diesem Husten werden die Tropfen von Dr. Pierce sicher ihre Wirkung tun. Ich will dich mit solchen Kleinigkeiten nicht von deinen wichtigen Patienten abhalten.«

Beth Garrett musterte ihn noch einmal eindringlich und zeigte dann mit einem Finger anklagend auf das Glasfläschchen, das Hope gerade erst besorgt hatte. »Dann lassen wir es doch dabei bewenden. Ich möchte allerdings darauf hinweisen, dass diese Tropfen, die Dr. Pierce so gerne verschreibt, wirklich nur in den seltensten und harmlosesten Fällen Wirkung zeigen. Ansonsten unterstützt du lediglich die Kasse des Apothekers. Wenn du doch noch Wert auf meine Meinung legst, dann tu dir keinen Zwang an, ich helfe gerne.« Sie machte eine kurze Pause und griff zu der Teetasse, die vor ihr stand. »Bis dahin können wir uns gerne über den Vortrag unterhalten.«

Hope stellte schnell fest, dass ihre vielen Fragen, die sie gerne an diese Besucherin gestellt hätte, keine Rolle spielten. Es ging – wieder einmal – nur um die Politik. Sie bemühte sich zwar, interessiert zu lauschen – aber nach einer Weile war es ihr in dem nassen Kleid kalt. Sie erhob sich, deutete einen Knicks an und bat um die Erlaubnis, sich zurückziehen zu dürfen.

Als sie die dunkle Treppe mit den ausgetretenen Stufen zu ihrem Zimmer nach oben lief, kreisten ihre Gedanken trotzdem weiter um diese außergewöhnliche Besucherin, die da in dem Salon ihrer Eltern saß. Wenn es wirklich für eine Frau möglich war, Ärztin zu werden – dann könnte vielleicht sogar sie einen solchen Weg einschlagen? In ihrer Phantasie konnte sie die Stimmen schon genau hören. Sie würde dereinst die Straße entlanggehen, und die Menschen würden sich zuwispern: »Das ist Hope Bridges. Sie ist Ärztin und rettet regelmäßig Menschenleben ...«

Lächelnd streifte sie ihr Kleid ab und schnürte das feuchte Korsett auf, das ihr am Leib klebte. Ja, das war ganz genau, was sie wollte ... Nachdem sie sich ein warmes Hauskleid übergezogen hatte, lauschte sie noch ein Weilchen auf die Stimmen im Salon. Die Ärztin verabschiedete sich erst kurz vor dem Abendessen.

Wenig später löffelte Hope gemeinsam mit ihren Eltern eine kräftige Suppe im Salon. »Ich habe mich jetzt entschieden, was ich machen möchte!«, verkündete sie triumphierend.

Ihr Vater sah sie nachsichtig an. »Was ist dieses Mal dein Begehr? Wenn ich es richtig erinnere, dann waren es zuletzt Biologin, Dichterin, Schauspielerin und Erfinderin. Habe ich etwas vergessen? Oder die Reihenfolge durcheinandergebracht?«

Hope warf ihrem Vater einen wütenden Blick zu. »Das waren doch Kinderträume. Dieses Mal ist es ernst. Ich will Ärztin werden! So wie Elizabeth Garrett!«

William Bridges fuhr sich mit seinen knotigen Fingern durch seine weißen Haare. »Hast du auch gut zugehört? Beth hat dir doch gesagt, dass es ihr verwehrt war, einen Abschluss hier in England zu machen. Sie musste sehr viel auf sich nehmen, um als Ärztin hier in London arbeiten zu dürfen. Bist du bereit, auch diese Opfer zu bringen?«

»Bis ich studieren kann, vergehen doch noch ein paar Jahre«, belehrte Hope ihren Vater. »Bis dahin wird sich noch so viel ändern. Dafür kämpft ihr doch schließlich mit deinem Emanzipationsverein! Außerdem kann ich sicher problemlos in Beths Schule gehen, die sie gemeinsam mit Florence Nightingale gegründet hat.«

»Ein paar Jahre sind nichts, wenn man an die Unterdrückung der Frau denkt, die schon Jahrtausende währt«, murmelte William Bridges. »Ich kann mir nicht vorstellen, dass es jetzt so schnell gehen soll. Aber vielleicht hast du ja recht, und das nächste Jahrhundert bringt den Frauen alle Rechte, die ihnen bisher verwehrt blieben ...« Seine Rede wurde von einem heftigen Hustenanfall unterbrochen. Ellen Bridges sprang auf und reichte ihm die Tropfen aus der Apotheke, von denen er schnell ein paar auf einen Löffel gab und hastig herunterschluckte. Der Husten ging unvermindert weiter. Hope dachte an die Worte von Beth Garrett. Was, wenn sie recht hatte und die Tropfen des Dr. Pierce nichts gegen den Husten ausrichten konnten? Mit Schweißtropfen auf der Stirn kam ihr Vater nur langsam wieder zur Ruhe. Er musterte seine Tochter nachdenklich.

»Aber wenn es dir wirklich ernst ist mit diesem Plan, dann musst du auch eine entsprechende Schulbildung haben. Du musst auf eine andere Schule! Bist du dazu bereit? Es wird dich sicher keine deiner Freundinnen auf diesem Weg begleiten.«

Auf keinen Fall wollte Hope jetzt noch einen Rückzieher machen. Sie nickte entschlossen. »Welche Schule schwebt dir denn vor?«

»Das Bedford College. Ein Internat. Du könntest uns immer noch am Wochenende besuchen. Die Direktorin ist eine gute Bekannte, ich kenne sie über den Emanzipationsverein. Sie wird dich sicher aufnehmen. Soll ich sie fragen?«

Hope nickte noch einmal. »Ja, Vater.«

»Wenn es dein Wunsch ist, Ärztin zu werden, dann werde ich dich unterstützen. Aber glaube mir … der Weg ist lang und hart, und eine Frau muss sich den Weg erst bahnen. Es gibt noch keine ausgetretenen Pfade, denen du folgen kannst.« Er sah sie aus seinen hellblauen Augen an. »Aber ich werde dir helfen, wo ich nur kann. Das verspreche ich dir.«

Ellen Bridges folgte der Unterhaltung schweigend. Erst jetzt mischte sie sich zögernd ein. »William – können wir uns das Bedford College wirklich leisten? Ich weiß, es ist das beste College für Frauen, aber deine Medizin und Dr. Pierce …«

»Der alte Quacksalber«, lächelte William Bridges. »Da lege ich mein letztes Geld doch lieber in etwas Vernünftigem an. Nämlich in der Bildung meiner Tochter! Das wäre hiermit beschlossene Sache!« Seine Stimme ließ erkennen, dass er keinen Widerspruch mehr duldete.

Dresden, 1874

Hope wurde aus ihren Gedanken gerissen, als sie vor einem einfachen, gedrungenen Haus aus grauem Stein hielten.

Gregor zerrte den ersten Koffer von der Kutsche und bedeutete den beiden Frauen mit einer unwirschen Kopfbewegung, dass sie vor ihm eintreten sollten. Sie gehorchten zögernd.

Durch einen breiten Gang mit einem dunklen, abgetretenen Holzboden kamen Ellen und Hope in die Küche. An einem groben Eichentisch saß eine Frau mit strähnigen grauen Haaren und einem bitteren Zug um den Mund. Sie schälte Kartoffeln und sah kurz auf. »Da seid ihr ja.«

Der Ton grenzte an Unhöflichkeit. Mutter und Tochter zogen ihre nassen Mäntel aus und sahen sich verlegen an. Gregor betrat hinter ihnen den Gang und ging mit zwei Koffern sofort zur Treppe. »Ich bring die Sachen nach oben.«

Ellen machte dem unbehaglichen Schweigen ein Ende. Sie legte Hope entschlossen ihren Mantel über den Arm, machte ein paar Schritte nach vorne und umarmte Lisbeth. Ihre Stimme klang angestrengt fröhlich. »Cousine Lisbeth. Ich habe dich vermisst. Ich hätte dir so gerne London gezeigt.«

Durch diese Bemerkung besserte sich Lisbeths Laune nicht im Geringsten. Ihre Mundwinkel sanken noch tiefer. »Seit dem Missgeschick komme ich nicht mehr so viel heraus.« Sie schob sich ein wenig zurück – und zum ersten Mal konnte Hope erkennen, was es mit diesem Missgeschick auf sich hatte. Die großen Räder an dem einfachen Stuhl machten deutlich, dass Lisbeth ihre Beine nicht mehr benutzen konnte. Lisbeth musterte Hope, ohne eine Miene zu verziehen. Schließlich streckte sie die Hand aus. »Du musst Hope sein.«

Unsicher deutete Hope einen Knicks an. »Guten Tag, Tante Lisbeth.« Sie spürte den mahnenden Blick ihrer Mutter und redete weiter. »Danke, dass ihr uns aufnehmt.«

Lisbeth hob die Schultern ein wenig. »Familie ist Familie. Und seit meinem Missgeschick können wir jede Hilfe brauchen.«

»Wir gehen euch gerne zur Hand«, versicherte Ellen hastig.

Unwillkürlich machte Hope einen Schritt zurück. Ihre unabhängige Mutter machte sich so klein in ihrer Dankbarkeit. Sie war froh, dass ihr Vater das nicht sehen musste.

Gregor nahm Ellens Versicherungen mit einem Achselzucken hin. »Ist nicht viel Platz unterm Dach. Aber ist ja auch nur für ein Weilchen.« Er griff nach seiner speckigen Jacke. »Ich gehe ins Wirtshaus. Essen dauert ja wohl noch.« Damit verschwand er durch die Haustür. Die drei Frauen blieben zurück, es herrschte unbehagliches Schweigen. Ellen nahm schließlich Lisbeth den Kochtopf mit den Kartoffeln ab und wuchtete ihn auf den altmodischen Herd. »Was meint Gregor denn mit ›nur ein Weilchen‹?«, fragte sie, und ein Fünkchen der alten, freimütigen Ellen blitzte dabei auf.

Lisbeth merkte nichts. »Sobald deine Hope sich eingelebt hat, werden die Galane Schlange stehen – ist ja ein frisches und gesundes Ding. So was verheiratet sich schnell.«

Hope wollte auf diesen Blödsinn eine erboste Bemerkung machen. Doch noch bevor sie etwas sagen konnte, ergriff Ellen ihre Hand und drückte sie fest. Als Hope sie überrascht ansah, schüttelte Ellen fast unmerklich den Kopf. Gleichzeitig antwortete sie: »Wenn der rechte Mann kommt, wird es sich ergeben.«

An Lisbeth war der stumme Dialog zwischen Mutter und Tochter unbemerkt vorübergegangen. »Dresden hat viele stramme Junggesellen«, erklärte sie. »Vielleicht erbarmt sich sogar ein Offizier. Oder ein Beamter. Witwer. Mit Pension.« Zum ersten Mal verzog sich ihr Mund zu einem leichten Lächeln, während sie Daumen und Zeigefinger aneinanderrieb. Hope hielt diese altmodische Verlogenheit nicht mehr aus. Sie zwang sich zu einem kleinen Lächeln. »Ich glaube, ich möchte meine Sachen auspacken!« Damit verschwand sie zu der Treppe und machte sich auf die Suche nach ihrem neuen Zimmer. Sie musste nicht lange suchen. Eine weitere Treppe führte zu einer winzigen Kammer direkt unter dem Dach. Niedrige Balken sorgten dafür, dass sie sich ducken musste. Zwei schmale Betten mit dünnen Decken füllten fast den gesamten Raum. Ein kleiner Tisch, zwei einfache Stühle, eine schlichte Kommode und ein fadenscheiniger Teppich vervollständigten die Einrichtung.

Hope sah die Waschschüssel auf dem Tisch und kräuselte verächtlich die Nase. Hatten sie hier in Dresden etwa keine Waschzimmer? Barbaren.

Achtlos warf sie ihre wenige Wäsche in die Kommode. Ellen kam herein und räumte ihre Kleidung schweigend ein. Aber anders als vorher in der Küche war dieses Schweigen vertraut und voller Verständnis. Schließlich murmelte Ellen: »Sie hat es nicht so gemeint.«

»Man hat uns nicht als Familie aufgenommen«, entgegnete Hope. »Sondern als Hausmägde eingestellt. Wir arbeiten gegen Kost und Logis. Das heißt: Du arbeitest gegen Kost und Logis, und ich werde so schnell wie möglich verheiratet. Wenn Papa das gesehen hätte …« Sie brach mitten im Satz ab.

»Du siehst doch, wie das Schicksal Lisbeth geschlagen hat. Wie kann ich es da ablehnen, ihr zur Hand zu gehen?«

»Und ich?« Hope spürte den Zorn trotz ihrer Erschöpfung nach der langen Reise. »Soll ich mich auf dem Markt feilbieten, zwischen Hühnern und Kühen? Junges Gemüse für einen alten Sack?«

»Sprich nicht so! Dein Vater war beträchtlich älter als ich – doch das hat der Liebe keinen Abbruch getan.«

»Ich will aber nicht heiraten!« Hope klang trotzig.

Ellen legte den Arm um ihre unglückliche Tochter. »Und niemand verlangt das von dir.« Sie lächelte leise. »Mit offenen Augen sollst du durch die Gegend laufen. Und nicht gar so dickköpfig sein, wenn ein Kavalier dich nach deinem Namen fragt.«

Hope musterte ihre Mutter. »Hast du es so eilig, mich loszuwerden?«

»Nein.« Ellen schüttelte müde den Kopf. »Ich habe fürwahr schon genug verloren.«

Mit einem Schlag kam Hope sich selbstsüchtig vor. Sie jammerte über ihre Zukunft – und die Zukunft ihrer Mutter lag schon hinter ihr. Was jetzt noch kommen sollte, konnte nur dunkler sein als alles, was sie bisher erlebt hatte. Welch düstere Aussichten mit noch nicht einmal vierzig Jahren! Sie umarmte ihre Mutter.

»Es tut mir leid. Das habe ich nicht gemeint. Wirklich nicht.«

»Eine Ehe ist eine gute Sache«, flüsterte Ellen leise. »Sie nimmt das flatterhafte Herz in die Pflicht. Daran kannst du dich auch in schweren Stunden halten. Wie Lisbeth jetzt bei Gregor.«

»Glücklich scheinen sie nicht zu sein«, beobachtete Hope. »Nicht so wie du und Papa.«

»Dein Vater und ich – das war eine andere Welt. Seine Liebe war so groß wie sein Respekt. Doch das zu erwarten, hieße, im Meer einen einzelnen Tropfen zu suchen.«

Hope ließ sich auf ihr Bett fallen, das unter ihrem Gewicht quietschend nachgab. Sie seufzte. »Dann muss ich fleißig ins Wasser starren, scheint mir.«

Ellen sah ihre Tochter mit einem tapferen Lächeln an. Dann begann sie langsam, ihr Kleid aufzuknöpfen. »Es war eine lange Reise. Lass uns erst einmal schlafen. Morgen ist ein neuer Tag.« Sie strich mit dem Finger über die staubige Kommode und verzog den Mund mit unterdrücktem Ekel. »Dann können wir auch unser neues Zuhause ein wenig behaglicher gestalten.«

Müde ließ Hope sich auf ihre Pritsche fallen. Aber so schwer ihre Augenlider auch waren, sie konnte nicht einschlafen. Sie lauschte den Atemzügen ihrer Mutter, während ihre Gedanken langsam wieder in die Vergangenheit rutschten.

London, 1873

»Öffnet die Hefte!«, schnarrte der kleine, schwarzhaarige Französischlehrer des Bedford College. Hope griff zu ihrer Schreibfeder und wartete auf seine Weisungen, als die Tür zu dem kleinen Zimmer aufflog. Ein Dutzend Mädchenköpfe hob sich und sahen gespannt die Rektorin an, die ihren strengen Blick über die Schülerinnen gleiten ließ. Als sie Hope sah, nickte sie fast unmerklich. »Du kommst mit mir!«

Ohne einen weiteren Blick an Hope zu verschwenden, wandte sie sich um und ging den dunklen Gang entlang zu ihrem Büro. Hope folgte ihr, so schnell es ging. Was sie wohl dieses Mal angestellt hatte? Sie war sich überhaupt keiner Schuld bewusst. Sie war nicht einmal nach dem Löschen der Lampen bei Esther im Zimmer gewesen.

Erst in ihrem Büro drehte sich die Rektorin um und musterte Hope. Die fing schon an, das Schweigen als unangenehm zu empfinden, als sich die Rektorin endlich räusperte.

»Deine Mutter hat heute Morgen Nachricht geschickt. Deinem Vater geht es nicht gut. Es scheint ...«, die Frau zögerte einen kurzen Moment, bevor sie fortfuhr, »... dem Ende entgegenzugehen.«

Die Zeit schien mit einem Schlag stillzustehen. Hope hörte vor dem Fenster einen Vogel singen, in dem Licht des Spätnachmittags tanzten ein paar Staubkörnchen, der Stuhl der Rektorin quietschte leise, als sie sich nach vorne beugte.

»Du kannst gerne nach Hause gehen. Du solltest dich von ihm verabschieden.«

Hope saß wie angewurzelt auf dem harten Holzstuhl. Ihr Vater? Es war doch nur ein harmloser Husten. Das hatte er doch immer gesagt.

Die Rektorin stand auf und sah auf Hope herab. Ihre sonst so strengen Gesichtszüge wirkten fast weich, als sie die Schülerin musterte. »Geh jetzt. Ich gebe deinem Klassenlehrer Bescheid, dass du wegen einer dringenden Familienangelegenheit beurlaubt bist.«

Hope erhob sich langsam und ging zur Tür. Ihre Beine fühlten sich steif und merkwürdig schwach an, bis ihr ein neuer Gedanke kam. Dieser Dr. Pierce hatte sich vielleicht geirrt. Beth Garrett hatte doch auch nichts von ihm gehalten, und sogar ihr Vater hatte ihn schon häufiger einen Quacksalber geheißen. Hope atmete tief durch. Das musste es sein. Ein Versehen, das war alles. Wahrscheinlich hatte ihr Vater nur wieder einen schweren Hustenanfall, und alle sahen viel zu schwarz. Sie musste nur schnell nach Hause und sagen, dass sie einen besseren Arzt rufen sollten. Dann würde William Bridges sicher geheilt werden können. So ein Mann starb doch nicht an einem Husten. Sie nickte der Rektorin noch einmal zu und rang sich ein Lächeln ab. »Vielen Dank für Ihr Verständnis. Ich werde sofort nach Hause gehen. Vielleicht ist es ja doch nicht so schlimm …«

Die Rektorin nickte nur. Doch das Mitleid verschwand nicht aus ihren Augen, als Hope den Raum verließ.

Die Untergrundbahn brachte Hope schnell in ihr Elternhaus zurück. Als sie die Haustür aufdrückte, wirkte alles unendlich vertraut. Der lange Gang, die ausgetretenen Stufen, der Geruch nach Büchern und dem Lavendelparfum ihrer Mutter. Hope stürzte in den Salon, in dem sie ihre Mutter und Dr. Pierce bei einer Tasse Tee fand.

»Mutter!« Hope umarmte die schmale Frau. »Wie geht es ihm? Im College hat die Rektorin mir gesagt, dass es bald mit ihm zu Ende gehen würde. Aber das ist doch sicher ein Irrtum?!« Flehend sah sie ihre Mutter an, die ihrem Blick auswich und damit beschäftigt war, ein Taschentuch in ihren Händen zu zerknüllen. Hopes Augen füllten sich mit Tränen. »Sag mir, dass es ein Irrtum ist, bitte!«

Dr. Pierce räusperte sich. »Mr. Bridges wird vermutlich nicht mehr aufwachen. Ihrer eigenen Gesundheit zuliebe rate ich Ihnen, den Dingen ihren Lauf zu lassen, bevor Sie in sein Zimmer treten.« Er zögerte, bevor er an Hopes Mutter gewandt fortfuhr. »Die Rechnung lasse ich Ihnen in den nächsten Tagen von meinem Boten bringen.«

Dr. Pierce erhob sich, setzte seinen Hut auf und nickte Ellen Bridges zu, bevor er ohne einen weiteren Gruß das Zimmer verließ.

Hope sah ihm fassungslos hinterher. »Der hat doch noch gar nicht alles ausprobiert. Ich habe erst neulich von Dr. Malcotts Lungentropfen gelesen, die sollen …«

»Lass gut sein.« Die Stimme ihrer Mutter klang merkwürdig brüchig. »Du hast Dr. Pierce doch gehört. Lass es gut sein.«

»Dann muss ich zu Vater!« Noch bevor Hope sich umdrehen konnte, stand ihre Mutter vor ihr.

»Damit du auch noch krank wirst? Das werde ich nicht zulassen. Du gehst auf dein Zimmer. Und dieses Mal dulde ich keine Widerrede!«

Langsam stieg Hope die Treppe nach oben. Etwas später war es sicher möglich, sich zu ihrem Vater zu schleichen. Bis dahin gab sie besser vor, eine gefügige Tochter zu sein.

Es dauerte lange an diesem Abend, bis Hope hörte, wie ihre Mutter langsam über den Gang zu ihrem Schlafzimmer ging. Ihre Schritte schienen zögerlich, fast so, als ob der Lebenswille aus Ellen Bridges entwichen wäre. Leise schlug die Tür zum elterlichen Schlafzimmer zu.

Hope schlüpfte unter den dicken Decken hervor und schlich sich zu ihrer Tür. Nach kurzem Lauschen griff sie an die Klinke und öffnete sie einen Spaltbreit. Ein kurzer Blick beruhigte sie: Offensichtlich hatte Mutter sich wirklich zur Ruhe gelegt. Schnell legte sie sich noch eine Stola um die Schultern, dann huschte sie die Treppen hinunter. Die knarrende Stufe ließ sie geschickt aus – zu oft hatte sie das Geräusch in ihrer Kindheit verraten, wenn sie heimlich die Gespräche ihrer Eltern belauscht hatte.

Augenblicke später öffnete sie die Tür zur Bibliothek ihres Vaters. Sie atmete tief den Geruch ein: die leicht muffigen Bücher, Druckerschwärze und der süßliche Pfeifentabak würden für immer mit diesem Ort verbunden sein. Irgendwann in den letzten Monaten hatte ihr Vater sein Bett in dieses Zimmer verlegt, um den Schlaf seiner Frau nicht zu stören. Hope wurde bewusst, dass sie von dieser Veränderung nichts erfahren hatte. Die neuen Eindrücke und Erlebnisse in Bedford waren mehr als genug für sie gewesen, die Gesundheit ihres Vaters erschien ihr nebensächlich – er hatte schließlich immer nur von dem lästigen Husten geredet. Jetzt war sein Wohlergehen das Wichtigste der Welt. Hope hörte ein leise rasselndes, regelmäßiges Atmen aus der Ecke, in der das Sofa stand, das für ihren Vater nach Meinung von Dr. Pierce zur letzten Ruhestätte werden sollte.

In einer Ecke sah sie den Ohrensessel ihres Vaters. In ihm saß der jugendliche Assistent von Dr. Pierce. Er schlief mit weit offenem Mund, ein leeres Whiskyglas zeugte noch von seinem Zeitvertreib an diesem Abend. Hope wandte ihren Blick ab.

Sie lief zum Bett ihres Vaters und griff nach seiner Hand, die auf dem Laken lag. Sie fühlte sich kalt und leblos an. Gerade als sie schon das Schlimmste befürchtete, flatterten seine Augenlider etwas und öffneten sich ein wenig. »Hope. Mein Kind.«

»Papa! Dr. Pierce meinte, du würdest nicht mehr aufwachen!«

William Bridges schnaubte verächtlich durch die Nase – und krümmte sich sofort bei einem quälenden Hustenanfall. Langsam beruhigte sich seine Atmung wieder. »Dummer Quacksalber!«, keuchte er. »Möchte wissen, was der wieder kostet.«

»Streng dich nicht an«, flüsterte Hope erschrocken.

»Jetzt ist es auch schon egal!«, knurrte er und zeigte dabei ein wenig von seinem Kampfgeist, der ihn früher ausgezeichnet hatte.

»Sprich nicht so!«, meinte Hope streng. »Ich hole Mama!«

Ihr Vater griff nach ihrer Hand. »Lass gut sein. Ellen soll sich nicht unnötig grämen. Bleib nur ein wenig bei mir sitzen.«

»Sie wollten es mir verbieten«, gestand Hope.

»Bist halt meine Tochter. Du hast schon als kleines Mädchen kein ›Nein‹ akzeptiert.«

Hope lächelte. Sie erinnerte sich an die vielen kleinen Streitigkeiten mit ihrem Vater. Immer ging es um Kleinigkeiten. Ein neues Kleid, das zu teuer war. Eine Stunde zu lange im Park. Ein abfälliger Spruch über dümmliche Mitmenschen. Was für eine Vergeudung, so viel Zeit mit solch sinnlosen Diskussionen um Nichtigkeiten zu vertun, dachte sie bei sich. Ihre Stimme war nur ein leises Wispern. »Es tut mir alles so leid.«

»Ach was!«, unterbrach er sie. »Es war eine Freude, dich als Tochter zu haben. Du musst dich immer erinnern: Was wirklich zählt, das muss man sich erkämpfen. Es wird einem nichts geschenkt.« Ein Hustenanfall unterbrach ihn. Danach rang er nach Atem. Hope rechnete schon nicht mehr damit, dass er noch einmal das Wort an sie richten würde, als sie sein heiseres Flüstern hörte. »Vergiss es nie, Hope. Dein Name … dein Name ist ein Versprechen. Hoffnung.«

Hope küsste seine Hand. Sie konnte nicht reden, die Tränen liefen ihr über die Wangen. Langsam legte sie den Kopf an seine Seite und lauschte dem rasselnden Atem. So schlief sie ein, Hand in Hand mit ihrem alten Vater, der die letzten schweren Atemzüge seines Lebens tat.

»Was machen Sie denn hier?«

Die aufgeregte Stimme weckte Hope aus ihren wirren Träumen. Als sie die Augen öffnete, brauchte sie einen Moment, um sich wieder zu erinnern, wo sie eigentlich war. Im Bett ihres Vaters. Das erste Morgenlicht fiel bereits durch die zugezogenen, schweren Vorhänge. Dr. Pierces Assistent stand über sie und ihren Vater gebeugt. Er hielt dessen Handgelenk und schloss seine Augen. Dann schüttelte er den Kopf. »Sein Leiden hat endlich ein Ende.«

Hope richtete sich mühsam auf. »Ein Ende? Das kann nicht sein. Eben hat er noch mit mir geredet.«

Der Assistent sah Hope aus seinen blassen blauen Augen einen Moment lang ausdruckslos an. Dann versuchte er ein kleines Lächeln, das seine Augen allerdings nicht erreichte. »Mit Verlaub, Miss Hope. Ihr Vater hat seit Tagen kein Wort mehr gesprochen. Sie müssen geträumt haben. Das kann passieren. Immerhin sind Sie ja sehr aufgewühlt. Aber jetzt wird es Zeit, endgültig Abschied zu nehmen.«

Hope spürte, wie sich schon wieder Tränen in ihren Augen sammelten. Mit erstickter Stimme widersprach sie. »Er hat gesagt, ich muss kämpfen ...«

»Das haben Sie geträumt!« Die Stimme klang ungeduldig. »Und jetzt muss jemand Ihre Mutter holen. Könnten Sie ...?«

Wie in Trance erhob Hope sich von dem Bett. Sie warf noch einen langen Blick auf den Mann, der ihr ein so guter Vater gewesen war. Der Assistent zog bereits ein Laken über sein stilles Gesicht mit den tief eingegrabenen Falten. Langsam erklomm Hope die Treppe. Es war ihre Pflicht. Sie musste ihrer Mutter die traurige Botschaft überbringen.

Als ihre Hand auf der Türklinke lag, hielt sie inne. Was sollte sie ihrer Mutter nur sagen? Wenn sie an ihre Eltern dachte, dann fielen ihr unendlich viele Bilder ein, die das große Vertrauen und die Liebe dieser beiden Menschen zeigten. Ein Blick, eine Berührung, ein Wort. Alles Dinge, auf die ihre Mutter künftig verzichten musste. Was für ein hartes Los. Vorsichtig schob Hope die Tür zum Schlafzimmer auf. Zu ihrer Überraschung war ihre Mutter nicht im Bett, sondern saß vollständig angezogen am Fenster. Hope erkannte das gleiche dunkle Kleid mit dem schmalen Spitzenkragen, das ihre Mutter schon gestern getragen hatte. War sie womöglich gar nicht ins Bett gegangen? Ellen Bridges sah regungslos auf die Straße. Ohne Hope anzusehen, fing sie an zu sprechen. »Er hat mich heute Nacht verlassen, nicht wahr?«

Hope konnte nur nicken.

Ellen Bridges nickte, so als ob Hope ihr etwas Selbstverständliches mitgeteilt hätte. Etwas, das sie schon lange gewusst hatte. »Ich habe es gespürt. Ich habe immer gewusst, dass er vor mir gehen wird. Es wäre naiv, etwas anderes zu glauben, wenn der eigene Mann vierzig Jahre älter ist. Aber wenn es dann wirklich eintritt ... Ich habe mir den Moment so oft vorgestellt in den letzten Monaten. Und doch – vorbereitet ist man eigentlich nie ...«

Gedankenverloren strich sie über eine Taschenuhr, die sie in der Hand hielt. Hope hatte das Schmuckstück mit der auffallenden Perle schon Hunderte Male gesehen. »Die gemeinsame Zeit. Sie ist zu kurz. Sie wäre immer zu kurz gewesen, egal, wie viel Zeit uns der Allmächtige gelassen hätte ...«

Im sanften Morgenlicht wirkte Ellen Bridges unendlich jung und zerbrechlich. Sie ist doch erst Mitte dreißig, ermahnte Hope sich selber. Vielleicht fand sie in ihrem Leben ja noch einmal einen Mann, der sich um sie kümmerte. Aber ob sie ein zweites Mal die Liebe erleben durfte, das wagte auch Hope zu bezweifeln. Einen Mann wie ihren Vater gab es ganz sicher kein zweites Mal. Vorsichtig legte sie ihrer Mutter die Hand auf den Arm.

»Mama – wir müssen jetzt nach unten gehen. Du musst Anweisungen für die Beerdigung geben. Einen Priester rufen. Papas Freunden von seinem Tod Nachricht geben ...«

»Ich weiß, mein Kind.« Ellen Bridges lächelte nachsichtig. »Man lässt mir keine Zeit für eitles Selbstmitleid. Ich muss sofort wieder organisieren, funktionieren und alles richtig machen.« Erst jetzt wandte sie ihren Blick von der Straße ab. Sie sah ihre Tochter mit ihren tiefblauen Augen an – die gleichen Augen, die sie unverwandt ansahen. Sie streckte ihre Hand aus. »Komm. Wir wollen uns um alles kümmern.«

Die Glocke läutete. Immer wieder der gleiche Ton, der ohne Unterlass das immer Gleiche verkündete. Er ist tot, tot, tot. Hope schauderte trotz des warmen Sommerwetters. Ein strahlend blauer Himmel, an dem hoch oben die Schwalben durch die Luft tauchten – die heitere Szene schien ihr wie ein Hohn, während ihre eigene Welt zusammenbrach. Freunde und Verwandte erwiesen dem Verstorbenen am Grab die letzte Ehre, bevor sie Ellen und Hope die Hand gaben.

Hope sah beschämt auf den Boden. Sie erinnerte sich noch gut an das Gespräch mit ihrer Mutter am Vorabend. Ellen Bridges hatte frei heraus erklärt, dass sie das Haus aufgeben müssten. Und das Bedford College sei ebenfalls jenseits der Möglichkeiten der Familie ohne den Ernährer. Hope meinte noch immer die Stimme ihrer Mutter zu hören.

»Wie du weißt, haben wir wenig Geld …«

Arglos zuckte Hope mit den Achseln: »Dann werden wir uns eben einschränken. Vielleicht eine kleinere Wohnung nehmen – Athelstan sagt, dass man in Kensington …«

Ellen schüttelte den Kopf. »Nein. Wir gehen nach Deutschland.«

Hope blinzelte vor Überraschung. »Deutschland? Aber wieso …?«

»Du weißt, dass ich in Dresden Familie habe.«

»Aber unsere Familie ist doch hier! In London! Hier lebt Athelstan …«

Ellen sah Hope bittend an. »Versteh doch. Es ist die Familie deines Vaters. Sie haben uns seit Williams Erkrankung unterstützt. Zum Dank hast du diese unglückselige Verbindung mit Athelstan angefangen. Seine Eltern sind alles andere als erfreut. Sie haben mir zu verstehen gegeben, dass sie nicht mehr bereit sind, mir Geld zu geben.«

»Das ist Erpressung!« Hope war fassungslos.

»Nein«, entgegnete ihr Mutter trocken. »Das ist die Realität. Ich habe es bisher versucht, vor dir zu verbergen. Aber jetzt kann ich es nicht mehr geheim halten.«

»Das kann nicht wahr sein. Sag, dass es nicht stimmt. Du erlaubst dir einen Scherz mit mir!« Hope sah sich suchend um.

»Und überhaupt – wo ist Athelstan? Er wollte doch heute Abend kommen!«

Ellen Bridges nahm ihre Tochter in die Arme. »Mein armer Liebling. Er wird nicht kommen. Seine Eltern haben ihm angedroht, dass sie ihm sein Erbe entziehen, wenn er hier auftauchen sollte. Er hat sich entschieden. Du wirst ihn nicht mehr sehen.« Sie nestelte einen Briefumschlag aus ihrer kleinen Handtasche und reichte ihn Hope. »Das soll ich dir geben.«

Hastig riss Hope den Umschlag auf und zog den Zettel heraus. Es war kein langer Brief. Nur ein einziger Satz, offensichtlich in großer Eile geschrieben. »Es tut mir leid! A.«

Ellen nahm ihre Tochter in den Arm. »Wenn du Menschen helfen willst, dann kannst du doch auch Krankenschwester werden. Oder noch besser: Werde Lehrerin. Das ist ein ehrbarer Beruf, der für Frauen anerkannt ist ...«

Hope hatte es nicht gewagt zu widersprechen. Was sollte sie auch sagen? Das Geld für Bedford fehlte, da half auch kein Wehklagen. Die kleinen Ersparnisse der Familie waren von der Behandlung durch Dr. Pierce völlig aufgezehrt worden. Hope wusste: sie waren nicht reich. Ihre hochfliegenden Pläne waren durch William Bridges Tod sehr plötzlich wieder auf dem Boden der Tatsachen gelandet.

Dresden, 1874

Der massive Bau aus dunklen Steinen sah wenig einladend aus. Eine weit geschwungene Treppe führte zu den schweren Eingangstüren aus dunklem Holz. Hope sah sich zögernd um, bevor sie die Stufen erklomm, die nass im ewigen Dresdner Regen glänzten. Hope fand sich in einer geräumigen Vorhalle wieder, in der es nach Bohnerwachs und dem Schweiß von halbwüchsigen Männern roch. Sie sah an sich herunter. Hoffentlich war das schlichte dunkelblaue Kleid passend für ihr Anliegen. Langsam ging sie einen Gang hinunter und fühlte in sich ein Gefühl wie einst im Bedford College aufsteigen. Irgendwie beobachtet und sicher schuldig. Es würde sich schon eine Schulregel finden, die man nicht eingehalten hatte. Sie ermahnte sich selbst. Schließlich wollte sie hier nicht als Schülerin antreten, sondern Sprachen lehren. Eine Bekannte von Lisbeth hatte ihr anvertraut, dass in der Kreuzschule ein Sprachlehrer erkrankt sei. »Der wird wohl nicht mehr«, hatte sie gewispert. Der Rektor sei sicher schon auf der Suche nach einer Vertretung.

Neugierig spähte Hope in ein Klassenzimmer, dessen Tür nur halb geschlossen war. Anfangs sah sie nur die gleichgültig-entsetzten Gesichter der Schüler, dann den erhobenen Arm des Lehrers. Ein schmaler, biegsamer Stock zischte durch die Luft, traf klatschend sein Opfer. Hope unterdrückte einen entsetzten Aufschrei. Der Lehrer hob wieder den Stock, erneut zischte es. Hope machte angeekelt einen Schritt nach hinten – und stieß dabei mit einem Mann zusammen, der in diesem Augenblick den Gang entlanggestürmt war. Ihre Unterlagen, die sie die ganze Zeit unter den Arm geklemmt hatte, flogen in hohem Bogen auf den Holzboden.

»Hoppsala, das tut mir leid!«, meinte eine tiefe Stimme, während Hope sich auf die Knie fallen ließ, um die Blätter zusammenzusammeln. »Ist schon in Ordnung!«, stammelte sie.

Aus den Augenwinkeln sah sie, dass ihr Opfer sie belustigt betrachtete. »Wo hatte ich nur meine Augen?«, meinte er. »Ich habe Sie nie in unserer Schule bemerkt.« Dabei bückte er sich, um ebenfalls ein paar Blätter aufzuheben.

Hope zupfte sie ihm entschlossen aus der Hand. »Ich muss zum Rektor!«, erklärte sie.

»Haben Sie denn etwas ausgefressen?« Die Stimme klang immer noch amüsiert. Offensichtlich schien der Mann sich prächtig auf Hopes Kosten zu unterhalten.

»Nein, wieso?« Ohne einen weiteren Gruß machte sie sich auf den Weg.

Verblüfft sah er ihr nach. »Na ja … wenn Sie zum Rektor müssen …« Aber Hope war schon um die Ecke verschwunden.

Sie hatte Glück und fand sich direkt vor dem Büro des Rektors wieder. Eine spitznasige Sekretärin sah sie im Vorzimmer über ihren Kneifer hinweg an. »In welcher Angelegenheit wollen Sie Rektor Meissner sprechen?«

»Ich habe gehört, der Englischlehrer der Schule sei erkrankt. Da kann ich helfen. Englisch ist meine Muttersprache …«

»Was man ohne Zweifel an Ihrem Akzent erkennen kann!« Die Sekretärin musterte sie. »Aber Sie haben recht. Wen darf ich melden?«

»Hope Bridges ist mein Name – hier sind meine Unterlagen. Ich kann auch zu einem anderen Zeitpunkt …«

»Nein, nein«, tönte es aus dem Nachbarzimmer. »Schicken Sie die junge Dame doch sofort zu mir, Fräulein Sophia. Vielleicht kann sie uns aus unserem Engpass helfen.«

Fräulein Sophia nickte Hope etwas säuerlich zu. »Wenn Herr Rektor das Nichterlernen der englischen Sprache denn wirklich als einen Mangel sehen will … Gehen Sie in Gottes Namen zu ihm.«

Hinter dem Schreibtisch thronte ein beleibter, älterer Mann. Er streckte die Hand nach Hopes Unterlagen aus. »Geben Sie mir das. Und erklären Sie mir doch bitte, was Sie für mich tun können, Fräulein Bridges.«

»Ich könnte Unterricht geben. In Englisch, Latein oder auch in Chemie. Sie sehen, ich habe ein exzellentes Zeugnis aus London.«

Meissner wiegte seinen schweren Schädel. »Englisch also. Das könnte ein Problem sein.«

»Warum?« Hope war hörbar überrascht. »Lehrt man denn hier kein Englisch mehr?«

»Lehren schon«, seufzte Meissner. »Allein, das Interesse hat seit der Reichsgründung nachgelassen. Einige Eltern haben ihre Söhne bereits aus dem fremdsprachlichen Unterricht herausgenommen. Das Deutsche und das Militär haben im Moment stärkere Konjunktur.«

»Aber wie soll man denn in Frieden leben, wenn man einander nicht versteht?« Hope verstand nicht, warum man plötzlich nicht mehr ihre Heimatsprache lernen wollte. Ein Lächeln flog über Meissners Gesicht. »Es zeugt von Ihrem gutem Charakter, dass Sie glauben, jemand sei ernsthaft am Frieden interessiert. Oder von Ihrer Jugend. Sie haben noch keine Erfahrung mit den Dingen, die die Welt bewegen …«

»Geben Sie mir doch eine Chance!« Hope verlegte sich aufs Bitten. Wenn sie diese Arbeit machte, dann konnten Lisbeth und Gregor ihr nicht mehr ständig vorwerfen, dass sie ihnen nur auf der Tasche liegen würde.

»Meinetwegen«, willigte Meissner ein. »Ich werde es im Kollegium der Lehrer besprechen. Wenn wir uns entschieden haben, dann lassen wir es Sie wissen. Wir haben ja Ihre Adresse.«

Zufrieden erhob Hope sich und reichte dem Schulrektor die Hand. »Ich hoffe, wir sehen uns in nächster Zeit noch häufig. Ich verspreche Ihnen: Sie werden es nicht bereuen.«

»Das werde ich sicher«, lächelte Meissner. »Wenn ich eine Engländerin anstelle … Aber ich kann Sie und Ihre Art gut leiden. Sie werden unsere Schule bereichern …«

Mit sich und dem Gespräch überaus zufrieden verließ Hope das Direktorium mit schnellen Schritten auf dem gleichen Weg, auf dem sie gekommen war. Nach den Geräuschen zu urteilen, war inzwischen Pause. Die Rufe der Schüler drangen aus dem Pausenhof nach innen, während die Flure leer und verlassen lagen. Erst als Hope an dem Klassenzimmer vorbeikam, in dem noch vor wenigen Minuten ein Schüler gezüchtigt worden war, wurden ihre Schritte langsamer.

Konnte sie die Schüler vor den Schmerzen bewahren? Sie hatte noch nie daran geglaubt, dass man eine bessere Leistung durch Schläge erreichen konnte. Wenn ein Schüler nicht aus Spaß am Wissen lernen wollte, dann würde er es auch nicht aus Angst vor den Schlägen tun. Nur Begeisterung brachte Schüler freiwillig an ihre Schreibtische und in die Bibliotheken.

Aber was, wenn sie jetzt erwischt würde? Dann konnte Meissner nicht einmal mehr daran denken, ihre Bewerbung dem Kollegium der Lehrer vorzuschlagen – und der gute Eindruck, den sie bei ihm hinterlassen hatte, war sicher dahin. Sie sah noch einmal den Gang entlang in beide Richtungen. Immer noch keine Menschenseele in Sicht.

Ohne einen weiteren Gedanken an die Konsequenzen zu verschwenden, huschte sie mit wippenden Zöpfen in das Klassenzimmer. Der Stock lehnte hinter dem Pult an der Wand, eine beständige Mahnung an die Schüler, welche Strafe ihnen drohte, wenn sie sich ungehörig zeigten. Hope griff ohne Zögern nach dem Holz und verbarg es unter ihrem langen Mantel. Nur Augenblicke später war sie wieder auf dem Gang – keinen Moment zu spät. Um die Ecke kam der gut aussehende Lehrer, mit dem sie noch vor wenigen Minuten zusammengestoßen war. Er schien hocherfreut, sie noch einmal zu sehen. Sein Gesicht leuchtete auf.

»Junge Frau!«

Hope presste den Stock unter dem Mantel an sich und täuschte vor, dass sie ihn weder gesehen noch gehört hatte. Sie strebte weiter dem Ausgang zu. Er ließ sich aber leider nicht so leicht abschütteln. Hinter ihr rief er mit einem drängenden Unterton. »So warten Sie doch einen Moment!«

Wenn sie irgendwann einmal in einem Kollegium mit ihm zusammenarbeiten sollte, dann konnte sie es sich kaum leisten, ihn weiter zu ignorieren. Hope zwang sich zu ihrem verbindlichsten Lächeln, als sie sich vorsichtig umdrehte. »Es tut mir leid. Mir drängt die Zeit!«

Sein Blick bekam etwas von einem Hund, der am Mittagstisch um einen Brocken Fleisch bettelte. »Dann verraten Sie mir doch wenigstens Ihren Namen!«

»Hope.« Sie dachte an den Wunsch ihrer Mutter, wenn ein Kavalier nach ihrem Namen fragte, und rang sich zu ein wenig mehr Höflichkeit durch. »Hope Bridges. Aber jetzt muss ich wirklich …« Mit diesen Worten huschte sie durch das Tor. Verblüfft sah ihr der junge Lehrer nach, seine Hand fast zu einem Gruß erhoben. Er ließ sie wieder sinken. Sie würde es ohnehin nicht sehen. Und schien auch keinen Wert auf Höflichkeiten zu legen.

Hope hatte ihn schon längst vergessen, als sie um die nächste Ecke gebogen war. Verstohlen nahm sie den Stock unter ihrem Mantel hervor und legte ihn auf die Bordsteinkante. Mit Schwung trat sie das brutale Werkzeug entzwei. Wenn sie die Stelle in der Schule nicht bekommen sollte, dann war der Besuch in der Schule doch nicht völlig vergebens gewesen.

Ellen schlug ein nasses Laken aus, hängte es über eine Wäscheleine und zupfte es gerade. Dabei musterte sie ihre Tochter, die in Gedanken versunken an einem Unterrock die Spitzen ausstrich.

»Du machst dir zu viele Gedanken«, lächelte sie nachsichtig. »Dann wirst du halt woanders als in der Schule aushelfen.«

Hope zwang sich zu einem Lächeln. »Aber die Schule wäre wunderbar gewesen. Und das Geld hätten wir gut brauchen können.«

Das Lächeln schwand aus Ellens Gesicht. »Du musst an dich selber denken. Ich komme schon zurecht.«

»Glaub mir, Mama, ich denke ständig an mich«, grinste Hope. »Das Geld würde es mir ersparen, den ganzen Nachmittag im Park zu sitzen in der Hoffnung, von einem Mannsbild angesprochen zu werden.«

»So schlimm ist das doch nun auch nicht!« Ellen klang resigniert. So würde ihre Tochter nie die Aufmerksamkeit eines respektablen Herrn gewinnen.

Hope griff nach dem nächsten Laken, schüttelte es energisch aus und streckte ihrer Mutter dabei die Zunge heraus. »Und doch ist es so schlimm!«

Fasziniert beobachtete Friedrich von Arnstetten die Szene. Diese Hope Bridges war völlig anders als alle Frauen, die er jemals kennengelernt hatte. Ihr freimütiges Lachen war mehr als ansteckend, dazu tanzte der Schalk in ihren Augen, als sie mit der älteren Frau herumalberte. Fast war es ihm peinlich, dass er diese Szene beobachtete. Verlegen fingerte er an dem Blumenstrauß herum, den er auf dem Markt gekauft hatte. Die Blumenhändlerin hatte ihm versichert, dass Wicken völlig unverfänglich seien. Unsicher versteckte er die Blumen hinter seinem Rücken. Vorsichtig räusperte er sich und trat in den einfachen Hinterhof mit den langen Wäscheleinen. »Hallo?«

Mit einem Schlag erstarb das Lachen auf den Lippen der Frauen. Die Ältere betrachtete ihn misstrauisch. »Ja, bitte?«

Hopes Gesicht dagegen strahlte auf, als sie ihn erkannte. Hastig strich sie ihre Schürze glatt und bemühte sich, eine widerspenstige Strähne hinter das Ohr zu schieben. Sie wandte sich an die ältere Frau. »Mama, das ist der Herr von der Schule! Ich glaube, sie geben mir die Stelle!«

Ihre Stimme klang begeistert. Friedrich brachte zwar keine Kunde von der Schule – was erwartete dieses Mädchen eigentlich? –, aber er sah diese Begrüßung als ein gutes Zeichen. Er reichte Ellen die Hand, neigte den Kopf und schlug leicht die Hacken aneinander. »Habe die Ehre. Friedrich von Arnstetten, Assessor an der Kreuzschule.«

Die ältere Frau musterte ihn kritisch. Sie musste einst eine echte Schönheit gewesen sein. Ihre goldenen Locken wiesen jetzt allerdings graue Strähnen auf, die Schatten unter ihren Augen waren dunkel. Aber sie verstand sich auf Umgangsformen. »Ellen Bridges.« Sie wies auf Hope. »Und das hier ist meine Tochter ...«

»Hope. Ich erinnere mich.« Er lächelte Hope breit an. »Sie eilten so schnell davon, dass ich mich nicht vorstellen konnte.«

»Was bringen Sie, Assessor Arnstetten? Post mit froher Kunde?« Während sie fragte, versuchte sie aufgeregt, hinter seinen Rücken zu sehen.

Galant zog Friedrich seinen Trumpf hinter dem Rücken hervor – den Blumenstrauß. »Ich hoffe, es ist gute Kunde. Angeblich sollen Blumen ja eine eigene Sprache haben. Diese hier habe ich für Sie gewählt.« Galant lächelte er Ellen zu. »Ich hätte Ihnen selbstverständlich auch welche mitgebracht ...«

Mit einer erstaunlich jugendlichen Bewegung winkte Ellen Bridges ab. »Wahrlich nicht nötig. Doch vielen Dank. Auch im Namen meiner Tochter, die solche Manieren erst lernen muss.«

Tatsächlich starrte Hope reglos auf den Blumenstrauß. Sie schien erst in dem Moment aus ihrer Starre zu erwachen, als ihre Mutter sie anstieß. »Oh. Ja. Natürlich. Vielen Dank!«

Einige Sekunden lang herrschte Schweigen. Dann beschloss Friedrich, dass er sein Glück versuchen musste. Erneut sah er Ellen an. »Dürfte ich im Austausch für die Blumen um ein Rendezvous bitten? Natürlich nur, wenn die junge Dame nicht gebunden ist.«

Hope sah erst ihre Mutter, dann Friedrich an, bevor sie antwortete. »Nein, ich bin …« Sie zögerte und sah noch einmal ihre Mutter an, bevor sie fortfuhr. »Das passt mir ganz gut.«

»Dann treffen wir uns morgen? An der Augustusbrücke?«

»Ich freue mich darauf, Sie zu sehen!«, lächelte Hope und reichte ihm zum Abschied die Hand.

Beschwingt drehte Friedrich sich um und kehrte auf die Straße zurück. Eine gebildete junge Frau – sie musste doch einfach Gnade vor den Augen seines Vaters finden! Bei Hope Bridges konnte er ihm doch unmöglich erneut vorwerfen, dass er nicht fähig sei, sich eine passende Gefährtin für das Leben zu suchen.

Hope fragte sich leise, was aus dieser Begegnung nur werden sollte. Friedrich von Arnstetten hatte sie am Vortag geradezu überrumpelt. Sie hätte die Einladung zu diesem Treffen wohl kaum ohne einen Affront ablehnen können. Immerhin: Die Sonne schien warm auf ihren Rücken, die Elbe bildete einen schönen Kontrast zu den klassizistischen Bauten der Stadt. Sie beschloss, diesen Nachmittag zu genießen – wie auch immer sich dieser Assessor weiter benehmen würde.

»Fräulein Bridges! Wie schön, dass Sie es möglich machen konnten!« Unvermittelt war Friedrich von Arnstetten hinter ihr aufgetaucht. Er bot ihr seinen Arm. »Wollen wir ein paar Schritte gehen?« Ungelenk hakte Hope sich ein.

»Ich habe eine Überraschung für Sie!« Von Arnstetten zog einen Brief aus dem Ärmel seines Überziehers. »Ich habe heute Vormittag mit Rektor Meissner in anderer Sache geredet. Da erzählte er mir, dass er plane, eine Engländerin anzustellen, um den Sprachunterricht zu verbessern. Ich ahnte natürlich, dass es sich nur um Sie handeln konnte. Als ich ihm erzählte, dass ich heute Nachmittag mit Ihnen zu einem Rendezvous verabredet sei, gab er mir diesen Brief mit.« Er sah zufrieden zu, wie Hope aufgeregt das Siegel brach und den Brief entfaltete. Als sie das kurze Schreiben gelesen hatte, sah sie ihn mit strahlendem Gesicht an. »Ich werde in der Kreuzschule lehren. Schon nächste Woche! Ist das nicht großartig?«

Friedrich von Arnstetten nickte. »Seit wann tragen Sie denn den Wunsch, Lehrerin zu werden, in sich?«

»Nun … wenn ich recht darüber nachdenke, noch nicht so sehr lange. Ich habe in London ein College besucht, um dereinst Ärztin zu werden. Aber dann starb mein Vater …« Hope brach ab. Sie wollte Friedrich nicht erzählen, wie wenig Geld ihre Familie hatte.

Er verstand das allerdings gründlich falsch. Tröstend legte er ihr seine Hand auf den Arm. »Mein Beileid zu diesem Verlust! Er wäre jetzt sicher stolz auf Sie! Lehrerin ist doch ein sehr respektabler Beruf.« Er runzelte die Stirn. »Der Beruf der Ärztin ist doch auch kein natürliches Talent der Frauen. Die Pflege ja, aber das Wissenschaftliche …«

Hope beherrschte sich. Sie hatte sich fest vorgenommen, den Nachmittag zu genießen, die Anstellung an der Kreuzschule sicherte ihr Auskommen – da wollte sie keine Diskussion über die bornierten Ansichten eines Assessors führen. Sie bemühte sich um ein neutrales Gesprächsthema und deutete auf einen großen Bau direkt an der Brücke. »Und was verbirgt sich hinter diesen Säulen?«

Jetzt war Friedrich von Arnstetten in seinem Element. Er holte tief Luft, bevor er in lehrerhaftem Ton loslegte: »Das ist die Altstädter Wache. Sie wurde aus Cottaer Sandstein im Stil eines griechischen Tempels …«

Gedankenverloren blickte Hope über die Elbe. Vielleicht könnte sie mit der Anstellung an der Schule bei den Fernbachs ausziehen? Dann hätte ihre Mutter die kleine Dachkammer wenigstens alleine für sich und müsste nicht gar so schrecklich beengt leben. Die Stimmung war im Laufe der Wochen nicht besser geworden. Eher im Gegenteil. Lisbeth war wortkarg und machte jeden für ihr »Missgeschick« verantwortlich, Gregor floh bei jeder Gelegenheit in ein Wirtshaus. Wie die beiden wohl früher miteinander gelebt hatten?

Zu spät merkte sie, dass Friedrich seinen Redeschwall beendet hatte und sie erwartungsvoll ansah. Zum Glück schob er ihr Nichtverstehen auf ihre Überraschung. »Das Treffen mit meinen Eltern hätte nichts zu bedeuten«, beeilte er sich ihr zu versichern. »Ich dachte nur, Sie seien vielleicht interessiert an meinem Vater. Die Herkunft eines Menschen sagt doch sehr viel aus. Bitte sagen Sie ja!«

Fieberhaft überlegte Hope sich eine passende Antwort. »Sie schaffen es in der Tat, mich mit diesem Ansinnen zu überraschen«, sagte sie schließlich.

»Ich hoffe, nur zum Guten! Tun Sie mir den Gefallen! Nächstes Wochenende?«

Wieder sah Hope keinen Ausweg. Sie wollte sich schließlich mit ihrem künftigen Kollegen nicht überwerfen. Zögernd nickte sie. »Wo darf ich denn hinkommen?«

Friedrich von Arnstetten war begeistert. »Ich werde Sie abholen, das ist doch selbstverständlich! Am Sonntag gegen elf?«

Die Deutschen speisten gerne mit dem Mittagsläuten, das war Hope schon mehrfach aufgefallen. Ergeben nickte sie noch einmal. »Ich freue mich darauf!« Ihre Mutter würde von dieser Entwicklung begeistert sein. Und die Fernbachs sahen darin gewiss die Erhörung ihrer Gebete.

In dem dunklen Esszimmer herrschte Schweigen. Das Besteck klirrte leise auf dem Porzellan, schwere Samtvorhänge hielten das Tageslicht draußen. Hope beobachtete verstohlen ihre Gastgeber. Die steife Frau von Arnstetten trug einen strengen Knoten im Nacken und mit Hilfe eines Lockenstabs in Position gebrachte Löckchen. Sie sah angestrengt auf ihr Essen und schob sich nur winzige Portionen des Bratens in den Mund. Ganz anders Friedrichs Vater. Er füllte seine Rolle als Familienoberhaupt perfekt aus. Wenn er nur die Bedienstete ansah, reichte sie ihm schon eine weitere Scheibe des Bratens oder eine Kartoffel. Friedrich lächelte immer wieder beruhigend in ihre Richtung.

Bei den gemeinsamen Mahlzeiten der Familie Bridges war es immer laut und lebhaft hergegangen. Nicht selten hatte William einen Gast mitgebracht, es ging immer um Politik, Eisenbahn, die Frauenrechte oder auch einfach nur den Klatsch aus dem Königshaus. Auf jeden Fall wurde nie geschwiegen. Ob es wohl in allen deutschen Familien zur Mittagszeit so zuging?

Während sie noch den Erinnerungen an längst vergangene

Mittagstafeln nachhing, legte Ludwig von Arnstetten seine Gabel nieder, tupfte seine Lippen mit einer Stoffserviette ab und lehnte sich zurück. Offensichtlich das Signal an den Rest seiner Familie, dass diese Mahlzeit ein Ende hatte. Seine Frau und sein Sohn legten ebenfalls ihr Besteck nieder. Hope führte in diesem Moment noch einen großen Bissen zu ihrem Mund. Erst als die drei Arnstettens ihr mit Missbilligung beim Kauen zusahen, wurde ihr klar, dass ihr soeben ein Fauxpas unterlaufen war. Hastig legte sie das Messer nieder, das mit viel zu lautem Geklapper auf dem Teller landete.

»Begleiten Sie uns noch in den Salon, Fräulein Bridges?« Eher eine Aufforderung als eine Frage, dachte Hope. Aber folgsam erhob sie sich und lief hinter dem Hausherrn in den Salon. Hier war es wenigstens ein bisschen heller. Schwere Ledersessel, Bücher – aber ganz anders als im Zimmer von William Bridges lag hier kein einziges Buch aufgeschlagen herum, zeugte kein halb beschriebenes Papier von einem eigenen Gedanken. Dieser Salon war so aufgeräumt, als sei er nie benutzt worden.

»Ein Likörchen für die Verdauung?« Frau von Arnstetten hob einladend eine Flasche empor und lächelte Hope fragend an. Sie nickte. Womöglich galt es ja sogar als unhöflich, wenn man hier ablehnte. Friedrich und sein Vater schenkten sich einen Rotwein ein.

Während Hope zögernd an dem Likör nippte – es schmeckte süß und schwach nach Himbeeren –, wandte sich Ludwig von Arnstetten ihr zu. »Ich hörte, dass Ihr Vater in der Politik war.«

Friedrich warf Hope einen warnenden Blick zu. War Politik ein heikles Thema in diesem Haus? Sie nahm noch einen kleinen Schluck von dem klebrigen Likör. »Von Beruf war er Ingenieur. Weichen und Federungen waren seine Spezialität.«

Arnstettens Augen leuchteten auf. »Ah! Fortschrittliche Industrie. Wussten Sie, dass Dresden schon seit 1839 mit Leipzig verbunden war? Eine der ersten Bahn-Fernverbindungen.«

Sie versuchte etwas Unverbindliches. »Dresden ist eine schöne Stadt.«

»August der Starke hat sie zu dem gemacht, was sie heute ist«, dröhnte der alte Arnstetten. Hope grinste innerlich. Daher kam Friedrichs Begeisterung für das Dozieren also. Minuten später musste sie erkennen, dass der alte Mann allerdings noch sehr viel länger als sein Sohn über Dresden schwadronieren konnte. Am Ende neigte er sich vertraulich zu Hope hin. »Sie haben sich eine gute Zeit ausgesucht, um in Ihre Heimat zurückzukehren.«

»Eigentlich ist Deutschland nicht …«, setzte Hope an. Doch Arnstetten ließ sie nicht ausreden. »Was soll deutsches Blut in England? Hier wird es gebraucht!«

Hope wand sich unbehaglich auf ihrem Stuhl. Allmählich wurde ihr das Geschwafel von Friedrichs Vater zu viel. Friedrich erkannte ihre Not. Er legte seinem Vater die Hand auf den Arm. »Vater, müssen wir die Frauen mit Politik langweilen?«

Sein Vater lenkte jovial ein. »Schon recht, Friedrich. Es geht mitunter der Gaul der deutschen Begeisterung mit mir durch.« Er verbeugte sich leicht. »Das schwache Geschlecht möge mir meine Unhöflichkeit verzeihen.«

Hope verzog ihre Lippen zu einem Lächeln. Wie lange konnte sie wohl noch der Versuchung widerstehen, dieser national gesinnten Pickelhaube ernsthaft ihre Meinung zu sagen?

Friedrichs Mutter fingerte nervös an ihrem Ehering herum. »Fräulein Bridges, spielen Sie Karten? Faro oder Écarté?«

Hope spürte das Bemühen um ein harmloseres Thema und gab sich einen Ruck. Es hatte wenig Sinn, jetzt zu sagen, dass sie keine Muße für hirnlosen Zeitvertreib hatte. Betont freundlich antwortete sie: »Dazu fehlte mir bisher die Zeit. Ich lese viel, helfe im Haus meiner Tante, und ab morgen werde ich die Stelle in der Schule antreten …«

Hope sah, wie die Arnstettens einen Blick tauschten. Konnte es sein, dass sie schon wieder in einen Fettnapf getreten war? Friedrichs Mutter nippte am Likör. »Die Schule. Sicher eine gute Gelegenheit, den Umgang mit Kindern zu lernen, bevor die eigenen kommen …«

»… denn dann hat sich ja die Sache mit der Arbeit sowieso erledigt. Ist ja auch nichts für das schwache Geschlecht«, vollendete Arnstetten den Satz seiner Frau.

»Ich habe mich noch gar nicht entschieden, ob ich überhaupt

Kinder haben will!«, erklärte Hope unbefangen. Noch bevor sie diesen Satz beendet hatte, sah sie, wie die Gesichter der Arnstettens versteinerten. Was hatte sie jetzt nur wieder gesagt?

Friedrich griff nach ihrer Hand. »So weit sind wir noch nicht. Alles hat seine Zeit«, erklärte er ernsthaft. Hope zog ihre Hand so schnell zurück, als wäre sie mit etwas Giftigem in Berührung gekommen. Sie war bis jetzt ein einziges Mal mit Friedrich spazieren gegangen – und schon redete er in ihrem Namen, als ob sie schon seit Jahren ein Paar wären und die Verlobung bereits eine ausgemachte Sache.

Sie wollte gerade eine passende Antwort geben, als sein Vater erneut loslegte. »Kinder sind keine Entscheidung!« Er schenkte noch einmal nach und redete sich dann in Fahrt. »Kinder sind eine heilige Pflicht. Man bekommt sie nicht in erster Linie für das eigene Vergnügen, sondern für das Vaterland.«

Jetzt wurde es Hope zu viel. Sie hatte sich wirklich bemüht, an diesem Sonntag eine freundliche, harmlose junge Frau zu sein. Aber jetzt reichte es! Sie holte tief Luft. »Das Vaterland bequemt sich aber nicht, die Kinder zu wickeln. Es steht auch nicht des Nachts viermal auf, um sie zu füttern …«

Arnstettens Gesicht nahm eine dunklere Färbung an. »Ihre liberale, englische Erziehung entschuldigt gewisse moralische Mängel.« Er sah seinen Sohn finster an. »Vorerst.«

Bemüht um eine bessere Stimmung, schaltete sich wieder seine Frau ein. »Natürlich. Auch ich war in jungen Jahren nicht frei von törichten Gedanken.«

Hope konnte sich nicht vorstellen, dass diese Frau überhaupt jemals einen Gedanken gefasst hatte. Geschweige denn einen törichten. Wahrscheinlich war ein zweites Glas Likör die Rebellion ihrer Jugend gewesen.

Sie stellte betont langsam das nur zur Hälfte geleerte Glas mit dem Likör auf einen kleinen Beistelltisch. Dann richtete sie sich auf und wandte sich Friedrichs Vater zu. »Wenn ein ehrlicher Gedanke einen moralischen Mangel darstellt – dann hat mein Vater in der Tat versagt. Und ich danke ihm dafür.« Sie sah seine Frau an. »Und wenn meine Gedanken töricht sind, so bin ich es auch. Und mit reinem Gewissen.«

Einen Moment lang sah sie Friedrich an. Würde er jetzt wohl ihre Partei ergreifen? Sein Mund stand vor Überraschung offen, was ihm ein wenig intelligentes Aussehen gab. Er schwieg.

»Ich gehe wohl besser.« Hope wandte sich ab. Dann fiel ihr noch etwas ein. Sie drehte sich noch einmal um. »Die Bahnverbindung zwischen Dresden und Leipzig wurde übrigens erst 1839 eingeweiht.«

Sie nickte noch einmal und verließ den Raum. Friedrich von Arnstetten konnte es nicht fassen. Sollte er sich so in dieser Frau geirrt haben. Zögernd sah er ihr nach. Sollte er ihr nachrennen? Ein scharfes »Friedrich!« seines Vaters beendete diese Überlegung. Ludwig von Arnstetten griff zu seinem Glas. »Verdroschen gehört die!«, murmelte er, bevor er einen tiefen Schluck nahm.

»Blödes Stück!« Gregor holte weit aus und verpasste Hope eine schallende Ohrfeige. Sie sah ihn fassungslos an. Aber er war noch nicht fertig. »Weißt du denn, wer die von Arnstettens sind?«

Ellen stellte sich zwischen Gregor und ihre Tochter. »Lass sie!«

Hope sammelte den Rest ihrer Würde zusammen und funkelte ihren Gastgeber an. »Ich weiß vielleicht nicht, wer sie sind. Aber ich weiß, was sie sind.« Ohne eine Antwort abzuwarten, drehte sie sich um. »Ich bin in unserer Kammer.«

Widerspruch war Gregor nicht gewöhnt. Schon gar nicht von einer Frau. Drohend wollte er Hope folgen, als Ellen ihm in den Arm fiel. »Lass sie!«

Er schüttelte den Kopf. »Ein undankbares Gör ist die. Mit großem Mundwerk noch dazu.«

»Unbedacht vielleicht, und von zu hitzigem Gemüt.« Ellen hob leicht ihre Schultern an. »Doch eine gute Tochter, und keine andere würde ich mir wünschen.«

»So viele Probleme hätte diese Verbindung gelöst«, murrte Gregor noch einmal. »Die von Arnstettens sind eine hoch angesehene Familie in dieser Stadt. Es ist eine Ehre, dort eingeladen zu werden. Eine Ehre, hörst du?«

Ellen versuchte ihn zu beruhigen. »Es ist noch nicht aller Tage

Abend. Ich spreche mit Hope, wenn sich die Gemüter etwas beruhigt haben. Meint dieser Friedrich es ernst, dann lässt sich das bestimmt regeln.«

Ellen zweifelte allerdings sehr an dem Versöhnungswillen ihrer Tochter. Aber das würde sie dem zornigen Gregor nicht auf die Nase binden.

Hope lag auf ihrem Bett und starrte die Wand an. Da hatte sie sich so sehr bemüht, einen Tag lang die perfekte junge Frau zu spielen. Was war der Lohn? Ihre Wange brannte, und im Kollegium der Kreuzschule würde sie es womöglich noch schwerer haben. Warum nur war das Leben nicht einfacher? Sie warf sich auf den Rücken, als ihre Mutter die Kammer betrat. »Ich kam mir vor wie bei Gericht – so als müsste ich mich verteidigen.«

Ellen konnte ein wissendes Lächeln nicht ganz unterdrücken. »Hast du wieder lauthals nach Gerechtigkeit gerufen?«

Hope richtete sich auf. »Es tut mir leid, Mama. Ich wollte wirklich gefallen, aber ...«

»Pssst.« Ellen legte ihren Zeigefinger auf Hopes Lippen. »Nicht entschuldigen. Ich habe deinen Vater für seinen Drang nach Wahrheit und Gerechtigkeit geliebt – wie könnte ich ihn seiner Tochter vorhalten? Es wird schon noch der Mann kommen, dem du dich nicht erklären musst.«

»Versprochen?« Hope brachte nur ein schiefes Lächeln zustande.

Ellen küsste sie sanft auf die Stirn. »Dein Tropfen im Meer. Versprochen.«

Das Glockenläuten der Frauenkirche zeigte Hope an, dass sie zu früh war. Sie saß auf der Parkbank im Stadtpark und wartete auf Friedrich. Der Streit war einige Wochen her, jetzt sollte die große Versöhnung stattfinden. Das hoffte zumindest Gregor. Und ganz sicher auch Friedrich, der diesem Treffen sofort zugestimmt hatte. Ellen hatte ihre Tochter nur ermahnt, es wenigstens mit ein wenig Freundlichkeit zu versuchen.

Gelangweilt sah Hope den flanierenden Liebespaaren zu. Sie strahlten Glück und Zufriedenheit aus. Und Langeweile, die hässliche Schwester der Zufriedenheit. Auf der Suche nach ein wenig Zerstreuung griff Hope nach einer Zeitung, die neben ihr auf der Bank lag. Jemand musste sie dort vergessen haben. »Bebel spricht in Dresden!«, verkündete eine Überschrift. Sie begann zu lesen. Bebel wollte aus der Schrift »Unsere Ziele!« der Sozialdemokratischen Arbeiterpartei vortragen. Der Verfasser des Artikels schimpfte über die Zielsetzung einer vernünftigen demokratischen Gesellschaft, die die herrschende Klassengesellschaft ablösen sollte. Außerdem sollten Frauen nach ihrer Emanzipation stärker beteiligt werden. Es gab auch in Deutschland Männer, die sich für die Rechte der Frauen einsetzten? Überrascht sah Hope noch einmal nach dem Termin für den Vortrag. Vorgestern. Die Zeitung war wohl schon länger herumgetragen worden, bevor sie jemand auf dieser Bank vergessen hatte …

»Hope!?« Mit einer schnellen Bewegung ließ sie die Zeitung unter die Bank fallen. Es war kein guter Anfang für dieses Treffen, wenn Friedrich sie dabei erwischte, wie sie einen Artikel über die Sozialdemokratie las … Sie bemühte sich um ein harmloses Lächeln. »Friedrich.«

Er nickte ihr höflich zu, so wie er es auf den Fluren der Kreuzschule in den letzten Wochen gehalten hatte. »Es freut mich, dass du dich zu diesem Treffen bereit erklärt hast.«

»Ich wollte das Geschehene so nicht stehen lassen.« Das war die Wahrheit. Immerhin war es lediglich Friedrichs Vater gewesen, über den sie sich hatte ärgern müssen.

»Lass uns ein Stück gehen«, schlug Friedrich nervös vor.

Nach einer Weile des Schweigens fing er zögernd an zu reden. »Meine Eltern – meine ganze Familie, um genau zu sein – sind sehr auf Etikette bedacht. Vater neigt dazu, jedes Wort auf die Goldwaage zu legen.«

Nicht seine eigenen, dachte Hope. Aber sie erinnerte sich, dass sie ihrer Mutter versprochen hatte, sich nicht einfach von ihren Gefühlen leiten zu lassen. »Es war nicht meine Absicht, deine Eltern zu verärgern«, bekannte sie. Das war die reine Wahrheit.

Friedrichs Gesicht strahlte auf. »Davon bin ich überzeugt, das habe ich ihnen auch gesagt.« Er nahm ihre Hände in seine. Es entging Hope nicht, dass seine Handflächen leicht feucht waren. War er etwa so nervös? Doch er redete schon weiter. »Deshalb gleich zur guten Nachricht: Meine Eltern sind bereit, dir zu vergeben!«

»Mir zu vergeben?«, echote Hope. Das unverschämte Angebot verschlug ihr die Sprache.

Friedrich verstand ihre Sprachlosigkeit gründlich falsch. »Wenn du dich in aller Form für dein Verhalten entschuldigst und Gehorsam gelobst, sieht Vater über dein Fehlverhalten hinweg.«

Hope zog ihre Hände zurück. Das konnte ihre Mutter nicht gemeint haben, als sie um Zurückhaltung bat. Das war Selbstverleugnung. Sie sah Friedrich fest in die Augen. »Gehorsam? Fehlverhalten? Was redest du da?«

»Du sagtest doch eben selbst, dass es dir leidtäte ...« Er sah sie völlig verdattert an.

»Ich sagte, dass es nicht meine Absicht war, deine Eltern zu verärgern«, unterbrach Hope ihn. »Aber der Streit rechtfertigt wohl kaum, dass ich mich ihnen bettelnd vor die Füße werfe!« Sie kam allmählich in Fahrt, ihre Stimme wurde lauter.

»Hope, ich muss dich bitten, nicht gleich wieder eine Szene zu machen«, flehte Friedrich sie an. »Es gibt keinen Grund, hysterisch zu werden.«

Jetzt wurde Hope erst richtig laut. »Ach – ich bin dir wieder nicht gehorsam genug? Nicht großdeutsch genug? Nicht gebärfreudig genug?«

Friedrich wich einen Schritt zurück. »Ich hatte auf ein Arrangement zum beiderseitigen Vorteil gehofft. Wie es scheint, ist mit dir nicht zu reden.« Er musterte sie gründlich. Die Freundlichkeit war aus seinem Gesicht gewichen. »Ich erkenne nun meinen Irrtum.« Er nickte ihr noch einmal steif zu und stolzierte dann davon.

Hope sah ihm hinterher, während ihr Zorn nur langsam verrauchte. Wenn das alles war, was Dresden an jungen Männern im Angebot hatte, dann wollte sie lieber als Lehrerin ihr Dasein fristen. Lieber zufriedene Einsamkeit als gequälte Zweisamkeit.

Mit einem Seufzer ließ sie sich auf eine Bank fallen und sah Friedrich hinterher.

»Der ist es wohl kaum wert, um ihn zu trauern«, bemerkte die Frau, neben der sie gelandet war. Hopes Zorn flammte erneut auf. »Ich wüsste kaum, was Sie das angeht. Lauschen Sie immer den Gesprächen anderer Menschen?«

Die Frau ließ sich von Hopes rauem Ton nicht abschrecken. »Mit Verlaub. Sie waren so laut, dass es sich nicht vermeiden ließ, dem Gespräch zu folgen. Wenn Sie solche Diskussionen ohne Zeugen führen wollen, dann empfehle ich den heimischen Salon.«

Hope atmete langsam aus. Sie musterte die Frau. Zierlich, mit schwarzen Locken, die von einem Knoten nur mühsam gebändigt wurden. Dazu ein dunkler Teint und lebhafte schwarze Augen, in denen der Schalk tanzte. Hope streckte ihre Hand aus. »Sie haben recht – auch wenn ich bezweifle, dass ich mit diesem Mann jemals wieder in einem Salon aufeinandertreffen werde. Verzeihen Sie mir. Darf ich mich vorstellen? Mein Name ist Hope Bridges.«

»Marie von Oertel«, antwortete sie mit einem fremdartigen, rauen Akzent, den Hope nicht recht einordnen konnte. Sie sah noch einmal Friedrich hinterher. »Und: Ja, ich bin neugierig. Ich frage mich, was sich dieser Vertreter des männlichen Geschlechts wohl erhofft hat.«

»Eine nette Frau, die ihm Kinder zur Welt bringt und aufzieht, nie widerspricht und dem Schwiegervater alle Wünsche von den Lippen abliest. Dazu sollte sie geschmackvoll gewandet sein und möglichst wenig eigene Meinung haben. Oder wenigstens die eigene Meinung niemals laut aussprechen.« Hope seufzte theatralisch. »Also genau das Gegenteil von allem, was ich bin.«

»Sie stirbt wohl auch nicht so schnell aus, diese Sorte Männer. Ich musste mir vor Kurzem anhören, mein Gehirn sei zu klein für wissenschaftliches Denken!« Marie verdrehte die Augen. »Das wollen Mediziner werden – Männer, die denken, dass die Größe eines Organs etwas mit seiner Leistungskraft zu tun hat …«

»Sie interessieren sich für die Medizin?« Hope hoffte auf eine verwandte Seele.

»Das sollte ich wohl. Ich studiere sie«, entgegnete Marie von Oertel trocken.

»Hier? Ich meine ... ist das Studium an einer Universität den Frauen nicht verwehrt?« Verwirrt sah Hope ihre neue Bekanntschaft an.

»Das ist es«, nickte Marie. »Frauen dürfen sich nicht als reguläre Studentinnen einschreiben. Sie haben ja schließlich kein Abitur. Aber ich habe einen Hintereingang zum Studium entdeckt. Es ist möglich, als Gasthörerin in Leipzig die Vorlesungen zu besuchen. So lässt sich alles lernen, was man für den Beruf des Mediziners benötigt. Einen Abschluss darf ich allerdings nicht machen. Aber ich hoffe, dass sich das in den Jahren, bis ich fertig studiert habe, noch ändert.«

»Und das fehlende Abitur?«

»Ich denke, ich kann die Prüfung als Externe an einer Schule machen. Sobald mir dieses Zeugnis anerkannt wird, kann ich dann offiziell zum Studium eingeschrieben werden.«

»Und niemand wehrt sich?« Hope konnte es nicht glauben. »Ich meine: Keiner nimmt Anstoß daran, dass eine Frau in den Vorlesungen sitzt?«

»Doch«, gab Marie zu. »Als Gasthörerin muss man jeden einzelnen Professor um Genehmigung bitten. Die Anfrage ist nicht immer von Erfolg gekrönt. Einige der Professoren sind den neuen Zeiten aufgeschlossen, andere kramen die merkwürdigsten Argumente hervor. Einer hat doch tatsächlich gesagt, mir würde es an der nötigen körperlichen Konstitution mangeln.« Noch die Erinnerung schien sie zu empören. »Ich will Ärztin werden, nicht im Bergbau arbeiten!«

Hope sah ihre neue Bekanntschaft bewundernd an. Konnte es sein, dass sich da jemand ihre Träume einfach erfüllte und nicht lange danach fragte, was erlaubt war? Zögernd fragte sie weiter: »Und ... es ist wirklich jeder Frau gestattet, sich als Gasthörerin einzuschreiben?«

»Sicher!«, nickte Marie. »Interessiert Sie das denn?«

»Mein Traum als Mädchen war es, Ärztin zu werden. Mein

Vater schickte mich sogar eigens auf ein renommiertes College. Als er starb, musste ich meine hochfliegenden Pläne mit ihm begraben ...«

»Warum? Was hindert Sie denn daran? Das fehlende Geld?« Marie von Oertel lachte, als Hope nickte. »Ich habe auch keines. Deswegen bin ich ja in Dresden. Hier gebe ich Unterricht in Russisch. Von der Bezahlung kann ich mein Studium finanzieren. Ich erzähle allerdings den Eltern meiner Schüler nie, was ich mit ihrem Geld vorhabe. Das hieße, doch zu viel Toleranz zu verlangen.«

»Russisch? Darf ich fragen, woher Sie kommen?«

»Aus Odessa!« Aus Maries Worten klang der Stolz auf ihre Heimatstadt. »Die freiheitsliebende und moderne Stadt in der Ukraine. Bei uns gibt es ein Lyzeum, Zeitungen in Französisch oder Englisch, ein Institut für orientalische Sprachen – aber leider keine Universität. Deswegen kam ich hierher.« Jetzt war es an Marie, ihr Gegenüber genauer zu mustern.

»Ihr Akzent klingt mir ebenfalls nicht so, als sei Deutsch Ihre Muttersprache?«

»Ich bin Engländerin«, gab Hope zu. »Aus London. Ich kam mit meiner Mutter hierher, weil wir deutsche Verwandte haben. Ansonsten halte ich es wie Sie: Ich lehre Sprachen an einer Schule. Meine Träume von einem Studium habe ich begraben. Ich hielt es für unmöglich ...«

»Das ist es nicht!« Marie sah ihr Gegenüber genauer an. Hopes offenes Gesicht mit den großzügig geschwungenen Lippen und der kräftigen Nase war alles andere als eine gewöhnliche Erscheinung. Spontan fuhr Marie fort: »Ich habe eine Idee! Was halten Sie denn von einem Besuch in Leipzig? Sie könnten mich bei einer Vorlesung begleiten. Wenn es Ihnen gefällt – wer weiß, vielleicht bin ich ja nicht dazu verdammt, die einzige Medizinstudentin in Leipzig zu sein?« Sie sah Hope gespannt an. »Was halten Sie davon?«

Plötzlich war wieder alles möglich. Gerade eben noch hatte Hope sich damit abgefunden, für immer Englischlehrerin an der Kreuzschule zu sein – und dann kam diese junge Frau des Wegs, die vor Optimismus nur so sprühte. Beschämt dachte Hope an ihren Vater. Hatte der ihr nicht immer gepredigt, dass einfach alles möglich war, solange sie nur fest daran glaubte? Wann hatte sie nur den Mut für ungewöhnliche Wege verloren? Schnell entschlossen streckte sie Marie ihre Hand hin. »Abgemacht! Wenn Sie das nächste Mal nach Leipzig fahren: Geben Sie mir Bescheid! Ich werde mitkommen!«

Marie nickte, als hätte sie mit dieser Antwort gerechnet. »Das mache ich. Das nächste Semester fängt in sechs Wochen an. Und – wenn wir schon gemeinsam im Hörsaal auftauchen: Ich heiße Marie!«

»Hope.«

Sie gaben sich noch einmal die Hand. Und hatten dabei beide das gleiche Gefühl: endlich eine Seelenverwandte gefunden zu haben.

Leipzig, 1876

Hope zögerte. Sie sah die großzügig geschwungenen Treppen, die direkt zum Auditorium Maximum führten. Marie nahm sie an die Hand. »Nun komm schon! Es wird dir gefallen!«

»Aber ich bin doch noch nicht einmal als Gasthörerin eingeschrieben!« Sie bemerkte die Blicke der Studenten. Über hundert junge Männer. »Und wir fallen hier schon auf allein unserer Röcke wegen.«

»Daran gewöhne dich besser. Komm!«

Im Hörsaal hängte ein Assistent Tafeln mit anatomischen Zeichnungen auf. Interessiert sah Hope sich die Materialien an. Sie deutete auf das Bild einer entzündeten Achselpartie. »Sieh dir das an …«

»Wir nehmen gerade Infektionen durch«, erklärte Marie. »Das ist …«

»Scharlach. Armer Teufel.« Hope hatte Marie unwillkürlich unterbrochen.

»Bist du dir sicher, dass du nicht doch studiert hast?« Marie sah sie verblüfft an.

»Nein«, schüttelte Hope den Kopf. »Als mein Vater krank war, habe ich viel gelesen, das ist alles.«

»Dann bleib da! Es wird dir gefallen!« Marie nahm Hopes Arm und zog sie zu zwei Pulten relativ weit hinten im Hörsaal.

Hope wagte einen letzten Widerspruch. »Und wenn es dem Professor nicht recht ist?«

»Dem sind Frauen im Auditorium grundsätzlich nicht recht«, winkte Marie ab. »Wenn es nach ihm ginge, dürften wir gar nicht studieren.«

Inzwischen füllte sich der Saal mit Studenten. Hope versuchte möglichst unauffällig in der Bank zu verschwinden. Das Gemurmel der jungen Männer nahm allerdings erst ein Ende, als sich gemessene Schritte von hinten näherten. Der Professor sah weder nach links noch nach rechts, während er seinem Pult entgegenstrebte. Erst hier drehte er sich um und ließ seinen Blick über die Studenten gleiten. Sollte er von der Verdoppelung seiner weiblichen Studenten überrascht sein, dann ließ er sich wenigstens nichts anmerken.

Statt einer Begrüßung knallte er seine flache Hand auf das Stehpult. Die Gespräche der Studenten verstummten auf einen Schlag. Eine Sekunde lang schien der Professor die Stille zu genießen, dann legte er los. »Meine Herren: Das Fleckfieber!«

»Und wie hat es dir gefallen?« Marie sah ihre neue Freundin gespannt an.

Hopes Wangen glühten vor Begeisterung. »Ich habe es mir in meinen kühnsten Träumen nicht so spannend vorgestellt! Sicher – dieser Professor ist wohl keine Leuchte, wenn es um den freien Vortrag geht – aber ich hatte keine Ahnung, was die Wissenschaft schon alles über Infektionen weiß ... Ist heute vielleicht noch eine weitere Vorlesung?«

»Leider nein«, meinte Marie bedauernd. »Aber ich treffe mich im Park mit ein paar Freunden. Wenn du willst, dann komm doch noch mit, bevor du wieder nach Dresden zurückfährst.«

»Sind das auch Studenten?«

»Nicht alle. Otto studiert ebenfalls Medizin, aber Clara arbeitet als Lehrerin – genauso wie du. Du wirst sie mögen!«

Neugierig folgte Hope Marie in den Stadtpark von Leipzig. Sie fanden eine Gruppe von Gleichaltrigen, die sich alle im Gras niedergelassen hatten. Eine erregte Diskussion war im Gange, die durch die Ankunft der Neuankömmlinge nur kurz unterbrochen wurde.

»Das ist Hope aus Dresden. Sie hat heute Vormittag mit mir eine Vorlesung besucht«, stellte Marie Hope der Runde vor.

Ein Mann fing an zu lachen. »Als erste Vorlesung ein Besuch bei Professor Brückner? Wolltest du Hope das Studieren für immer vergällen?« Er wandte sich Hope zu und wurde ernst. »Mein Name ist Otto. Wenn du jemals Interesse an einer guten Vorlesung hast, wende dich vertrauensvoll an mich. Dann gehen wir zu von Winckel. Bei dem schläfst du wenigstens nicht ein!«

»Ich bin nicht eingeschlafen«, wehrte Hope ab. »Im Gegenteil. Ich fand es ...«

»Ich bin Clara!«, unterbrach sie eine kleine Frau energisch. »Wir redeten gerade über Novalis. Was hältst du von seiner Vorstellung der Führung eines idealen Europa unter einer einzigen Religion?«

»Um ehrlich zu sein ...«, begann Hope. Sie hatte nicht die geringste Ahnung von Novalis und wollte nicht als Hochstaplerin gelten.

Otto unterbrach sie erregt. »Sind denn die Feindschaften unter den Religionen nicht der Auslöser fast aller schrecklichen Kriege gewesen? Eine Einheitsreligion böte hier gewiss Abhilfe.«

»Papperlapapp«, widersprach Clara. »Tausendfach kleines Übel auf ein Großes zu reduzieren, ist doch keine Lösung. Novalis muss man im historischen Kontext sehen – prä-Marx sozusagen.« Sie wandte sich wieder an Hope. »Otto hat dich unterbrochen. Er ist als Mann noch dem patriarchalischen Denken verhaftet. Was wolltest du sagen?«

»Was? Ich ... kenne das Buch nicht«, gestand Hope verlegen. Clara fing an zu lachen. »Als ob man Novalis gelesen haben müsste – es geht doch nicht um die Worte, es geht um die Idee!« Sie holte ein schmales Bändchen aus ihrer Tasche und schob es Hope hin. »Wenn du es doch lesen willst ...«

Hope blätterte in dem Buch. Leise meinte sie: »Der Gedanke

eines Europa unter religiöser Leitung scheint mir seltsam – wo doch jede Religion die Frauen nach Kräften niederdrückt. Ist mit der Einheit der Menschen nur die Einheit der Männer gemeint?«

In das verblüffte Schweigen über Hopes Bemerkung erklang ein anerkennender Pfiff von Otto. Er stimmte ihr zu. »Eben. Und genau deshalb müssen die Arbeiter auch die Macht übernehmen. Sagt Marx auch.«

»Was heißt hier ›sagt Marx auch‹? Alter Angeber. Wann hat der denn das letzte Mal an einem Hochofen gestanden?« Clara schien nichts ohne Widerspruch stehen zu lassen. Zu Hope gewandt, redete sie weiter. »Respekt. Wer hat dich so zu denken gelehrt?«

»Mein Vater. Er war bei den britischen Feministen und Sozialisten aktiv.« Nach einer kurzen Pause fügte sie leise hinzu: »Die Marxens waren einige Male zum Tee bei uns.«

Die fröhliche Runde sah sie plötzlich fast ehrfurchtsvoll an. »Scherze nicht mit so etwas!« Otto konnte es offensichtlich nicht glauben.

»Wenn ich es doch sage«, bekräftigte Hope noch einmal. »Sie wohnten in London kaum drei Straßen von unserem Haus entfernt.«

Clara rückte näher. »Wie ist er so? Erzähle alles – wirklich alles!«

»Knurrig ist er.« Hope hob ein wenig die Schultern. »Und eitel. Ich fand Engels netter.«

Otto griff sich mit gespieltem Stöhnen an die Brust. »Oh je, wenn das nicht weiblich ist. Den größten Denker unserer Zeit im Haus, und sie jammert über seine Etikette.« Er wurde ernst. »Im Übrigen glaube ich dir kein Wort.«

Clara sah Hope neiderfüllt an. »Herrje. Ich würde so gerne nach London gehen!«

»London ist die schönste Stadt der Welt«, nickte Hope.

Ein magerer Student, der bisher geschwiegen hatte, murrte. »Dann bleib doch in London, wenn es so wunderschön ist ...«

»Das solltest du besser nicht hier in Leipzig sagen«, wisperte Clara verschwörerisch in Hopes Ohr. »Alles Lokalpatrioten.«

Eine Kirchturmuhr schlug in der Ferne. Hope fuhr auf. »Ich muss zum Bahnhof! Mein Zug nach Dresden …«

»Du bleibst nicht hier in Leipzig?« Clara war völlig überrascht. »Verlass mich nicht! Endlich ein genehmer Geist im Kreise dieser Einfaltspinsel! Verlasse mich nicht!« Alle lachten über Claras theatralische Einlage.

Hope sah in die Runde. Der fröhliche, laute Otto, dessen blondes Haar direkt über der Stirn einen Wirbel hatte, der ihm etwas Jungenhaftes verlieh. Clara, zierlich, lebhaft und exaltiert. Marie, optimistisch und hilfsbereit. Auf all diese Menschen sollte sie verzichten? Ein letzter Gedanke an die Vorlesung des Vormittags – und ihre Entscheidung war gefallen. »Heute kehre ich zurück nach Dresden. Meine Mutter wartet«, erklärte sie. »Aber ich komme wieder. Dann werde ich reguläre Gasthörerin. Und wir sehen uns wieder.« Sie lächelte schüchtern. »Wenn ihr es wollt.«

»Wir treffen uns fast jeden Abend in der Kneipe am Breitbachplatz!«, meinte Otto. »Wenn du uns suchst – da wirst du uns finden. Ich für meinen Teil würde mich über ein Wiedersehen freuen.« Er deutete eine galante Verbeugung an.

»Ich verspreche es!« Hope war ernst.

»Schwöre es!«, verlangte Clara unter dem Gelächter der Freunde.

Lachend hob Hope die Hand. »Bei meiner Seel'!« Dann erhob sie sich. »Jetzt muss ich aber wirklich …«

Beschwingt lief sie Richtung Bahnhof. Der Tag in Leipzig war der schönste seit einer Ewigkeit gewesen. Wahrscheinlich der schönste Tag in ihrem Leben. Plötzlich stand die Zukunft wieder weit offen – und sie leuchtete in verlockenden Farben!

Ellen hatte den ganzen Tag immer wieder an ihre Tochter gedacht. Sie wollte sich heute in Leipzig eine Vorlesung der Medizin anhören. Ellen lächelte bei dem Gedanken. Ihr William hätte dieses Vorhaben geliebt. Genau das hatte er sich von seiner Tochter erhofft: sie sollte nur ihren Gefühlen folgen und das tun, wonach ihr der Sinn stand.

Eine Zeit lang hatte Ellen geglaubt, dass Hope glücklich mit einer Stelle als Lehrerin und einem angesehen Mann als Galan werden würde. Doch das Erlebnis mit dem bornierten Friedrich von Arnstetten hatte Hope aufgerüttelt. Ebenso wie die Begegnung mit der jungen Russin Marie.

Sie bemühte sich, nicht zu sehr in Selbstmitleid zu verfallen. Was sollte sie nur hier in Dresden, wenn nicht einmal Hope hier wohnte? Wie einsam würde ihr Leben ohne ihre eigensinnige Tochter werden. Sie seufzte. Das Schicksal der Mütter: Irgendwann ihren Kindern die Freiheit zu geben … Ein Geräusch an der Tür ließ sie aufhorchen. Schnelle Schritte auf der Treppe, dann kam Hope in die Dachkammer. Ihr Gesicht leuchtete. Ellen betrachtete sie.

»Du gehst nach Leipzig.« Eine Feststellung, keine Frage.

»Woher weißt du …?«, entgegnete Hope verblüfft.

»Mein liebes Kind, dafür muss ich dich nur ansehen. Du siehst aus wie eine Frau, die endlich gefunden hat, was sie so lange gesucht hat.« Ellen lächelte. »Aber berichte mir alles ganz genau? Wie war die Vorlesung? Und wann willst du wieder nach Leipzig fahren?«

»Die Vorlesung war eigentlich langweilig. Aber schon eine schlechte Vorlesung gab mir eine Ahnung davon, wie viel Wissen es gibt, das für mich bereitliegt. Dann habe ich im Park Freunde von Marie kennengelernt. Wir hatten so viel Spaß …«

»Kein angenehmer Mann dabei?«, fragte Ellen.

Hope winkte ab. »Darum geht es doch bei solchen Freunden nicht. Da geht es um Gleichberechtigung, die großen Ideen … Wir haben über die Ideen von Novalis geredet!«

»Aha.« Ellen war besorgt. »Das sind aber keine wirren Revolutionäre, mit denen du deine Zeit verbringst? Das kann gefährlich werden. Gregor hat gesagt …«

»Ach, der liest doch nur deutsch-nationale Zeitungen. Man darf nicht alles glauben, was da steht. Es sind gute Menschen in Leipzig.«

»Hast du schon eine Idee, wo du wohnen willst?«, versuchte Ellen ihre Tochter zurück auf den Boden der Tatsachen zu holen.

»Nein. Aber ich werde bald auf Besuch dorthin fahren, und

dann werde ich schon eine Pension finden. Ich brauche wenig Luxus.« Hope machte eine Handbewegung, die die kleine Kammer, das fehlende Badezimmer und die karge Kost der Fernbachs einschließen sollte. »Ich bin ja auch nicht zu viel davon gewöhnt. Mein Auskommen kann ich weiter als Lehrerin haben. Genauso wie Marie.«

Ellen nickte. Erst jetzt bemerkte Hope die gedrückte Stimmung ihrer Mutter. Spontan nahm sie sie in den Arm. »Mama, es ist doch nicht für immer! Und Leipzig ist nicht so weit entfernt. Wir können uns weiter besuchen. Freu dich ein bissschen für mich!«

»Das versuche ich ja«, meinte Ellen ein wenig mühsam. »Vor allem dein Vater wäre so stolz auf deine Pläne gewesen …«

»Wartest du auf mich?«, bat Hope nervös.

»Jetzt mach dir mal keine Sorgen!«, beruhigte Marie ihre Freundin. »Von Winckel hat überhaupt keine Vorbehalte gegenüber Frauen. Er fördert sie, wo er nur kann. Er wird dich sicher als Gasthörerin an der Universität akzeptieren. Sei guten Mutes!«

Hope klopfte zögernd an die Tür des Professors. Eine freundliche Stimme erklang von innen. »Herein!«

Hope warf Marie ein schiefes Lächeln zu und schob sich durch die Tür.

Ein freundlicher, älterer Mann mit grauem Spitzbart musterte sie. »Sie wünschen, Fräulein …?«

»Bridges. Mein Name ist Bridges. Ich möchte … Medizin studieren.« Gespannt wartete sie auf eine Reaktion des Professors. Sein Ausdruck änderte sich nicht. Er schien nur etwas neugieriger zu werden.

»Und was ist der Grund dieses Wunsches? Sie wissen, dass Sie nicht regulär studieren können? Sie haben kein Abitur!«

»Weil ich es nicht ablegen darf!«, versetzte Hope. »Ich möchte als Gasthörerin den Vorlesungen beiwohnen. So, wie Marie von Oertel es hält.«

»Es gibt einige Kräfte hier an der Universität, die gegen das Studium der Frauen sind. Sind Sie sich dieser Widerstände bewusst? Es wird nicht wenige geben, die denken, dass ihr Ansinnen wider die Natur ist …«

»Wie kann der helfende und heilende Beruf gegen die weibliche Natur sein?«, fragte Hope. »Es ist doch nur natürlich, dass ich nicht nur als Krankenschwester Handlangerdienste verrichten möchte, sondern als Ärztin helfen möchte!«

»Sie werden keine Ärztin, egal, was ich Ihnen hier erlaube oder verwehre. Kein Abitur, kein Examen. So einfach sind die Vorschriften. Was Sie hier lernen können, lernen Sie für Ihr Privatvergnügen! Wenn Sie das nicht hinnehmen können, dann sollten Sie auch nicht als Gasthörerin zu uns kommen.«

Hope neigte ihren Kopf. »Sie können mir nicht verwehren, auf eine Besserung der Lage der Frauen zu hoffen. Für den heutigen Tag gebe ich mich gerne mit dem Status der Gasthörerin zufrieden. Reicht Ihnen das?«

Von Winckel sah Hope gerade in die Augen. Sie senkte ihren Blick keine Sekunde, sondern sah ihn herausfordernd an. Seufzend griff er nach dem Antrag, den sie ihm hingelegt hatte.

»Meinen Segen haben Sie. Ich hoffe, ich muss es nie bereuen. Die ersten Frauen an unserer Universität sind wahre Pioniere.« Zum ersten Mal lächelte er sie an. »Ich rechne mit Ungemach. Aber ich hoffe, Sie werden damit fertig! Wenn es Probleme mit einem Professor oder den Kommilitonen gibt, können Sie sich gerne an mich wenden.«

»Danke.« Hope erhob sich mit dem unterzeichneten Antrag. »Ich werde Sie nicht enttäuschen!«

Sie wartete, bis die Tür hinter ihr wieder fest verschlossen war, bevor sie Marie jubelnd in die Arme fiel. »Ich habe seine Unterschrift! Ich bin jetzt Studentin! So wie du!« Sie lachte. »Heute ist mein Glückstag. Jetzt muss ich mir nur noch ein Pensionszimmer suchen!«

»Nun, dann ist heute wirklich dein Glückstag«, meinte Marie. »Mathilde und ich haben uns überlegt, dass in unserer Wohnung genug Platz für drei Frauen ist. Wenn du willst, dann kannst du gerne bei uns einziehen. Ich wollte es dir nur nicht sagen, bevor von Winckel dich akzeptiert – ich dachte, die Enttäuschung könnte sonst zu groß werden.«

Das war mehr, als Hope jemals zu hoffen gewagt hatte. Heimlich hatte sie Marie um die gemeinsame Wohnung mit Mathilde Hagen beneidet. Beide studierten, teilten die Kosten für ihre Mahlzeiten und konnten sich gegenseitig unterstützen, wenn sie von den männlichen Studenten angefeindet wurden. Jetzt sollte sie also die Dritte im Bunde sein. Hope reichte Marie mit leuchtenden Augen die Hände. »Wenn du wüsstest, was mir das bedeutet ...«, begann sie.

Marie hob abwehrend die Hände. »Du wirst mich noch häufig verfluchen, dass ich dich zu diesem Abenteuer überredet habe. Danke mir lieber, wenn du es geschafft hast, auch einen Abschluss zu machen. Ich nehme an, von Winckel hat dich gewarnt?«

»Das hat er«, nickte Hope. »Ich habe ihm allerdings genauso klargemacht, dass ich auf eine Verbesserung meines Status hoffe. Das scheint ihn nicht gestört zu haben ...«

»Weißt du was?« Maries Augen blitzten unternehmungslustig. »Wir gehen heute Abend zum Breitbachplatz. Da treffen wir die anderen und können dein neues Studentensein noch tüchtig feiern. Was hältst du davon? Du kannst bei mir übernachten!«

»Ich wollte eigentlich noch heute zurück nach Dresden. Wenn ich nicht komme, macht sich meine Mutter sicher Sorgen.« Hope zögerte noch kurz, dann gab sie sich einen Ruck. »Ach was, sie wird ahnen, wo ich stecke. Und ich habe wirklich Grund zum Feiern!«

Im Halbdunkel der Kneipe fanden sie Clara, Otto und die anderen an einem der großen, groben Tische. Sie diskutierten schon wieder – diesmal allerdings, ob die Erbsensuppe eher zu empfehlen wäre als die Rinderzunge mit Kartoffelstampf.

»Die Erbsensuppe ist nicht nur billiger, sondern auch eine Huldigung an das Proletariat!«, verkündete Otto. »Außerdem ist sie eine ordentliche Grundlage für das nächste Bier! Wo bleibt denn die nächste Runde?«

Die Wirtin stellte mit einem kräftigen »Prosit!« die Krüge mit so viel Schwung auf den Tisch, dass einige überschwappten.

Jeder griff nach einem Krug und Clara rief in die Runde: »Wer kann auf einen Zug seinen Krug leeren?«

Die Clique brach in Jubeln und Pfiffe aus, während Otto, Clara und weitere zwei Männer sich die Krüge an den Mund setzten. Hope war nur milde überrascht, als Clara als Erste ihren Krug verkehrt herum auf den Tisch stellte. Sie zog kräftig an ihrer Pfeife und rülpste. Hope holte entsetzt Luft – aber alle lachten gutmütig. Otto reichte Hope einen Krug und grinste: »Das wird noch, fesche Engländerin! Deine Leber haben wir schneller revolutioniert als das Reich!«

Clara wollte ihm nicht nachstehen und reichte Hope ihre Pfeife. Zögernd nahm sie den Pfeifenkopf zwischen zwei Finger, nahm einen vorsichtigen Zug – um sofort in lautes Husten auszubrechen. Mit einer übermütigen Laune griff Clara währenddessen nach einem Jüngling, der am Nachbartisch saß und sich den Kopf nach der lärmenden, fröhlichen Clique verdrehte. Sie verpasste ihm einen heftigen Kuss und lachte. »Damit nicht nur deine Augen was von dem Abend gehabt haben!«

Hope wusste nicht mehr, wohin sie eigentlich sehen sollte. Sie hatte noch nie jemanden gesehen oder getroffen, der sich so frei und ungebunden aufführte wie diese Clara Eissner. Und das sollte eine respektable Lehrerin sein? Verlegen nahm sie einen tiefen Schluck aus dem Bierkrug. Otto bemerkte ihre Befangenheit und versuchte, das Thema wieder zu wechseln. »Können wir vom Fleischlichen mal wieder zum Politischen kommen? Wer geht zur Versammlung mit Wilhelm Liebknecht am Samstag?«

Alle hoben die Hand. Clara rammte Hope unsanft ihren Ellenbogen in die Seite. »Was ist mit dir? Kneifst du?«

»Nein«, schüttelte Hope ihren Kopf. »Es ist nur ... ich muss doch erst nach Leipzig umziehen. In Dresden meine Sachen packen und Lebwohl sagen.«

Clara zog fragend die Augenbrauen in die Höhe. »Hast du so viel Besitz, dass du mehrere Tage lang deine Koffer packen musst? So viele Bekannte, von denen du dich verabschieden musst?«

»Nein«, gab Hope zu. »Ein Koffer und meine Mutter. Das ist alles, was mich in Dresden noch hält.«

»Dann ist es ausgemacht«, rief Clara in die Runde. »Hope kommt am Samstag mit zu Liebknecht.« Alle klopften anerkennend auf den Tisch und hoben ihre Krüge. »Auf die sozialistische Weltrevolution!«

Hope hob ihren Krug und prostete zurück. »Auf die sozialistische Weltrevolution!«

Sie hatte noch nicht geendet, als ein zur Hälfte gefüllter Krug direkt neben Ottos Kopf an die Wand krachte. Der wütende Werfer stand nur zwei Tische weiter – ein Burschenschaftler, der lauthals zu ihnen hinüberschrie. »Vaterlandsverräter seid ihr! Allesamt Vaterlandsverräter!«

Zu Hopes Überraschung kletterte Otto geschickt auf den Tisch. Er hob noch einmal seinen Krug und verschaffte sich mit lauter Stimme Gehör: »Freunde – Kommilitonen! Warum der Zorn? Eint uns nicht die Politik, so doch der Drang zu den Weihen der höheren Bildung. Kommt her zum Bruderkuss!« Damit drehte er sich um und ließ seine Hose herunter. »Gleich hier!«

Während die gesamte Kneipe in brüllendes Gelächter ausbrach, sprangen die Burschenschaftler auf. Einige zogen sogar ihren Säbel. »Na wartet! Dafür werde ihr büßen!«, brüllte der Anführer, der kurz zuvor noch den Krug geworfen hatte.

»Jetzt ist der geeignete Zeitpunkt für einen hurtigen Rückzug!«, kommandierte Otto. Lachend und schreiend sprang die Clique auf und lief zur Tür. Hope rannte mit den anderen die Treppe zur Straße hinauf und um die nächste Straßenecke, bis ihnen klar wurde, dass die Burschenschaftler die Kneipe offenbar gar nicht verlassen hatten.

Hope lehnte sich keuchend an eine Wand. »Und das versteht ihr unter einem ruhigen Abend?«

Wieder ließ Professor Brückner seine flache Hand auf das Pult knallen, um seine Studenten zum Schweigen zu bringen. Aber dieses Mal war alles anders. Hope war eingeschriebene Gasthörerin, sie hatte ein verbürgtes Recht auf ihren Sitzplatz.

Brückner fing an zu dozieren. »Erst seit 1849 wissen wir dank William Jenner, dass es sich bei dem Typhus abdominalis und Typhus levissimus um separate Leiden handelt, die insbesondere ein Merkmal von anderen Infektionskrankheiten unterscheidet …«

Hope schrieb emsig mit. Sie hörte zwar, wie die männlichen Studenten rings um sie und Marie immer wieder leise »Pssst!« machten – aber Marie hatte ihr geraten, diese plumpen Annäherungsversuche zu ignorieren. Daran hielt sie sich.

Brückner ließ seinen Blick über die Studenten gleiten. »Vogler?«

Ein bleicher Rotschopf sah den Professor verständnislos an. »Ja?«

»Haben Sie eine Idee, um welches Merkmal es sich handeln könnte?«

»Was? Die … das Merkmal des Typhus … dabei handelt es sich …« Vogler sah ratlos in die Runde.

Brückner sah ihn streng an. »Das Merkmal ist sicher nicht das Stottern!«

Hope meldete sich und wisperte in Maries Ohr. »Das ist die Leukopenie!«

Brückner sah sich im Auditorium um. Dabei schaffte er es, den Augenkontakt mit Hope zu vermeiden. Schließlich zuckte er mit den Achseln. »Offensichtlich findet keiner die richtige Antwort. Merken Sie sich: Es tritt ein Mangel an weißen Blutkörperchen auf – die sogenannte Leukopenie.«

Marie nickte Hope zu. »Respekt!« In dieser Sekunde wurde sie von einem zusammengeknüllten Papier am Kopf getroffen. Marie hob den Zettel auf und sah sich suchend um. Ein paar Studenten drei Reihen weiter grinsten unverschämt, während Marie das Papier entfaltete. Es enthüllte eine ungelenke Zeichnung einer nackten Frau mit gespreizten Schenkeln. Die grinsenden Studenten brachen in gackerndes Gelächter aus, während Hope und Marie auf den Zettel sahen. Marie knüllte den Zettel wieder in ihrer Hand zusammen, während der Professor erneut seine Hand auf das Pult knallen ließ.

»Ein sittlicher Ablauf der Vorlesung scheint mir in Anwesenheit der beiden Damen nicht möglich!« Er musterte Hope und Marie und deutete dann auf die Tür. »Ich muss Sie ersuchen, das Auditorium zu verlassen.«

»Aber …« Hope stand der Mund offen.

»Keine Widerrede! Dies ist meine Vorlesung!«, fuhr sie Brückner an. Marie war bereits aufgestanden und steckte die Schreibutensilien in ihre Mappe. Hope folgte widerstrebend ihrem Beispiel. Während Brückner weiterredete, verließen sie das Auditorium. Erst als die Tür hinter ihnen ins Schloss gefallen war, wagte Hope, ihrem Ärger freien Lauf zu lassen.

»Das ist doch unerhört! Diese Knaben machen mit den Zeichnungen ihren Jux mit uns – übrigens nicht einmal anatomisch korrekt! – und wir müssen die Zeche zahlen!«

»Gewöhn' dich besser daran«, murmelte Marie. »Mich alleine haben Sie kaum noch wahrgenommen. Aber jetzt sind wir zu zweit, das scheint sie erneut herauszufordern. Du wirst sehen, das lässt im Lauf der Zeit nach.«

Sie griffen nach ihren Mänteln, die an einem Haken vor dem Vorlesungssaal hingen. Überrascht sahen sie sich an – sie wogen viel mehr als gewohnt. Hope griff in ihre Tasche und zog verblüfft ihre Hand zurück. Zwischen den Fingern hing weißes Pulver.

»Was ist das? Gips?«

Marie zuckte mit den Achseln. »Willkommen am Gipfel männlichen Humors. Sei bloß vorsichtig – den darfst du nicht nass machen, sonst härtet er aus, und dein Mantel ist für immer ruiniert. Bürste ihn einfach trocken aus.«

Kopfschüttelnd griff Hope nach ihrem Hut – und hielt sofort wieder inne. »Und was haben wir hier?« Sie sah vorsichtig hinein. »Steine. Und einen Zettel.« Neugierig las sie das Geschriebene. »Unsere besorgten Mitstudenten wollen nur, dass unsere Hüte auch einmal etwas so Gewichtiges wie ein Männerhirn zu spüren bekommen.«

Marie kniete bereits auf den Boden und räumte die Steine aus ihrem Hut. »Eine Beleidigung für diese Steine. Wahrscheinlich sind sie intelligenter als der durchschnittliche männliche Student hier in Leipzig …«

»Aber was soll das alles?« Hope konnte es immer noch nicht glauben.

»Die Tatsachen des Lebens«, zuckte Marie mit den Achseln.

»Schielen die Burschen nach dem Rock, dann ist immer der Rock schuld.«

Hope sah nachdenklich an sich herunter. »Wenn die Burschen nach unseren Röcken schielen und wir die Burschen nicht ändern können – dann ändern wir eben die Röcke!«

Marie sah sie verständnislos an. Aber Hope winkte ihr nur zu. »Komm, wir gehen nach Hause. Für heute war das ohnehin unsere einzige Vorlesung.«

»Das ist nicht dein Ernst!« Marie sah Hope fassungslos an. »Ich soll meine Haare abschneiden?«

»Du musst es ja nicht tun«, erwiderte Hope. »Ich für meinen Teil möchte eine Wiederholung des heutigen Vorfalls allerdings vermeiden. Ich denke, wir sollten unseren Kommilitonen keinen Anlass geben, irgendwelche Phantasien über unsere Weiblichkeit zu entwickeln …«

Sie kämmte entschlossen ihre langen, dunkelblonden Haare aus. Sie ringelten sich in weichen Locken um ihr Gesicht und fielen ihr über den Rücken. Nachdenklich schürzte Hope die Lippen. »Ob ich wohl einen ordentlichen Haarschnitt bei einem der Bader hier bekommen würde?«

Marie konnte nur den Kopf schütteln. »Kaum. Sie würden dich sofort in einer Zwangsjacke einweisen lassen. Ich helfe dir.« Marie griff nach der Schere und gab sich sichtlich einen Ruck. »Danach kannst du mir den gleichen Dienst erweisen. Wer weiß? Wenn wir unser Auskommen nicht als Ärztinnen haben, können wir vielleicht als Bader arbeiten …« Mit der Schere deutete sie einen Schnitt in Schulterhöhe an. »So etwa?«

»Kürzer! Lass es aussehen wie bei unseren jungen Freunden im Auditorium. Ich weigere mich lediglich, mir den Nacken auszurasieren.«

Marie seufzte und machte sich ans Werk. Als die letzte Locke gefallen war, sah Hope sich kritisch im Spiegel an. »So könnte es gehen. Bleibt nur noch das Kleid.«

»Was stimmt denn nicht damit?«

»Es sieht viel zu weiblich aus. Aus gesundheitlichen Gründen ist ein Korsett eigentlich ohnehin abzulehnen – jetzt haben wir die Chance, etwas zu ändern. Lass uns nachher zu einer Schneiderin gehen!«

Ergeben nickte Marie, während sie ihren Knoten löste. »Ich hoffe nur, dass deine verrückte Idee auch etwas bewirkt. Andernfalls wäre es wirklich schade um meine Haare …«

Endlich Wochenende. Otto Walther pfiff fröhlich vor sich hin, während er im Biergarten die Reihen absuchte. Irgendwo musste diese Hope doch sein. Wenn er Glück hatte, dann könnte er sie heute das erste Mal ohne die Clique sehen. Genau das war nämlich sein Ziel. Die ernsthafte Engländerin gefiel ihm einfach zu gut. Endlich einmal kein eitles Weibsvolk, das sich nur über Kleider, bunte Bänder und den neuesten Modetanz austauschen konnte. Er runzelte die Stirn. Wo steckte sie nur? Der Biergarten war an diesem windigen Tag im Herbst nur noch spärlich gefüllt. Zwei oder drei Pärchen, die sich züchtig an den Händen hielten. Eine kleine Gruppe von Reisenden, die eine Pause nach der Stadtbesichtigung machten. Ein einzelner Student, der in einem Buch las. Otto stutzte. Irgendetwas an diesem Studenten kam ihm merkwürdig vertraut vor. Neugierig näherte er sich von hinten und sah ihm über die Schultern. Er schien völlig versunken in den Anblick der Abbildungen von schwärenden Wunden. Erst als er umblätterte, erkannte Otto die schmalen Hände.

»Hope?!« Er konnte das Entsetzen aus seiner Stimme nur schwer verbannen. Die Engländerin trug ein mausgraues Kleid, das mit weiten Falten den Körper verhüllte. Eine Weste ließ die weiblichen Formen endgültig verschwinden. Die langen Haare, die in weichen Wellen das Gesicht umspielt hatten, waren einem kantigen Herrenschnitt gewichen. Ihr Gesicht schien ohne die Haare merkwürdig nackt, es schien verletzlicher als zuvor. Sie lächelte ihn zur Begrüßung an. »Hallo Otto!«

»Was ist denn mit dir passiert? Bist du zur Mission gegangen?«

Hope fuhr sich unsicher durch die Haare. »Gefällt es dir denn nicht?«

»Doch schon«, bemühte er sich zu versichern. »Nur ein bisschen … langweilig.«

»Genau das ist der Sinn«, erklärte Hope. »Nun lenke ich hoffentlich die anderen Studenten nicht mehr ab.« Sie sah sich suchend um. »Wo sind denn die anderen?«

Er bemühte sich um einen möglichst neutralen Ton. »Die konnten doch nicht.«

»Alle?« Hope war verwirrt. »Auch Clara? Und Marie?«

Otto setzt ein lausbubenhaftes Grinsen auf. »Vielleicht habe ich auch vergessen, ihnen Bescheid zu sagen.« Er deutete auf das Buch vor ihr. »Was ist denn dein Thema?«

»Thema?« Hope versuchte aus dem blonden Spaßvogel schlau zu werden. Warum hatte er sie nur in diesen Biergarten gelockt? Noch dazu alleine?

»Gynäkologie? Chirurgie? Urologie? Oder gar Pathologie?«

»Ach so, das.« Sie deutete auf das Buch. »Infektionskrankheiten.«

»Fiese Sache.« Otto zog eine Grimasse. »Da ist man als Arzt auch schnell unter der Erde. Was willst du denn wissen?«

»Nichts Konkretes«, gestand Hope. »Ich habe mir überlegt, dass das vielleicht mein Fachgebiet werden könnte.«

Er war erstaunt. »Du denkst über ein Fachgebiet nach, obwohl du weißt, dass du keinen Abschluss in deinem Studium machen kannst? Das ist doch Zeitverschwendung!«

»Aber die Zeiten ändern sich doch!« Hope regte sich allmählich über die Art von Otto auf. Wer redete denn so häufig von Revolutionen? »Im Moment ist es noch nicht möglich. Aber vielleicht in zwei oder drei Jahren …«

»Und wenn nicht – dann wirst du halt Krankenschwester. Die Uniform steht dir bestimmt ganz toll.« Otto musterte ihren neuen Aufzug. »Sicher besser als deine neueste Mode.« Er sah sich suchend nach dem Ausschank um. »Ich hole uns ein Bier. Möchtest du auch eins?« Ohne eine Antwort abzuwarten, machte er sich auf den Weg. Hope sah ihm mit einer Mischung aus Empörung und Verblüffung hinterher. Wie konnte er es einfach wagen, sie auf ein Treffen zu locken und ihr dann ins Gesicht zu sagen, dass ihr Berufswunsch sowieso keine Chance hatte? Die Empörung gewann die Oberhand. Sie stand auf und ging, noch bevor Otto vom Ausschank zurückkam. Sollte er doch sehen, wie er mit seinen zwei Biergläsern alleine glücklich werden konnte.

»Hier können Sie nicht herein!« Der Assistent von Professor Brückner sah Hope und Marie von oben herab an. »Auf gar keinen Fall. Der Seziertisch ist den männlichen Studierenden vorbehalten.«

Maries kurze, schwarze Locken standen in alle Richtungen ab. Sie bemühte sich um Fassung. »Und wie kommt es zu dieser neuen Regelung? Immerhin waren wir letzte Woche noch willkommen!«

Ein mitleidiges Lächeln breitete sich auf dem Gesicht des Assistenten aus. Hope sah den frischen Schmiss auf seiner Wange und stöhnte. Die Burschenschaftler der schlagenden Verbindungen waren unter den konservativen Studenten die Speerspitze der Reaktion. Für diesen von sich so sehr eingenommenen Knaben gehörten alle Frauen an den Herd gefesselt. Immerhin würdigte er Maries Frage einer Antwort. »Der Unterschied? Letzte Woche haben wir einen weiblichen Leichnam auf dem Tisch gehabt. Heute hingegen – einen Mann.«

Hope sah ihn verwirrt an. »Und das bedeutet – was?«

Der Student verdreht entnervt seine Augen. »Nun, wir wollen uns doch nicht vorstellen, dass zwei Frauen bei einem Mann die Muskeln und Nerven und schlussendlich sogar die Organe des Beckens mit Skalpell und Pinzette fein säuberlich sezieren. Das ginge doch zu weit, meinen die Damen nicht?«

Marie bemühte sich um Gelassenheit. »Nun, die Hälfte unserer künftigen Patienten sind Männer. Da wäre es doch schade, wenn wir nicht über die Anatomie Bescheid wüssten, nicht? Außerdem kümmern sich die Schwestern tagaus, tagein auf allen Stationen auch um die ›Organe des Beckens‹, wenn ich richtig informiert bin?«

»Nicht mit dem Skalpell!«, entgegnete er spitz. »Außerdem stehen die Studenten noch ganz am Anfang ihrer Mannbarkeit, da ist es überaus gefahrvoll, wenn sie gemeinsam mit Frauen an einem nackten Manne … das wollen wir uns doch nicht einmal vorstellen.«

»Wir haben aber das Recht dazu …« Hope explodierte förmlich. Dieser aufgeblasene Wicht würde sie nicht an ihrer ordentlichen Ausbildung hindern!

Er stellte sich mit verschränkten Armen drohend in den Weg. »Welches Recht? Die Damen sind Gasthörerinnen, nicht Gastanatominnen, wenn ich recht informiert bin. Wenden Sie sich an den Dekan der Universität, wenn Sie meinen, im Recht zu sein. Aber ich lasse Sie heute nicht in diesen Saal.«

Seufzend dreht Marie sich um und zupfte Hope vorsichtig am Ärmel. »Lass gut sein. Wir werden schon noch einen Weg finden, unsere Anatomiestunden nachzuholen.«

Langsam entfernten sie sich. Hope drehte sich noch einmal um und musterte den Anatomiesaal. Um die anderen Studenten vor dem durchdringenden Geruch nach Tod und Konservierungsmitteln zu bewahren, lag er im Keller eines separat gelegenen Gebäudes. Hope sah sich die Fenster, die auf Höhe des Fußweges lagen, nachdenklich an. Dann beugte sie sich zu Marie hinüber. »Ich habe da eine Idee. Was hältst du von einem Besuch bei einem nackten Mann in der Nacht?«

Marie sah Hope fragend an. Dann folgte sie Hopes vielsagendem Blick und schüttelte grinsend den Kopf. »Fräulein Bridges, du bist gerissener, als ich je vermutet habe! Du meinst doch nicht etwa im Ernst, dass wir in den Saal einsteigen sollen?«

Hope nickte. »Die Fenster sind kein Hindernis. Wer vermutet schon, dass jemand freiwillig in die Pathologie einsteigt?!«

Marie schüttelte den Kopf. »Ich sage dir noch einmal: Es ist verrückt. Die können uns von der Universität verweisen. Das kann Gefängnis geben!«

»Wir brauchen dieses Wissen!« Hope sah Marie in die Augen. »Wie sieht es aus? Bist du heute Nacht mit von der Partie?«

Marie nickte seufzend. »Eine muss ja auf dich aufpassen. Wo ist nur die brave Lehrerin geblieben, die ich in Dresden kennengelernt habe?«

»Die blieb in Dresden«, versetzte Hope. »Heute Abend um zehn vor der Bibliothek?«

Marie nickte.

Wie Hope vorher gesehen hatte, war das Fenster zu dem Kellerraum nur durch einen rostigen Riegel gesichert. Sie zog vorsichtig daran, und er gab knarzend nach. Hope schob das Fenster energisch auf und sah die entstandene Öffnung kritisch an. »Das wird eng. Komm, wir versuchen es. Ich gehe zuerst, du reichst mir meine Tasche, und dann kletterst du hinterher. Abgemacht?«

Ächzend schob sie sich in den dunklen Raum und blieb erst einmal schwer atmend stehen. Mit einigen russischen Flüchen tauchte hinter ihr Marie auf. »Puh, wie das stinkt! Wir brauchen Licht!«

Hope griff in ihre Tasche. »Ich habe ein Petroleumlicht mitgebracht. Wir wollen schließlich von außen nicht entdeckt werden – es könnte ja immer sein, dass jemand auf dem Weg zu einem Stelldichein am Fenster vorbeikommt. Du weißt doch: Männer am Anfang ihrer Mannbarkeit ...« Sie brachen in nervöses Gelächter aus.

Das Licht flackerte, als Hope eine quadratische Luke in der Wand aufzog. Sie zog eine Bahre heraus und sah neugierig unter das Laken. »Das hier müsste der Held unserer verpassten Sezierstunde sein. Ans Werk.«

Marie sah noch einmal zum Fenster hin. »Vielleicht hätten wir doch Otto um Hilfe bitten sollen?«

Hope machte eine abwehrende Handbewegung. »Der hätte uns nur die Leviten gelesen. Solche Abenteuer sind nicht sein Fall.«

Marie lachte. »Dafür bist du umso mehr sein Fall.«

»Das wage ich zu bezweifeln«, knurrte Hope, während sie das Skalpellbesteck aus ihrer Tasche fischte. »Wollen wir jetzt über ihn reden oder an die Arbeit gehen?«

Marie griff nach einem Skalpell und beugte sich über den Unterleib der Leiche. »Trotzdem: Tu nicht so, als würdest du nichts merken. Er mag dich.«

»Ich mag ihn ja auch.« Während Hope widerwillig dieses Geständnis machte, setzte sie ihr Skalpell an. »Laut Lehrbuch müsste ich hier das Bauchfell freilegen können …«

Marie deutete auf eine Stelle, die zwei Fingerbreit tiefer lag. »Schneide lieber hier.« Während Hope den ersten Schnitt setzte, redete Marie weiter. »Was bedeutet ›mögen‹ denn in diesem Fall? Magst du ihn wie einen Kohlkopf oder wie ein Schnitzel?«

»Was soll das denn heißen?« Hope legte inzwischen konzentriert das Bauchfell frei.

»Na ja. Magst du ihn, weil er gut für dich ist – oder weil du ihn auffressen möchtest?«

Hope sah stirnrunzelnd von ihrer Leiche auf. »Marie? Können wir dieses Gespräch führen, wenn wir alleine sind?«

»Der hier wird dein Geheimnis für sich behalten.« Marie hatte zu ihrer alten Form zurückgefunden. »Also?«

»Otto ist nett«, seufzte Hope. »Wirklich nett. Und mein Herz schlägt auch irgendwie für ihn …«

»Aber nicht wirklich laut, oder? Hängst du etwa immer noch deinem englischen Cousin nach?«

Hope verfluchte sich, dass sie Marie jemals von Athelstan erzählt hatte. »Nein. Athelstan war nicht wirklich mein Cousin. Fast nicht. Und die Geschichte mit ihm ist wirklich ewig her …« Sie verlegte sich aufs Bitten. »Könnten wir uns jetzt bitte endlich auf ihn hier konzentrieren?«

Marie setzte ihr Skalpell an. »Wenn's denn sein muss … Wenn's wegen dem Sex ist …«

»Hörst du auf! Dieses Thema gehört jetzt aber wirklich nicht hierher!!«

»Ist ja schon gut. Also: Was für eine Ader hast du da gerade präpariert …?«

»Ihr riecht merkwürdig!«, stellte Clara bei der Begrüßung in der Breitbachkneipe feste. »Was habt ihr getan? Ein bisschen in den Abwasserkanälen von Leipzig gebadet?«

»Nein. Wir hatten ein Rendezvous mit einem nackten Mann«, meinte Marie trocken. »Wenn du Einzelheiten wissen willst, wende dich bitte an Hope. Es war ihre Idee.«

Otto nahm einen Schluck von seinem Bier und spielte den Beleidigten. »Ich hätte mich zur Verfügung gestellt. Was hatte er, was ich nicht hatte?«

Hope fing an zu lachen. »Nun, ich denke, sein größter Vorteil war seine Geduld. Er hat nicht gezuckt, obwohl wir uns eine halbe Stunde lang auf die Suche nach seinem Samenleiter gemacht haben.«

Otto wurde ein wenig bleich. »Ihr habt ... was?«

»Ein aufgeblasener Burschenschaftler hat uns heute den Zutritt zur Anatomiestunde verwehrt«, erklärte Marie. »Da haben wir uns ein wenig Privatunterricht verschafft. Wir waren im Seziersaal und haben uns die männlichen Organe des Beckens angesehen. So haben wir wenigstens nicht mit unserer Gegenwart unsere Kommilitonen verwirrt.«

»Was wäre geschehen, wenn man euch erwischt hätte?«, fragte Otto.

»Keine Ahnung«, zuckte Hope mit den Schultern. »Sie haben uns nicht erwischt. Keiner wird uns verdächtigen. Frauen allein mit den Toten? Undenkbar, das würde unser schwaches Gemüt nicht verkraften ...«

»Trotzdem. Ihr setzt einfach aufs Spiel, was ihr mühselig erkämpft habt.« Otto war ernst. »Fragt mich das nächste Mal um Rat. Vielleicht kann ich euch helfen.«

»Würdest du das wirklich tun?«, fragte Hope. »Denn eines ist jetzt schon sicher. Es wird ein nächstes Mal geben. Und in den Prüfungen müssen wir dreimal so gut wie die männlichen Studenten sein. Sonst lassen uns die Professoren eiskalt lächelnd durchfallen. Sie hoffen doch immer noch auf unser kleines Hirn, das mit der Stofffülle nicht umgehen kann.«

Otto sah Hope ernst an. »Wäre es denn so schlimm?«

»Was soll denn das heißen?«, empörte sie sich. »Ich will Ärztin werden!«

»Wie gesagt: Ich unterstütze dich«, wiegelte Otto ab.

»Aber letztlich bleibt es sich doch gleich. Wenn ich die Praxis meines Vaters in Frankfurt übernehme, kannst du mir zur Hand gehen. Da macht der Titel doch nicht den Unterschied.« Er lächelte schüchtern. »Das heißt: Wenn du dir das überhaupt vorstellen kannst. Mit mir zusammen eine Praxis, meine ich.«

Hope sah ihn fassungslos an. »Was … was willst du mir denn damit sagen?«

»Eine gemeinsame Praxis. Wir ergänzen uns doch perfekt. Oder nicht?!«

Langsam nickte Hope. »Das tun wir. Aber ein Titel … du musst verstehen: Er ist wichtig für mich!«

»Aber wenn es doch nicht geht!?« Otto sah sie bittend an.

»Natürlich geht es«, widersprach sie. »Die Medizin ist nicht mein Feind, an ihr werde ich nicht scheitern. Es sind die verkrusteten Gedanken und Ideen, die sich mir in den Weg stellen.« Sie sah ihn fragend an. »Hilfst du mir?«

Otto versuchte ein beruhigendes Lächeln. »Natürlich helfe ich dir!«

Zweifelnd sah Hope ihn an. Sie war sich nicht sicher. Wollte er sie mit dieser Zusicherung nur an sich binden – oder war sie ernst gemeint? Fragend sah sie Marie an – und die Freundin verstand die Frage ohne Worte. Sie nickte, und Hope entschloss sich, diesem Otto zu vertrauen.

Zwei Tage später. Nervös klopfte Hope an Ottos Tür. Der erste Besuch bei ihm zu Hause. Otto öffnete und sah sich auf dem Gang um. Dann zog er Hope in sein Zimmer. »Hoffentlich hat der alte Drachen dich nicht gesehen«, murmelte er dabei. »Damenbesuch ist hier sogar tagsüber verboten.« Mit gerunzelter Stirn sah er sich ihre kurzen Haare und die formlose Weste an. »Wahrscheinlich käme meine Vermieterin allerdings nicht auf die Idee, dass es sich bei dir um eine Dame handelt …«

Hope lachte und versuchte dabei, ihre Unsicherheit zu überspielen. »Das war doch der Sinn und Zweck dieser Übung. So lenke ich die Mitstudenten nicht mehr ab!«

Scherzhaft nahm Otto sie in den Arm. »Und ich? Willst du mich denn gar nicht ablenken?«

Hope befreite sich halb lachend und halb empört aus seiner Umklammerung. »Wir wollten doch Anatomie pauken!« Nahm Otto sie womöglich doch nicht ernst? Sie glaubte seiner Zusicherung, sie in ihrem Studium zu unterstützen, immer noch nicht ohne Vorbehalt.

»Genau das habe ich vor ...« Otto versuchte ein verführerisches Grinsen.

Hope nahm seine Hände und hielt sie fest. »Um dich zu zähmen, müsste ich wohl in Sack und Asche gehen!«

»Das tust du doch schon, das tust du doch ...«, lächelte Otto.

Hope sah sich suchend um. »Wo können wir uns denn setzen?«

»Komm einfach zu mir!« Einladend klopfte Otto auf sein Bett. »Ich habe in dieser Studentenbude keinen Platz für einen Sessel, also müssen wir damit vorliebnehmen.«

Sie setzte sich auf die verschlissene Tagesdecke, die Otto auf dem Bett liegen hatte. »Ich habe leider nicht so viel Zeit, wie ich gerne hätte. Clara möchte mir noch ein paar Flugblätter zeigen. Und heute Abend wollten wir doch alle gemeinsam zu dem Vortrag von August Bebel.«

»So geht die Weltrevolution wieder auf meine Kosten ...«, jammerte Otto mit gespieltem Verdruss.

Hope küsste ihn auf die Nase. »Und die Weltrevolution wird es dir danken, mein Schatz.« Sie griff zu einem der dicken Bücher, die in unordentlichen Stapeln auf dem Tisch am Fenster lagen. »Womit wollen wir anfangen? Mit den Organen des Brustkorbes?«

Otto versuchte einen letzten Scherz. »Für Organe der Brust bin ich immer zu haben.« Er fing Hopes drohenden Blick auf und riss sich zusammen. »In Ordnung. Ich frage dich also ab. Ich sage die deutschen Bezeichnungen, und du sagst mir den lateinischen Begriff.«

Während sie gemeinsam arbeiteten, fing Hope an, sich in Ottos Gegenwart wohlzufühlen. Marie würde zwar immer die fehlende Leidenschaft bemängeln – zu viel Kohlkopf und zu wenig Schnitzel. Aber Otto war der erste Mann, der sie in ihrem Studium unterstützte.

Der Veranstaltungsraum war bis auf den letzten Platz gefüllt. Und sogar darüber hinaus: Einige der Männer hatten sich noch auf Bänke gestellt, vor der kleinen Bühne war kein Fußbreit Boden mehr frei. Hope konnte solche Menschenmassen nicht leiden. Aber der Raum vibrierte geradezu vor Energie. Alle warteten auf August Bebel, den Vorsitzenden der Sozialistischen Arbeiterpartei Deutschlands. Von ihm erhofften sich die Arbeiter die Durchsetzung ihrer Ideale. Hope erinnerte sich vage an einen schmalen, dunkelhaarigen Mann, den sie gemeinsam mit Marx und Engels im Haus ihres Vaters in London kennengelernt hatte. Damals war er von den sozialistischen Ideen der beiden nicht so recht überzeugt gewesen. Das hatte sich angeblich inzwischen geändert. Hope ließ ihren Blick über das Publikum gleiten. Es entsprach dem Arbeiterbegriff Bebels: Nicht nur Arbeiter aus den Fabriken, sondern auch Lehrer und Handwerker, Bauern und Beamte hatten sich eingefunden. Sie alle waren neugierig auf den Mann, der eben erst drei Wochen in einem Leipziger Gefängnis für seine Überzeugungen hatte verbüßen müssen. Kein Wunder: Er schloss auch eine gewaltsame Revolution auf dem Weg in eine bessere Gesellschaft nicht aus. Eine Haltung, die Hope befremdete. Was, wenn Unschuldige und Unpolitische zwischen die Fronten gerieten?

Als Bebel den Raum betrat, brandete Beifall auf. Clara jubelte mit am lautesten: »Vorwärts mit Bebel! Vorwärts mit Bebel!«, rief sie übermütig in die Runde. Ein paar Männer nahmen ihren Ruf auf, und bald skandierte der gesamte Raum: »Vorwärts mit Bebel!«

Als sie den Politiker endlich sehen konnte, sah er immer noch so aus wie der Mann, an den sie sich aus London erinnerte. Klein von Statur, mit schmalen Schultern, das dunkle Haar nach hinten gekämmt und mit einem Spitzbart. Doch sein Auftreten wirkte so, als sei er sehr viel größer. Er grüßte in alle Richtungen und erklomm die kleine Bühne. Er sprach zündend über die Internationale und seine Arbeit im Reichstag. Die Zuhörer hingen an seinen Lippen, es schien fast, als hätten sie vergessen, sich immer wieder einen Krug Bier nachzubestellen. Spät kam er zum Ende seiner Rede. »... und darum wird das Reich von oben scheitern, wenn das Volk von unten seine Stimme findet! Denn nicht nationaler Chauvinismus mit wechselnden Etiketten rettet Europa – die internationale Verbrüderung tut es! Die Einigkeit aller Arbeiter – nur sie endet Krieg und Leid! In der Fabrik wie auf dem Felde!«

Beifall, Jubel und Pfiffe brandeten auf. Bebel hatte den Menschen aus dem Herzen gesprochen. Er kletterte von seiner Bühne und schob sich langsam durch die Menge. Jeder sah sich bemüht, seine Hand zu schütteln, seine Schulter zu klopfen oder ihm wenigstens ein Lob ins Ohr zu schreien. Als er an Otto vorbeikam, konnte auch der sich nicht zurückhalten. Er ergriff die Hand Bebels. »Wahre Worte eines großen Mannes, Herr Bebel! Mögen sie ein Zündholz an den schwelenden Arbeiterseelen sein!«

Bebel nickte bei dieser Bemerkung. Irgendetwas an dieser reichlich gönnerhaften Bewegung brachte Hope in Rage. Da redete diese Parteigröße zwei Stunden lang von der Internationale – aber eine Sache hatte er komplett unter den Tisch fallen lassen. Sie holte tief Luft. »Was ist mit den Frauen?«

Bebel schien sie nicht gehört zu haben. Er schob sich weiter durch die Menge und ließ sich feiern. Clara runzelte kurz mit der Stirn und puffte ihn dann kräftig in die Seite. »Genau! Was ist mit den Frauen?«

Der Arbeiterführer schien sie jetzt gehört zu haben. Er hielt mitten in der Bewegung inne und drehte sich langsam zu den beiden um. »Die Frauen sind dem Manne gleich, und im Kampf der Klassen stehen die Geschlechter Seite an Seite.«

Hope schüttelte den Kopf. Mit solchen Allgemeinplätzen wollte und konnte sie sich nicht zufriedengeben. »Was nützen bessere Bedingungen in den Fabriken, wenn daheim Armut und Elend herrschen? Ist Frauenrecht nicht auch Menschenrecht?«

Er fuhr sich mit seiner Hand durch den Spitzbart. »Natürlich. Wo die Frau leidet, kann der Mann keine Freiheit finden.«

»Warum spricht der Sozialismus dann nur von der Befreiung der Fabriken? Wo ist denn die Befreiung von Herd und Waschzuber?« Hope hatte sich allmählich in Rage geredet. Bebel sah sie interessiert an. »Wie ist Ihr Name?«

»Bridges. Hope Bridges.«

Erstmals lächelte Bebel. »Und ich dachte noch, dass Sie mir bekannt aussehen. Wie geht es dem werten Herrn Papa?«

Hope lächelte bedauernd. »Er starb vor knapp drei Jahren.«

»Ein Verlust, mein herzliches Beileid.« Er dachte kurz nach, bevor er fortfuhr. »Fräulein Bridges, wenn Ihnen das Schicksal der Frauen so nahe ist, dann empfehle ich Ihnen, sich zu engagieren. Die Worte aus Ihrem Mund würden sicher auch auf dem Papier gute Figur machen.«

»Ich bin nicht …«, meinte Hope verlegen. »Politik ist nicht mein Ziel …«

Die Menge schob Bebel weiter. Er drehte sich noch einmal um und sah Hope ernst an. »Alles ist Politik, Fräulein Bridges. Denken Sie darüber nach!«

Damit verschwand er. Clara klopfte Hope begeistert auf die Schulter, während Hope ihm nachdenklich nachsah. Otto kannte diesen Blick nur zu gut. Er beugte sich vor und wisperte ihr leise ins Ohr: »Das nicht auch noch, mein Spatz!«

Hope schien ihn nicht zu hören. Clara drückte ihr einen Stapel propagandistischer Flugblätter der Partei in die Hand. »Hier, pack ein! Die können wir morgen heimlich in der Universität verteilen.«

Geistesabwesend packte Hope die Blätter in ihre Tasche. Aber ihre Gedanken waren weit entfernt. Was, wenn sie der Aufforderung von Bebel tatsächlich nachkam und sich in die Politik einmischte? War es denn tatsächlich schon genug, um das eigene Studium zu kämpfen?

Es war tief in der Nacht, als sie in ihrem Bett aufwachte. Sie hörte den Vermieter brüllen. Das war nicht seine Art, Hope kannte ihn eigentlich als verständigen Mann, der »seine« Studentinnen oft mit ein wenig Stolz bei anderen Mietinteressenten vorstellte. Jetzt schien er seinen Gleichmut aufgegeben zu haben. »Was macht dieser Schmutz in meinem Haus?«

Hope richtete sich in ihrem Bett auf, griff nach ihrem dicken Morgenmantel und lief verschlafen über die knarrenden Dielen zur Tür. Darauf schien er nur gewartet zu haben. Er stand direkt vor ihr und reckte ihr anklagend einen Stapel Papiere entgegen. »Woher kommt das?«, schrie er noch einmal. Hope sah die dicke Ader an seiner Schläfe anschwellen und dachte unwillkürlich über den lateinischen Ausdruck für diese Ader nach. Erst langsam wurde ihr klar, was er ihr da entgegenhielt. Es waren die Flugblätter, die Clara ihr am Vorabend in die Hand gedrückt hatte. Ungläubig sah sie den Vermieter an. »Sie haben meine Tasche durchstöbert? Mit welchem Recht?«

»Mit dem Recht eines aufrechten, deutschen Bürgers! Und jetzt hören Sie mal her, Sie englisches Fräulein …«

Inzwischen war auch Marie in der Tür ihres Zimmers aufgetaucht. Sie sah ebenso verschlafen aus wie Hope. »Herr Markert, jetzt lassen Sie Hope doch in Ruhe …«, sagte sie schlaftrunken und zog ein Tuch enger um ihre Schultern. »Können wir nicht morgen darüber reden?«

»Nein!« Markert wedelte erneut mit dem Blättern herum. Einige fielen auf den Boden. Die Schrift zeigte nach oben. »Revolution der Arbeiter!« verkündete die Titelschrift in großen Lettern.

Markert deutete mit seiner freien Hand anklagend darauf. »Mit Halunken und Verbrechern treiben Sie sich herum! Vaterlandsverräter, alle, die mitmachen!«

»Das ist doch Unsinn«, versuchte Hope zu erklären. Inzwischen war sie hellwach. »Es geht doch um die Rechte der …«

»Sparen Sie sich das sozialistische Geschwätz!«, schrie Markert. »Ich dulde kein politisches Gesindel unter meinem Dach.«

Hope richtete sich ein wenig auf. »Das müssen Sie auch nicht! Ich gehe. Sofort. Und verschonen Sie Margarethe und Marie. Die haben nichts mit diesen Flugblättern zu tun.«

Marie stellte sich neben Hope und murmelte leise: »Ehrenhafter Versuch, meine Liebe.« An Markert gerichtet, erklärte sie mit kräftiger Stimme: »Keine Angst um Ihren guten Ruf. Sie sind uns mit sofortiger Wirkung los. Wir müssen uns nur eben ankleiden. Gedulden Sie sich einen Moment!«

Sekunden später warf Hope ihre wenigen Habseligkeiten in ihre Reisetasche. Den größten Teil ihres Besitztums machten ohnehin medizinische Fachbücher aus. Fieberhaft suchte sie nach einer Lösung. Wo konnten sie jetzt hingehen – mitten in der Nacht? Das Morgengrauen war noch einige Stunden entfernt. Sie dachte an Ottos Zimmer. Für drei Erwachsene war es eigentlich zu eng. Aber er hatte sicher Verständnis für ihre Situation.

Vor dem Zimmer traf sie auf Marie, die ebenfalls ihre Tasche fest im Griff hatte. Gemeinsam stolzierten sie an Markert vorbei. Erst auf der Straße sahen sie sich wieder an und brachen in hysterisches Gelächter aus. »Ich hätte nie gedacht, dass ich einmal wegen revolutionären Gedankengutes aus einer Wohnung fliege!«, keuchte Marie.

»Vor allem: Wegen Claras Gedankengut. Ich hätte diese Blätter doch überhaupt nicht mitgenommen.« Hope schüttelte immer noch lachend den Kopf. »Bleibt nur die Frage: Wo sollen wir den Rest der Nacht verbringen? Unter den Brücken? Auf einer Parkbank?«

Marie schüttelte energisch den Kopf. »Ich habe da schon eine Idee. Ich gehe zu Clara – sie hat uns den Ärger eingebrockt, jetzt soll sie uns auch helfen die Suppe auszulöffeln. Leider ist ihr Zimmer zu winzig für uns beide. Also gehst du …« Marie machte eine Kunstpause. »Zu Otto! Ihr seid doch sowieso fast ein Paar, da ist das doch sicher in Ordnung.«

»An Otto habe ich auch schon gedacht«, gab Hope zu.

»Dann wäre das also abgemacht!«, meinte Marie und schulterte ihre Tasche. »Wir treffen uns morgen vor der Vorlesung, da können wir uns ja überlegen, was wir künftig machen wollen. Bis dahin: Schlaf gut!« Sie fing wieder an zu lachen. »Und revolutionäre Grüße an Otto!« Damit verschwand sie auch schon um die nächste Ecke. Hope hörte nur noch ihr Gelächter. Achselzuckend griff sie nach der Tasche. Wenigstens regnete es nicht in dieser Nacht. Was Otto wohl von einem nächtlichen Besuch hielt? Nach einem kleinen Fußmarsch durch das schlafende Leipzig erreichte sie seine Pension. Auf Zehenspitzen schlich sie die Treppe empor und klopfte an seine Tür. Nichts rührte sich. Alles, was sie vernahm, war sein leises, regelmäßiges Schnarchen. Sie klopfte etwas heftiger, kurz darauf hörte sie seine Schritte hinter der Tür. Er öffnete und sah sie verschlafen an, während er sein unrasiertes Kinn kratzte.

»Man hat uns rausgeworfen!«, platzte Hope heraus.

»Nun mal langsam. Komm erst einmal herein.« Otto machte einen Schritt zurück, um Hope in sein kleines Zimmer zu lassen.

»Es tut mir wirklich leid«, entschuldigte Hope sich. »Aber ich wusste nicht, wo wir hinsollten. Marie sucht Zuflucht bei Clara, aber da ist kein Platz für uns beide …«

»Kein Problem.« Otto strich Hope unbeholfen über den Rücken. »Willst du darüber reden? Was ist denn passiert?«

»Markert hat die Flugblätter von der Bebel-Versammlung entdeckt und uns als Vaterlandsverräter seines Hauses verwiesen. Und das mitten in der Nacht.« Hope schüttelte immer noch fassungslos den Kopf.

»Jetzt schlaf dich erst einmal aus. Morgen sehen wir dann weiter. Auf Dauer kannst du nicht bei mir bleiben.« Ottos freches Grinsen tauchte wieder auf. »Auch wenn ich das schade finde!« Er drehte sich um und wühlte in einer kleinen Kommode nach Bettzeug. »Du wirst bestimmt prima schlafen. Meine Matratze ist bequem.«

Hope lächelte dankbar. »Das ist lieb von dir. Und wo schläfst du?«

Otto grinste entsagungsvoll. »Nachdem du mich nicht in meinem Bett dulden willst …« Er sah sich um und deutete schließlich auf einen kleinen Teppich unter dem Fenster. »Ich schlafe dort.«

Hope lächelte ihn dankbar an. »Danke! Du bist ein Freund!«

Leipzig, 1878

Mit zornigen, schnellen Bewegungen bürstete Marie ihr Haar. Sie trug es inzwischen wieder schulterlang. Ihre dunklen Augen blitzten vor Empörung und ohnmächtiger Wut. »Ich kann es nicht glauben! Einfach nicht glauben! Da lassen sie uns zwei Jahre mitstudieren, und dann heißt es: Physikum? Tut uns leid, das war nicht vorgesehen, dass Sie das ablegen. Was haben die denn alle gehofft? Dass wir zu dämlich sind, um bis zu der Prüfung zu kommen?«

»Quatsch«, meinte Hope, die nicht weniger zornig war. »Sie haben unsägliche Angst, dass wir besser abschneiden als die männliche Krone der Natur. Stell dir das mal vor: Zwei Frauen nehmen am Physikum teil und beweisen dabei ganz nebenbei, dass ihr weibliches Hirn durchaus mit der männlichen Luxusausgabe mithalten kann.«

Hope stocherte in dem kleinen Kanonenofen herum. Sie hoffte, doch noch einen Funken Glut zu finden, den sie wieder anfachen konnte. In ihrem Zimmer war es bitterkalt. Zwar hatten sie und Marie letztes Jahr innerhalb von wenigen Tagen eine neue Unterkunft gefunden – dieses Mal in der Nürnberger Straße zur Untermiete. Die Zimmer waren größer als in der Sidonienstraße, aber leider auch schlechter zu beheizen. Sie zermarterte sich das Hirn nach einer Lösung. Aber gegen die Logik der Männer konnte man nicht argumentieren. Das Physikum durfte nur mit Abitur abgelegt werden. Frauen durften kein Abitur machen? Pech gehabt. Sie und Marie hatten versucht, als Externe bei einem Knabengymnasium das Abitur abzulegen. Allein der Vorschlag hatte bei dem Direktor Entsetzen ausgelöst.

Hope richtete sich auf und schloss mit einer etwas zu heftigen Bewegung die Belüftungsklappe des Ofens. »Es hilft nichts«, erklärte sie. »Ich werde von Winckel besuchen. Vielleicht fällt ihm ja eine Lösung ein, bei der alle ihr Gesicht wahren können – und wir trotzdem an dieser vermaledeiten Prüfung teilnehmen können.« Sie griff nach ihrem Schultertuch.

Marie sah ihre Freundin verblüfft an. »Jetzt, sofort?«

»Wenn ich bis morgen warte, wird unsere Situation auch nicht besser«, versetzte Hope. »Außerdem habe ich dann den Mut verloren.« Damit machte sie sich auf den Weg zum Universitätskrankenhaus. Wie sie vermutet hatte, war von Winckel mit seiner Visite bei den Patienten fertig. Er saß in seinem Sprechzimmer und besprach sich mit einer Stationsschwester, als Hope in den Raum platzte.

»Professor von Winckel! Haben Sie einen Moment Zeit?« Er sah die Schwester an und nickte. »Fräulein Bridges. Sie haben Glück. Schwester Ingrid und ich sind fertig.«

Die Schwester sah Hope neugierig an, als sie den Raum verließ. Von Winckel lehnte sich erst einmal in seinem Stuhl zurück. »Ich liebe diesen Moment. Das Tagwerk ist getan, meine Patienten haben ihre Krisen überwunden, und meine Studenten scheinen heute niemanden umgebracht zu haben. Was gibt es Schöneres?« Er beugte sich vor und schenkte sich eine Tasse Tee ein. Fragend sah er sie an. »Wollen Sie auch eine Tasse? Es ist ein Tee aus Indien, ich kaufe ihn eigens bei einem englischen Importeur. Das müsste doch Ihr Geschmack sein?!«

Hope griff begeistert nach der dampfenden Tasse und nahm einen Schluck. »So etwas habe ich nicht mehr geschmeckt, seit wir London verlassen haben«, gab sie zu.

Der Professor konnte sich ein zufriedenes Lächeln nicht verkneifen. »Das dachte ich mir doch.« Er wurde ernst. »Aber das wird kaum der Grund sein, der Sie zu mir geführt hat. Ich höre von Ihnen und Fräulein von Oertel nur das Beste. Gibt es ein Problem?«

»Das Physikum«, platzte Hope heraus. »Wir dürfen es nicht ablegen.«

»Aber das wussten Sie doch?« Von Winckel runzelte die Stirn. »Ich habe Ihnen doch von Anfang an klargemacht, dass Sie keinen Abschluss machen können. Sie haben kein Abitur und können auch keines ablegen. Ich mag das persönlich ein schreiendes Unrecht finden – aber ich kann es nicht ändern.«

»Wir wussten, dass wir keinen Abschluss machen können«, gab Hope zu. »Aber ohne das Physikum können wir nicht einmal weiterstudieren. Oder gar an einem Volontariat in einem Hospital teilnehmen. Wie sollen wir da unsere Ausbildung vervollkommnen?«

Von Winckel nahm einen weiteren Schluck von seinem Tee und sah aus dem Fenster. Über den Hof liefen Studenten in kleinen Gruppen, dazwischen Patienten auf dem Weg der Genesung, die mithilfe einer Schwester schon ein paar Schritte machen durften. »Die praktische Ausbildung, das ist es also, was Sie anstreben. Sie kennen die Gefühle vieler Männer zu diesem Thema?«

Hope konnte sich ein leichtes Lächeln nicht verkneifen. »Sie meinen die Sorge um unsere Weiblichkeit? Wenn wir Anweisungen an das Pflegepersonal geben und mit Krankheiten konfrontiert werden, würden wir unweigerlich vermännlichen?« Sie stellte ihre Tasse mit einem leisen Klirren ab. »Das ist ein Risiko, das Marie und ich zu tragen bereit sind.«

»Nachdem unsere Schwestern angesichts des Elends auf unseren Stationen ebenfalls nicht verhärten, schätze ich das Risiko ebenfalls gering ein.« Von Winckel schüttelte den Kopf. »Nein, ich habe eigentlich eher an die Patienten gedacht, die sich weigern werden, von einer Frau untersucht zu werden. Vor allem dann, wenn die Untersuchung mit Berührung verbunden ist …«

»Die Diagnose durch den Tastsinn ist nun einmal nicht zu vermeiden …«, begann Hope mit etwas lauterer Stimme.

Von Winckel hob beschwichtigend eine Hand, um sie zu stoppen. »Mich müssen Sie nicht überzeugen, Fräulein Bridges. Ich bin der festen Überzeugung, dass Frauen am Krankenbett genauso viel leisten können wie Männer. Im Moment ist dieses Problem allerdings noch nicht so entscheidend wie Ihre Zulassung zur Prüfung.« Sinnend rührte er in seiner Tasse, während Hope auf der Stuhlkante nach vorne rutschte.

Schließlich sah der Professor sie an. »Sie studieren lediglich als Gasthörerin. Richtig?«

»Ja.« Hope wagte sonst nichts mehr zu sagen.

»Wie wäre es denn, wenn Sie auch als so eine Art Gastprüfling auftauchen würden. Dafür benötigten Sie keine Genehmigung. Sie schreiben die Prüfung wie alle anderen Studenten auch. Wenn Sie das entsprechende Wissen bewiesen haben, dann erhalten Sie von mir eine Bescheinigung über die Teilnahme an der Prüfung. Was ich Ihnen nicht geben kann, ist ein Zeugnis für das Physikum …« Er sah sie mit seinen hellwachen, braunen Augen offen an. »Mehr kann ich Ihnen nicht bieten, ohne mit dem Gesetz in Konflikt zu kommen. Was denken Sie? Ist dieser Weg für Sie und Marie gangbar?«

Dankbar nickte Hope. »Können wir damit in den praktischen Teil des Studiums einsteigen?« Sie sah ihn gespannt an.

»Nun«, um von Winckels Augen zeigten sich kleine Lachfältchen. »Ich bin hier der Klinikchef, es ist doch wohl meine Sache, wem ich hier ein Volontariat unter welchen Bedingungen ermögliche! Wenn ich beschließe, dass mir eine Prüfungsbestätigung so viel wert ist wie ein Zeugnis, dann sollte das genügen.«

Nur mit Mühe konnte Hope sich davon abhalten, dem Mann um den Hals zu fallen. Sicher, es war nur ein Teilsieg, aber immerhin konnten sie und Marie so erst einmal weitermachen. »Wir werden Sie nicht enttäuschen, Professor von Winckel!«, versprach sie. »Vielen Dank!« Sie machte eine Bewegung, die das ganze Klinikgebäude umfasste. »Und ich kann nicht sagen, wie sehr ich mich auf nächstes Jahr hier in diesen Gängen freue!«

»Jetzt lernen Sie erst einmal auf das Physikum«, lächelte der Professor. »Ich freue mich darauf, Sie dabei zu sehen.« Dann wurde sein Gesicht ernst. »Ich muss Sie allerdings darauf hinweisen, dass ich nur eine begrenzte Anzahl von Ausbildungsplätzen hier in der Klinik habe. Ich werde womöglich nicht Sie und Marie von Oertel aufnehmen können. Es kommt dabei nicht so sehr auf Ihre Leistungen an – an denen habe ich keinen Zweifel. Ich muss aber darauf achten, dass ich mich nicht zur Zielscheibe der reaktionären Kräfte in unserem Land mache. Bitte haben Sie Verständnis …«

Wie vor den Kopf gestoßen sah Hope ihn an. »Aber was soll Marie denn dann machen?«

Er hob die Schultern. »Ich kann ihr nur empfehlen, sich im Ausland weiter zu orientieren. Hier in Deutschland wird es nur immer schwerer.« Er deutete aus dem Fenster. »Während es in England oder in der Schweiz durchaus schon weibliche Ärzte gibt, wird es noch einige Jahre benötigen, bis die erste approbierte Ärztin durch diese Gänge schreitet.« Er sah sie intensiv an. »Denken Sie daran, mein liebes Fräulein Bridges. Auch Sie werden am Ende ins Ausland müssen, um Ihre Ausbildung zu vollenden. Ich bin mir nicht sicher, ob ich Ihnen einen Gefallen tue mit meiner Erlaubnis, an dieser Prüfung teilzunehmen oder gar ein Volontariat in diesem Haus zu machen. Womöglich ist am Ende die Enttäuschung nur umso größer …«

»Ich glaube fest daran, dass sich immer noch ein Weg finden wird, mit dem ich meinen Traum wahr werden lassen kann.

Und wenn ich dafür ins Ausland muss – dann nehme ich das auf mich. Aber irgendwann kehre ich trotzdem hierher in Deutsche Reich zurück.« Hope richtete sich trotzig auf. »Außerdem bin ich der festen Überzeugung, dass sich die Zeiten schnell ändern. Vielleicht gibt es nicht für immer einen Kaiser …«

»Schhhh.« Der Professor sah besorgt zur Tür. »Wenn Sie jemand mit solchen Bemerkungen hören kann, dann sind Ihre Aussichten an der Universität schnell hinfällig. Dieses Gedankengut ist nicht in allen Kreisen populär!« Seine Stimme wurde leiser. »Also achten Sie genau darauf, wem Sie Ihre Gedanken anvertrauen. Versprechen Sie mir das?«

»Aber wie sollen sie sonst Verbreitung finden? Wie soll der frische Wind der Zukunft Einzug in die Hirne halten?« Hope sah den Professor fragend an. Er schüttelte nur müde den Kopf. »Im Moment sieht es nicht so aus, als ob frische Gedanken sehr gefragt sind. Der Wind hat sich schon gedreht, fürchte ich.« Er erhob sich und reichte ihr die Hand. »Für das Erste wünsche ich Ihnen und Frau von Oertel alles Glück der Erde für die bevorstehende Prüfung.«

Ein kalter Wind fegte durch den Bahnhof. Hope fröstelte und zog ihren Mantel noch enger um sich. Sie hasste diesen Moment, auch wenn sie seit dem Gespräch mit von Winckel gewusst hatte, dass er unvermeidlich war. Als sie Marie davon erzählte, hatte ihre Freundin nur stumm genickt. Schon am nächsten Tag hatte sie die ersten Bewerbungen ins Ausland geschickt. Einzig Clara hatte noch von Aufständen und Protesten geträumt – Marie hatte sich mit ihrem Schicksal abgefunden. »Ich kam nach Leipzig weil ich hier studieren kann«, hatte sie erklärt. »Jetzt muss ich nach Bern, um Ärztin zu werden. Was ist da schon der Unterschied?« Hope kannte den Unterschied. Ab heute würde sie die einzige Frau an der medizinischen Hochschule sein. Künftig würde sie den Kommilitonen ganz alleine ausgesetzt sein.

Eine dampfende Lokomotive kam in den Bahnhof gerollt. Marie wandte sich an ihre Freunde. »Wir schreiben einander, ja?« Clara fiel ihr um den Hals. »Ich verspreche es dir!«

Otto umarmte Marie freundschaftlich, dann war Hope an der Reihe. Ihr stiegen die Tränen in die Augen. »Ohne dich wäre ich nicht hier ... was soll ich jetzt nur machen?«

Marie rang sich ein Lächeln ab. »Am besten zeigst du es den verbohrten Holzköpfen hier ordentlich. Tu mir den Gefallen: Mach dein Studium hier fertig. Gönne den Studenten kein frauenfreies Studium. Versprichst du mir das?«

Hope konnte nur nicken, während Marie nach ihrer Tasche griff. »Auf ein Wiedersehen in Bern, Leipzig oder wo auch immer die Frauen studieren dürfen!«, rief sie noch, dann schloss ein Mann in Uniform die Tür. Hope hatte das verzweifelte Gefühl, dass sich damit die Türen hinter einem Lebensabschnitt von ihr schlossen. Unwillkürlich griff sie nach Ottos Hand, als der Zug ächzend anfuhr und aus dem Bahnhof dampfte. Er sah sie kurz überrascht an, drückte dann aber ihre Hand und winkte mit einem Taschentuch hinter Marie her.

»Ohne dich wäre ich jetzt ganz alleine an der Universität ...«, murmelte sie.

Mit einer zärtlichen Geste wischte er ihr eine Träne von der Wange. »Mit mir wirst du nie alleine sein, das verspreche ich!«

Clara sah dem Zug mit wütendem Gesicht hinterher. »Das ... das ist so ungerecht. Sie muss nur deswegen nach Bern, weil sie eine Frau ist. Da muss sich etwas ändern! Es kann doch nicht sein, dass die Emanzipation der Frau in unserer Revolution vergessen wird ... der Aufbruch in die neue Zeit erfolgt nur gemeinsam mit der Frau oder überhaupt nicht!«

Sie verließen den Bahnsteig erst, als der Zug schon lange außer Sicht war. Otto und Hope liefen Hand in Hand, während Clara neue Pläne schmiedete. »Ich habe eine Idee. Hope, es reicht nicht, dass du nur für dein Studium und deine Rechte kämpfst. Du musst an das Größere denken. An den Kampf für die vielen Frauen, die in deinen Fußspuren laufen wollen.«

Abwehrend schüttelte Hope den Kopf. »Ich glaube, ich habe gerade eben nachdrücklich bewiesen, dass ich nicht einmal tauge, um für eine zweite Frau im Studium zu kämpfen. Glaubst du nicht, dass ich mich mit dem Kampf für die gesamte Emanzipation ein wenig übernehme?«

Clara verzog ihr Gesicht. »Es kommt nicht immer auf den Sieg an. Hin und wieder ist schon allein der Versuch alle Ehre wert. Denn nur so findet unsere Sache Gehör bei denen, die bisher allzu taub waren …«

»Du vergisst eine Kleinigkeit«, erinnerte Hope ihre Freundin. »Mir ging es nie um die große Weltrevolution. Ich bin mit viel weniger als du zufrieden: Ich wünsche mir, dass Frauen die freie Berufswahl haben. Sie sollen besser über ihren Körper Bescheid wissen. Sie schnüren sich in das enge Korsett, ohne zu wissen, was sie sich damit antun. Sie sind in einem fort schwanger, obwohl ihr Körper bereits durch zahlreiche Geburten ausgelaugt ist. Sie gehorchen in allem ihrem Mann, ohne eine eigene Meinung. Ich finde, die Frauen sollten gemeinsam mit den Männern eine andere Welt aufbauen – nicht gegen sie.«

»Dann schreib das doch auf. In unserer Bewegung gibt es Raum für viele Meinungen! Und viel zu selten erhebt eine Frau ihre Stimme. Tu mir den Gefallen – schreibe meinetwegen einen Artikel über die Geißel des Korsetts, wenn dir das so wichtig ist. Aber fang endlich an, deine Überzeugung zu Papier zu bringen. Das hat sogar August Bebel gesagt. Erinnerst du dich?«

Otto drückte Hope warnend die Hand. Er kannte ihren engen Stundenplan, der künftig durch das Volontariat in der Klinik noch dichter gefüllt sein würde. Aber er sah auch Hopes nachdenklichen Blick, während sie zögernd antwortete. »Du meinst, ich könnte auch einen Artikel über das Korsett veröffentlichen? Ganz ohne die große Revolution im Sinn?«

»Sicher«, grinste Clara. »Und du wirst sehen: der Niedergang des Korsetts wird manchen Mann mehr erzürnen als der Sieg des Sozialismus.«

»Was spricht gegen weibliche Formen?«, fragte Otto, während er die Umrisse einer Frau in die Luft malte. »Darf man denn in der Revolution keine Freude mehr haben?«

Hope knuffte ihn in die Seite. »Freude schon – aber warum sollten die Frauen dafür immer nach Luft schnappen?«

Lachend zogen sie weiter zur Breitbachkneipe. »Schließlich müssen wir unseren Kummer über die Abfahrt von Marie gebührend ertränken!«, erklärte Otto.

Ein leiser Fluch entfuhr Hope, während sie sich zum ersten Mal seit Monaten in ihr Korsett quälte. Zum hundertsten Mal wünschte sie sich, dass Marie an ihrer Seite wäre. Gemeinsam könnten sie den ersten Tag in der Klinik sicher sehr viel besser verbringen. Oder sich zumindest über die absurde Kleiderordnung lustig machen. Der Aushang, der die Namen der Studenten verkündete, die ein Volontariat erhalten hatten, hatte unmissverständlich klargemacht: »Wir erwarten von den Herren Studiosi Abendkleidung bei der Visite!« Überglücklich hatte Hope ihren Namen auf der Liste gefunden – und dann versucht, herauszubringen, was Professor Brückner wohl mit Abendkleidung meinte.

Für die Herren war es in der Tat einfach: sie sollten alle einen Gehrock tragen, dazu ein weißes Hemd aus feinem Stoff und einen seidenen Schal. Der schwarze Zylinder war dazu eine Selbstverständlichkeit. Abendgarderobe für Frauen, das sah einen weiten Rock mit Schleppe, ein enges Mieder mit einem tiefen Ausschnitt und halblange, enge Ärmel vor. Darüber trug die Frau von Welt eine Stola.

Das Kleid hatte Hope seit ihrer Zeit in Dresden in ihrem Schrank hängen. Dunkelblau mit hellen Biesen und Spitzen – sicher nicht die letzte Mode, aber ausreichend für eine Visite im Krankenhaus. Auch ein Korsett fand sie noch in ihrer untersten Schublade. Während sie die Häkchen schloss, wurde ihr klar, wie sehr sie sich an die freie Atmung in ihrem weiten Kleid gewöhnt hatte. Jetzt bekam sie Beklemmungen in diesem Marterinstrument. Während sie wütend den passenden Hut auf ihren kinnlangen Haaren feststeckte, schlug die nahe gelegene Kirchenuhr bereits sieben Mal. Sie musste sofort los! Mit wehender Schleppe machte sie sich auf den Weg.

Schon von ferne sah sie Brückner mit seinen neuen Studenten am Eingang des Klinikums stehen. Alle trugen ihren Gehrock. In ihrem Putz wirkten sie eher wie ein Haufen Burschen, die gemeinsam auf einen Ball gehen wollten. Brückner hielt im Moment eine Rede, von der Hope nur noch die letzten Worte mitbekam. »... nun kommen wir zu den ersten Visiten. Die Regeln sind so einfach wie notwendig: Sie hören mir zu – was der Patient sagt, ist für Sie uninteressant. Sie reden nicht mit dem Patienten, Sie fassen den Patienten nicht an. Wird Ihnen übel, entschuldigen Sie sich kurz und ohne viel Aufhebens.«

Er musterte Hopes Abendkleid. »Ihr Aufzug ist denkbar unangemessen. Und ungeeignet.«

»Entschuldigung …«, stotterte Hope. »Die Anweisung mit der Abendgarderobe machte es mir nicht leicht …«

Brückner deutete auf die Mitstudenten. »Was bei den Herren wohl kein Problem zu sein scheint!«

Hope war über seinen Ton entsetzt. »Die Kleiderordnung verbietet es mir doch, Hosen zu tragen!«

»Dann finden Sie eine dem Anlass gemäße Lösung.« Brückner zeigte mit angewiderter Miene auf ihre Schleppe. »Oder schneiden Sie wenigstens dieses Ding ab. Damit können Sie auf der Tanzfläche glänzen, nicht in einem Krankenzimmer. Womöglich reißen Sie mit dem Kleid Gerätschaften um und gefährden so Patienten. Bleiben Sie heute besser im Türstock stehen.«

»Tja, Medizin und Mode haben keine Schnittmenge, scheint mir!«, witzelte einer der Studenten.

Brückner stimmte in das Gelächter mit ein. »Wenigstens wissen wir durch diesen Aufzug, dass Fräulein Bridges unter ihrem weiten Gewand auch wirklich den Körper einer Frau verbirgt!«, wagte jetzt auch ein Student mit Schmiss eine launige Bemerkung. Hope kochte – und zwang sich mit zusammengebissenen Zähnen zum Blick auf den Boden. Erst nach einer Weile beendete Brückner die Witze seiner Studenten. »Genug gelacht. Jetzt wollen wir uns an die Visite machen!«

Die Gruppe verschwand in einem engen Krankenzimmer. Missmutig hielt Hope sich an Brückners Anweisung und blieb am Türstock stehen. Die meisten der Studenten waren mehr als einen Kopf größer als sie, sie sah nur Hinterköpfe. So sehr sie sich anstrengte zu hören, was da am Krankenbett vorging, sie verstand nur Satzfetzen.

Ein leises Stöhnen in ihrem Rücken machte sie neugierig. Auf dem Gang standen mehrere Betten. Brückner hatte vorher erklärt, dass hier die ärmeren Patienten lagen. Eine junge Frau hielt die Augen geschlossen, ein dünner Film aus Schweiß bedeckte ihr Gesicht. Die fest zusammengepressten Lippen verrieten, dass sie nicht etwa friedlich schlief, sondern Schmerzen hatte. Hope machte neugierig einen Schritt näher. Die Frau schien nichts zu merken. Sie versuchte sich auf die Seite zu drehen und wimmerte leise. Ein Geräusch, das Hope bisher nur bei der alten Hündin ihres Vaters gehört hatte. Entschlossen legte sie ihre Hand auf die Schulter der Kranken.

»Kann ich Ihnen helfen?«

Mit flatternden Lidern öffneten sich die Augen. Ein misstrauischer Blick traf Hope. »Sind Sie Schwester?«

»Nein«, gab Hope unsicher zu. »Aber ich studiere Medizin. Was ist denn los?«

Die Augen schlossen sich wieder. »Es brennt … wie Feuer.«

Hope musste sich weit zu der Frau hinunterbeugen, um zu verstehen, was sie sagte. Sie hob vorsichtig die Schulter der Frau an und drehte sie auf die Seite. Einen Augenblick war sie noch überrascht, wie leicht sie war. Dann überkam sie Entsetzen. Das dünne, weiße Nachthemd war am Rücken durchfeuchtet von Blut, Eiter und Wundwasser. Sie hatte sich wund gelegen, ohne dass sich irgendjemand darum gekümmert hatte. Hope atmete langsam aus und bemühte sich darum, möglichst ruhig zu klingen. »Wie lange liegen Sie schon so?«

»Eine Woche. Oder sind es schon zehn Tage?« Die Frau schien zu fiebern.

Hope sah den Gang entlang. Irgendwo musste hier doch eine Schwester sein! »Ihr Rücken hat sich vom langen Liegen entzündet. Sie brauchen einen Gaze-Verband, Wundcreme und frische Laken.«

Ohne die Augen wieder zu öffnen, schüttelte die Frau die Augen. »Nein, ich … nein. Bitte. Ich muss wieder heim. Die Krankenhaus-Rechnungen. Mein Mann wird mich abholen.«

Hope war entsetzt. »Aber in diesem Zustand können Sie auf keinen Fall …«

»Was geht hier vor sich?«, donnerte Brückner hinter ihr.

Hope wies auf die Frau. »Sie braucht dringend Hilfe!«

Brückner nickte. »Sicher tut sie das. Deswegen ist sie in einem Krankenhaus. Mit Ärzten. Und Schwestern.«

»Aber sie hat …« Hope hob bittend die Hände. »Schauen Sie sich doch den Rücken an …«

Brückner sah einen Moment die Frau an und wandte sich dann Hope zu. »Sie haben gerade jede von mir aufgestellte Regel für betreute Visiten gebrochen. Die unqualifizierte Diagnose allein könnte Sie vor Gericht bringen.«

»Aber wir können sie doch nicht einfach hier liegen lassen!« Hope konnte es immer noch nicht fassen, dass niemand der Frau zu Hilfe eilte. Die hielt ihre Augen geschlossen und schien nichts von dem Streit mitzubekommen.

Brückner funkelte Hope an. »Wagen Sie es nicht, mir zu widersprechen. Sie sind hier nur, weil von Winckel es mir befohlen hat. Wenn es nach mir gegangen wäre, dann hätten Sie keinen Fuß in diese Klinik gesetzt. Bei den nächsten fünf Visiten will ich Sie nicht dabeihaben. Jetzt scheren Sie sich fort.«

Hin und her gerissen blieb Hope noch kurz stehen. Sie konnte und wollte diese Frau nicht in ihrem Leid liegen lassen. Aber Brückner sah sie bewegungslos an, in seinem Rücken ein Dutzend Studenten, die sich gefreut hätten, wenn Hope endlich auf ihrem Weg gestoppt worden wäre. Langsam drehte Hope sich um und schlich den Gang entlang wie ein geprügelter Hund. Sie schwor sich, dass sie niemals eine Patientin wie diese wund gelegene Frau als Ärztin ihrem Schicksal überlassen würde. Wenn niemand mehr Macht über sie hatte, dann wollte sie nur noch ihrem Herzen folgen. Bis dahin gab es nur einen Weg: sie musste noch härter arbeiten und lernen. Und erst einmal die Schleppe von ihrem Kleid kürzen.

Professor Brückner sah Hope hinterher, bis sie um eine Ecke im Gang verschwand. Er musterte seine Studenten. »Nun können wir hoffentlich mit der regulären Visite fortfahren.«

Dann fiel sein Blick noch einmal auf den Rücken der Frau. Er verzog angewidert das Gesicht und winkte herrisch nach einer Krankenschwester. »Wie kann so etwas passieren? Sorgen Sie dafür, dass diese Patientin eingecremt und kühl gelegt wird. So etwas ist eine Schande für unser Haus!«

Damit zog er mit seinen Studenten weiter.

»Schaut her!« Stolz kramte Hope in ihrer geräumigen Tasche, bis sie eine billig zusammengeheftete Zeitschrift fand. Sie wedelte damit aufgeregt unter Claras und Ottos Nase herum. »Mein allererster Artikel! Sie haben ihn tatsächlich ganz ohne Kürzungen abgedruckt, ist das nicht großartig?«

Otto sah auf den Titel: »Das Korsett – Gefängnis des weiblichen Körpers. Von Hope Bridges«. Er fing an zu lesen, während Clara ihrer Freundin auf den Rücken klopfte. »Das ist wirklich großartig! Ein guter Anfang!«

Otto sah von dem Artikel auf. »Erschwerte Atmung, schlechte Verdauung, verkümmerte innere Organe – übertreibst du nicht ein bisschen, wenn es um das Korsett geht? Schließlich trägt nicht jede Frau so ein Ding auf das Engste gebunden, oder?«

»Du unterschätzt den Eifer der Frauen, wenn es darum geht, den Männern zu gefallen!«, meinte Hope trocken. »Trag doch am besten selber mal eines, dann weißt du, wovon ich spreche.«

Clara grinste. »Was man so hört, ist so mancher christliche Stadtrat dieser Idee nicht abgeneigt ...« Sie holte tief Luft. »Der Artikel ist phantastisch, Hope. Aber wann willst du mal über etwas Wichtiges schreiben?«

»Kommst du schon wieder damit?«, Hope schüttelte den Kopf. »Clara, das ist wichtig. Es geht jede Frau an, unabhängig von ihrer politischen Überzeugung!«

»Ja, schon. Aber es ist Privatsache.« Claras Ton wurde drängender. »Jede Frau kann sich gegen das Korsett entscheiden. Ich habe mein Lebtag noch keines besessen. Aber keine Frau kann entscheiden, morgen die Scheidung einzureichen. Oder das Wahlrecht zu haben.«

»Wahlrecht?« Otto fing an zu lachen. »Jetzt greif mal nicht nach den allzu hohen Früchten. Gleichberechtigung mag ja ein hehres Ziel sein, aber dann gleich das Wahlrecht für die Frauen? Das wäre doch übertrieben, meinst du nicht?«

Clara wollte ihm schon eine wütende Antwort geben, aber Hope kam ihr zuvor. Sie würdigte Otto keiner Antwort. »Im Privaten fängt es doch an! So viele Frauenrechte gibt es schon – und sie werden aus Furcht vor den Männern nicht genutzt. Was nützt dir denn dein Wahlrecht, wenn dein Gatte dich am Wahltag im Haus einsperrt?«

»Veränderungen muss man von dem fordern, der die Gesetze macht – vom Staat. Die Mündigkeit des Einzelnen ist nicht die Aufgabe der Politik.« Clara nickte noch einmal, um ihre Aussage zu bekräftigen.

»Aber wessen Aufgabe ist diese Mündigkeit denn dann? Es geht doch gerade darum, die Freiheit auch wirklich zu haben – und nicht nur das Versprechen von Freiheit auf einem Papier.«

Otto umarmte sie. »Quatsch. Was Clara sagen möchte: Vielleicht kannst du die deutsche Frau noch fix befreien. Zwischen Vorlesung und Abendbrot.« Er lachte erneut und bemerkte dabei die entnervten Blicke nicht, die Clara und Hope trotz ihrer Diskussion tauschten.

»Ich befreie mich jetzt erst einmal selbst, lieber Otto«, erklärte Hope. »Dann sehen wir weiter.«

»Ich nehme den anderen Weg. Ich habe mich entschlossen, bei den nächsten Bezirkswahlen für die SAPD anzutreten.« Clara sah Hope unsicher an, als sie auf die Reaktion wartete.

»Wirklich? So richtig mit Plakaten und Wahlsprüchen?« Hopes Stimme war verblüfft. Bis zu diesem Zeitpunkt hatte sie die politische Haltung und die frechen Sprüche von Clara immer nur für ein besonderes Lebensgefühl der Freundin gehalten. Jetzt wurde daraus plötzlich bitterer Ernst.

»Klar«, nickte Clara. »Berners, der Ortsvorsitzende, hat mich gebeten, gegen Fürstein anzutreten.«

Kumpelhaft klopfte ihr Otto auf die Schulter. »Dann haben wir ja bald einen direkten Draht nach ganz oben!« Seiner Stimme war anzuhören, dass er Clara bei diesen Wahlen für völlig chancenlos hielt. »Darauf sollten wir kräftig anstoßen!«

Hope legte ihren Arm um Claras Schulter. »Das sollten wir wirklich. Wir feiern meinen ersten Artikel und deinen ersten Schritt in die Politik. Wer weiß: Heute Leipzig, morgen die ganze Welt …«

Kaum waren sie in der Kneipe am Breitbachplatz angekommen, rannte einer ihrer Freunde mit einem Zettel in der Hand herein. »Habt ihr das schon gelesen?«, japste er, als er sich an ihren Tisch fallen ließ und aus Ottos Krug erst einmal einen tiefen Schluck nahm. »Das kleistern sie gerade in der ganzen Stadt an die Litfaßsäulen und Laternen!«

»Gib her!« Clara riss ihm den Zettel aus der Hand und fing an zu lesen. »Reichs-Gesetzblatt 34. Gesetz gegen die gemeingefährlichen Bestrebungen der Sozialdemokratie.« Leise las sie weiter. Als sie aufsah, war sie blass. »Lest selber. Da steht was von Parteiauflösung. Sozialdemokraten gelten als Reichsfeinde. Da steckt doch bestimmt dieser Bismarck dahinter. Nachdem es ihm im Frühjahr nicht gelungen ist, uns zu verbieten, hat er nach dem Attentat auf den Kaiser seine Chance gesehen ...« Sie nahm noch einen Schluck aus ihrem Glas, bevor sie weitersprach. »Bald kommen sie uns holen. Wir sind denen zu gefährlich geworden.«

Bei diesen Sätzen bekam Hope eine Gänsehaut. Konnte es sein, dass Clara recht hatte? Das konnte sie sich nicht vorstellen. Wahrscheinlich sah ihre Freundin zu schwarz. Aber Clara blieb ernst. »Ich muss ins Exil. Ich will nicht in irgendeinem Gefängnis schmoren. Zürich, da hat unsere Bewegung viele Freunde. Da will ich hin.«

Fassungslos sah Hope Clara an. »Überleg dir das doch noch einmal. Hier kannst du so viel bewirken. Gerade eben erst hast du erzählt, dass du bei den Bezirkswahlen antreten willst.«

Statt einer Antwort hielt ihr Clara den Zettel unter die Nase. »Hast du nicht begriffen, was hier steht? Die SAPD ist aufgelöst. Dann kann ich wohl kaum noch für die antreten. Aus unserem Kampf ist ein Krieg geworden, und den werde ich von Paris aus führen.«

»Wovon willst du denn leben? Wie soll das denn gehen?« Hope konnte immer noch nicht glauben, dass so kurz nach Maries Weggang auch noch Clara Leipzig verlassen sollte. Verzweifelt redete sie weiter. »Und was wird aus mir?«

»Ich schreibe dir, wir sehen uns wieder, wenn die Zeiten besser geworden sind«, versprach Clara. »Um mich musst du dir keine Gedanken machen. In der Schweiz ist unsere Bewegung stark. Und wenn es dort nicht weitergeht, dann fahre ich nach Paris. Es gibt einen Ort, an dem ich weiterkämpfen kann.« Sie nickte entschlossen. »Aber ich muss so schnell wie möglich fort aus Leipzig …«

Plötzlich fühlte Hope sich unendlich einsam. Von der fröhlichen Clique waren innerhalb weniger Wochen nur noch sie und Otto übrig. Sie vermisste schon jetzt die lautstarken Diskussionen, die Abende in der Kneipe am Breitbachplatz. Sie spürte, wie Otto tröstend seinen Arm um sie legte. Er wusste ohne Worte, wie es ihr in diesem Moment ging.

Otto beobachtete seine Freundin in den nächsten Tagen genau. Sie benahm sich nach außen hin wie immer, aber er wusste, dass sie litt. Marie, Clara und sie hatten sich gegenseitig Halt im Kampf gegen die Benachteiligung der Frauen gegeben. Jetzt war sie auf sich allein gestellt. Innerhalb weniger Tage war durch die Regierung in Leipzig ein »Kleiner Belagerungszustand« ausgerufen worden. Sie wollten damit eine der Hochburgen der Sozialdemokratie beseitigen. Otto hatte am Vormittag die Aushänge gelesen. Versammlungen durften nur noch nach vorheriger polizeilicher Genehmigung abgehalten werden. Personen, die im Verdacht standen, die öffentliche Sicherheit zu gefährden, durften sich in bestimmten Bezirken überhaupt nicht mehr aufhalten. Die Verbreitung von revolutionären Druckschriften war untersagt. Er runzelte die Stirn, als es an der Tür zu seinem kleinen Studentenzimmer klopfte. Hope. Ihre halblangen Haare waren durch den Novemberwind zerzaust, und als sie ihn zur Begrüßung flüchtig auf die Wange küsste, waren ihre Lippen eiskalt. Sie zog ihren Mantel aus und ließ sich auf sein Bett fallen.

»Scheußlich ist es draußen. Passt gut zu den neuen Regelungen. Hast du das heute Morgen gelesen?«

»Ja«, Otto griff nach einem Stapel von Flugblättern, die sie eigentlich in den nächsten Tagen an der Universität verteilen wollten. »Das heißt, wir müssen diese Dinger hier verbrennen. Wenn uns jemand verpfeift und wir damit erwischt werden, dann haben wir einen Platz im Kittchen sicher.« Er öffnete die kleine Tür von seinem Kanonenofen und schmiss einen kleinen Stoß der Zettel hinein. »So geben sie wenigstens noch einmal

Wärme. Ist das nicht verrückt? Letzte Woche haben wir das Zeug noch verteilt, heute können sie uns verhaften ...«

Hope sah ihm mit teilnahmsloser Miene zu. Schließlich kramte sie einen Brief aus ihrer Tasche. »Den habe ich heute bekommen.«

Otto überflog den kurzen Brief, in dem die Universitätsleitung in dürren Worten mitteilte, dass Fräulein Hope Bridges am Examen des Medizinstudiums nicht teilnehmen durfte. Er nahm sie in den Arm und flüsterte tröstend. »Es tut mir so leid für dich!«

Seine sonst so gefasste Hope war den Tränen nah. »Das können sie doch nicht tun!«

»Hope, du wusstest, dass man dich ohne Abitur nicht zum Examen zulassen würde. Sogar von Winckel hat dich ganz am Anfang gewarnt ...«

»Ich hatte so gehofft, dass die Dinge sich ändern würden.« Sie machte eine kraftlose Bewegung. Otto konnte sie verstehen. Er zuckte nur mit den Schultern. »Das tun sie auch – nur in die falsche Richtung!«

»An der Uni werden Frauen nicht mehr immatrikuliert. Ich dachte, ich würde die Erste von vielen sein. Nun sieht es doch tatsächlich so aus, als sei ich die Erste und Einzige ...«

Er versuchte sie zu trösten. »Vielleicht soll es einfach nicht sein. Niemand kann dir vorwerfen, dass du es nicht versucht hättest. Und wenn ich die Praxis meines Vaters übernehme, kannst du mir ja zur Hand gehen – auch ohne einen Abschluss.«

Grimmig zog sie ihre Augenbrauen zusammen. »Ich will nicht Ärztin von deinen Gnaden sein. Ich werde nicht aufgeben. Wenn ich das Recht auf ein Studium habe – dann habe ich auch das Recht auf einen Abschluss!« Sie schien wieder einmal vergessen zu haben, dass sie nur Gasthörerin war. Aber Otto kannte Hope inzwischen genug, um sie nicht mit der Nase auf dieses Detail zu stoßen. Sie konnte so empfindlich reagieren. Er versuchte sie zu beruhigen. »Recht haben und Recht bekommen sind bekanntlich zwei Paar Schuhe.«

Sie schob ihr Kinn entschlossen nach vorn. »Ich habe von Winckel gesagt, dass ich notfalls bis zur Kaiserin gehe ...«

Kleinlaut fügte sie hinzu: »Auch wenn ich keine Ahnung habe, wie ich das vollbringen soll.«

Otto stocherte nachdenklich in der Asche, zu der die Flugblätter zerfallen waren. »Das ließe sich einrichten …«

»Was meinst du?« Sie sah ihn entgeistert an.

»Na ja, weil doch meine Tante Trömel die Kaiserin Augusta kennt.«

»Tante Trömel kennt Kaiserin Augusta«, echote Hope verständnislos. »Du machst Witze. Schade, dass mir nicht der Sinn nach Scherzen steht.«

»Habe ich das nie erzählt?«, fragte Otto. »Tante Trömel gehört ein Bahnhofsrestaurant in Fulda, in dem die Kaiserin auf ihren Ausflügen nach Baden-Baden immer Station macht.«

»Diese Geschichte ist wahr?« Offensichtlich glaubte Hope ihm immer noch kaum ein Wort. Er zuckte verlegen mit den Achseln. »Wenn alle immer über die sozialistische Revolution reden, dann erschien es mir nicht ratsam, mit einer entfernten Bekanntschaft zur Kaiserin zu protzen. Außerdem – du kannst in diesem Bahnhofsrestaurant nicht einfach zur Kaiserin marschieren und ihr dein Anliegen erklären.«

Er sah Hope an und wusste in diesem Moment, dass sie genau so etwas plante. Als sie zu ihm gekommen war, hatte sie noch niedergeschlagen gewirkt. Jetzt fingen ihre Augen wieder an zu sprühen. »Und wenn das doch klappt? Augusta ist doch auch eine Frau, vielleicht erkennt sie ja die Ungerechtigkeit, die mir widerfährt!«

Er schüttelte den Kopf und zog sie in seine Arme. »Aufgeben kommt in deinem Vokabular nicht vor, oder? Pass auf: Ich schreibe an Tante Trömel und frage sie, wann sie Augusta das nächste Mal erwartet. Ich komme mit dir nach Fulda. Aber ich kann dir nichts versprechen. In Ordnung?«

Hope nickte und gab ihm einen Kuss. »Du bist ein Schatz!«

Das Doppelkinn von Tante Trömel zitterte. Jahre schon bewirtete sie stolz die Kaiserin in ihrem kleinen Bahnhofsrestaurant. Immer wieder ließ Augusta ihr ausrichten, dass ihr Kuchen unübertroffen im Reich des Kaisers sei. Und jetzt stand ihr Neffe mit seiner Freundin vor ihr und bat sie darum, dieses Vertrauen zu missbrauchen. Sie zerknüllte verzweifelt ein nicht mehr ganz sauberes Taschentuch. »Kinder, das könnt ihr doch nicht machen! Die Wachen werden euch totschießen!«

Ottos zierliche Freundin winkte ab. »So schnell schießen nicht einmal die Preußen!« Sie machte eine Drehung, um ihr braves Kleid aus grauem Tuch zu präsentieren. »Ich sehe nun wirklich nicht wie eine Bedrohung für Kaiserin Augusta aus, nicht wahr?«

Otto spähte angestrengt durch einen Spalt in den Gastraum. »Jetzt! Eine bessere Gelegenheit kommt nicht mehr!« Er sah Hope in die Augen. »Aber Tante Trömel könnte recht haben: Es hat Attentate auf den Kaiser gegeben. Die sind nervös.«

»Ich will nur mit ihr reden. Ganz kurz nur ... und wir sind doch nicht nach Fulda gekommen, um sie nur durch einen Türspalt zu sehen.«

Sie atmete tief durch, um ihre Nervosität zu besiegen. Wenn sie scheiterte, dann würde sie ihren Studienabschluss endgültig aufgeben müssen. Tante Trömel war ihr letzter Trumpf. Den musste sie jetzt ausspielen ... Ohne sich noch einmal umzusehen, betrat sie hinter einem Kellner den Gastraum. Der Marmorboden spiegelte, die kleinen Tische und mit rotem Samt bezogenen Stühle waren allesamt leer. Wenn die Kaiserin zu Gast war, dann mussten die Normalsterblichen eben ohne ein Bahnhofsrestaurant auskommen. Hinter dem Kellner ging sie unbehelligt mit, bis sie die Kaiserin sehen konnte. Eine ältere Dame, die an ihrem Tisch an der Wand saß und sich mit hellwachem Blick umsah. Hope sank auf die Knie und hielt ihre Augen gesenkt. Sie hatte sich keine Rede ausgedacht, keine Strategie geplant – und so kniete sie jetzt wortlos und harrte der Dinge, die kommen sollten. Ein Sekretär entdeckte den Eindringling als Erster.

»Wer sind Sie? Was soll das? Soldaten!« Seine Stimme klang herrisch und befehlsgewohnt, aber keineswegs bedrohlich. Aus den Augenwinkeln konnte Hope sehen, dass sich ein paar Soldaten hinter sie stellten, die Gewehre im Anschlag. Vorsichtig hob sie den Kopf und sagte leise: »Bitte, Majestät. Auf ein Wort.«

Die Kaiserin musterte Hope. Dann hob sie ihre Hand und verscheuchte mit einer einzigen Bewegung die Soldaten. Eine weitere herrische Handbewegung bedeutete Hope, näher zu kommen. Augusta war wohl keine Freundin großer Worte. Sie nickte kurz und sah Hope an. Offensichtlich sollte sie jetzt reden. Hope beschloss, alle ihre Ängste hinter sich zu lassen.

»Eure Majestät, meine Name ist Hope Bridges. Ich studiere Medizin in Leipzig. Ich will Ärztin werden ...«

Bis zu diesem Moment blieb Augustas Miene völlig bewegungslos. Jetzt hob sich eine Augenbraue. Ermutigt redete Hope weiter. »Obwohl ich ein Recht auf das Studium habe und meine Noten gut sind, verweigert mir die Universität den Zugang zum Examen. Weil ich eine Frau bin. Wo bleibt da die Gerechtigkeit?«

Sie schwieg eine Sekunde. Augusta sagte immer noch kein Wort. Hope redete weiter. »Es ist bekannt, dass Eure Majestät schon häufiger mit Florence Nightingale geredet haben, dass Ihr den Vaterländischen Frauenverein zur Pflege verwundeter Soldaten eingerichtet habt, Ihr seid verantwortlich für die Gründung mehrerer Krankenhäuser – alles für eine bessere Versorgung der Verwundeten. Wäre es nicht wünschenswert, dass Frauen nicht nur als Schwestern, sondern auch als Ärzte helfen könnten?«

Die Miene Augustas blieb undurchdringlich. Hope spürte, dass sie alles gesagt hatte, was zu sagen war. Ein paar Sekunden lang kniete sie noch unentschlossen, dann erhob sie sich und machte einen Schritt rückwärts.

Plötzlich kam wieder Leben in den Sekretär. »Raus mit der unerhörten Person«, blaffte er die Soldaten an. »Raus, raus, raus!«

Zwei Soldaten griffen Hope grob an den Schultern und zerrten sie an der entsetzten Tante Trömel vorbei. Hope war sich sicher, dass dieser Tag im Gefängnis enden würde. Sie hatte zu viel gewagt.

Kaum war sie außer Sichtweite, winkte Kaiserin Augusta allerdings ihren Sekretär näher und flüsterte ihm etwas ins Ohr. Der konnte seine Überraschung kaum verbergen. Vorsichtshalber fragte er nach: »Bitte?« Auf ihre ungeduldige Kopfbewegung hin beeilte er sich allerdings zu sagen: »Ja, natürlich. Selbstverständlich, Eure Hoheit.« Die Kaiserin lehnte sich zufrieden zurück. Ein kaum wahrnehmbares Lächeln umspielte ihre Lippen. Sie betrachtete ihren Besuch in diesem Fuldaer Bahnhofsrestaurant als überaus gelungen.

In der Zwischenzeit hatten die Soldaten Hope aus dem Gastraum begleitet. Kaum waren sie draußen, ließen sie sie los. Hope sah sie verdutzt an. »Sie lassen mich laufen?«

Der ältere der Soldaten sah sie ohne einen Funken Humor an. »Wenn es nach mir ginge, dann müssten Sie mindestens einen Monat Arrest bekommen und darüber nachdenken, wie und wann man sich einer Kaiserin nähern darf! Aber Majestät hat ausdrücklich befohlen, dass wir Sie nur hinausbegleiten und dann auf freien Fuss setzen sollen.« Er nickte kurz und militärisch. »Einen guten Tag!« Damit drehte er sich um und verschwand im Gefolge der Kaiserin.

Hope sah sich verblüfft um. Aus dem Restaurant kam Otto mit langen Schritten auf sie zu. Er sah besorgt aus. »Was hat sie gesagt?«

»Nichts.« Hope sah ihn ratlos an. »Einfach nichts. Ich habe ihr von meinem Problem erzählt, und sie hat mich von den Soldaten wegführen lassen. Dabei hätte ich schwören können, dass sie auf meiner Seite war ...«

»Komm, wir trinken noch einen Schnaps mit meiner Tante. Damit sie sich wieder beruhigt. Und dann fahren wir zurück nach Leipzig. Immerhin kannst du wirklich sagen, dass du nichts unversucht gelassen hast ...« Er nahm sie in den Arm. »Und ich liebe dich auf jeden Fall. Egal, ob mit oder ohne Examen!«

Der Mann lag auf seinem Krankenbett und wimmerte. Am erschreckendsten war das, was nicht da war: Da, wo sich seine Beine unter der Bettdecke abzeichnen sollten, lag die Decke flach. Von Winckel sah in die Runde seiner Studenten. »Was fällt den Herren Studiosi zu diesem Fall ein?«

Schweigen. Nach zwei Jahren in der Klinik kannte Hope das

schon zur Genüge. Studenten, die sonst ihr großes Maul in einem fort aufrissen, verstummten angesichts des Elends. Was dem Elend kein bisschen Einhalt gebot. Sie deutete auf die Decke. »Können wir uns die Wunde denn ansehen?«

Von Winckel nickte, und eine Krankenschwester schob die Bettdecke zur Seite. Zum Vorschein kamen zwei Beinstümpfe. Das eine Bein war knapp unterhalb der Hüfte amputiert, das andere reichte fast bis zur Höhe des Knies. Die Narben glänzten rot und entzündet im Licht des Krankenzimmers. »Eine Kriegsverletzung?«, fragte Hope nach.

Der Mann nickte. »Die Schlacht bei Gravelotte. Die Geschütze des Marschalls Bazaine. Wir haben gewonnen, aber meine Beine blieben auf dem Feld.«

Hope deutete auf die Narben. »Sahen die schon immer so rot aus? Sind die Schmerzen seit zehn Jahren unverändert?«

Der ehemalige Soldat schüttelte den Kopf. »Erst seit ein paar Monaten.«

Hope sah sich die Entzündungen genauer an. Eigentlich sahen sie aus wie Druckstellen. Ihr kam eine Idee. »Haben Sie neue Prothesen?«

»Meine Ersten! Ich konnte damit sogar laufen – wenn auch mit Krücken!« Stolz lächelte der Soldat. »Das beste Gefühl nach Jahren im Rollstuhl!«

»Wo sind Sie denn hingegangen?«, fragte Hope nach, die allmählich einen Verdacht hegte.

»Überallhin!«, verkündete er stolz. »Ich war sogar auf dem Treffen der Veteranenen von Gravelotte!«

Hope nickte. »Das erklärt einiges.« Sie wandte sich an von Winckel. »Die Narben haben sich mit der Überbelastung entzündet. Ich würde empfehlen, die Prothesen erst einmal beiseitezulegen, bis die Entzündung ausgeheilt ist. Dann sollten eine bessere Polsterung und eine sparsamere Nutzung helfen. Vielleicht befinden sich noch alte Granatsplitter in den Narben – das ist zu überprüfen.«

Von Winckel nickte. »Ausgezeichnet, Fräulein Bridges.« Er wandte sich an die anderen Studenten. »Sie haben hier gesehen, wie man mit scharfer Beobachtungsgabe und ein paar gezielten

Fragen bereits Erleichterung verschaffen kann. Und jetzt wünsche ich Ihnen einen guten Abend.«

Als Hope sich mit den anderen zum Gehen wandte, legte von Winckel ihr eine Hand auf die Schulter. »Bleiben Sie noch einen Moment?«

Überrascht sah Hope ihn an. »Gerne!« Was konnte der Professor von ihr wollen?

Kaum waren ihre Kommilitonen fort, breitete sich ein Lächeln im freundlichen Gesicht des Professors aus. »Ich muss gestehen, Fräulein Bridges, es ist Ihnen wieder einmal gelungen, mich gründlich zu überraschen. Als Sie mir drohten, Sie würden bis zur Kaiserin gehen, habe ich Ihnen kein Wort geglaubt. Aber heute Morgen kam die Post aus Berlin ...«

Fassungslos sah Hope ihn an. »Post aus Berlin?«

»Ja«, bestätigte er. »Die Weisung der Kaiserin, Sie am Examen teilnehmen zu lassen. Sie können mir glauben: Ich komme ihr gerne nach. Gerade eben erst haben Sie bewiesen, dass Sie mehr Ärztin sind als so mancher unserer anderen Studiosi.«

»Danke!«, strahlte Hope ihren Mentor an. »Ohne Sie wäre ich nie so weit gekommen. Ich kann nicht sagen, wie sehr ich Ihnen zu Dank verpflichtet bin.«

»Danken Sie mir nicht zu früh.« Von Winckel sah sie ernst an. »Ich habe keine Zweifel an Ihren Fähigkeiten. Ich bin mir sicher, dass Sie bei diesem Examen eine der Besten sein werden. Und doch: Nach diesem Examen kann nicht einmal die Kaiserin Ihnen helfen. Frauen dürfen im Kaiserreich keinen Doktortitel erwerben – es sei denn durch Heirat mit einem Doktor.« Er lächelte schwach über seinen Scherz. »Anschließend können Sie keine Approbation erlangen. Der einzige Weg zur Promotion und zur Approbation ist der, den Ihre Freundin Marie von Oertel schon vor Ihnen gegangen ist. Sie müssen ins Ausland. Vielleicht die Schweiz, vielleicht England. So leid es mir tut: Aber hier ist Ihr Weg am Ende. Unwiderruflich.«

»Ich habe mir angewöhnt, einen Schritt nach dem anderen zu gehen«, erklärte Hope. Sie lächelte von Winckel entschlossen an. »Jetzt mache ich erst einmal dieses Examen. Und dann ...« Sie zuckte mit den Achseln. »Wenn es sein muss, gehe ich ins

Ausland. Womöglich ist es dort freier als hier im Deutschen Reich. Ich bedauere es nur, dass ich Menschen wie Sie zurücklassen muss.«

Von Winckel sah sie ernst an. »Das Bedauern ist auf meiner Seite. Ich wünschte mir, ich hätte mehr Studenten wie Sie. Gleich welchen Geschlechts.«

Hope verabschiedete sich von dem Professor und verschwand in den langen, menschenleeren Gang des Krankenhauses. Inzwischen war es später Abend. Sie hörte auf die Geräusche hinter den verschlossenen Türen, die ihr nach zwei Jahren Arbeit so unendlich vertraut waren. Die leisen Gespräche der Schwestern in ihrem Zimmer, das unterdrückte Husten der Kranken, das Stöhnen der Verletzten. Schon allein die Vorstellung, dass sie das hinter sich lassen musste, fiel ihr schwer. Gedankenverloren machte sie sich auf den Heimweg. Sie musste nicht nur lernen, sondern auch ihren Weg nach dem Examen planen. Außerdem war da noch Otto. Hope ahnte, dass er von ihren Plänen nicht entzückt sein würde. Vielleicht musste sie ihm ja nicht sofort davon erzählen …

»Hope Bridges, examinierte Medizinerin! Dein Vater wäre so stolz auf dich!« Ellen prostete ihrer Tochter mit einem Weinglas zu.

Hope hob ebenfalls ihr Glas. »Sei ehrlich: Er hätte wahrscheinlich gemeckert, dass ich die Hilfe der Kaiserin benötigte. Mit der Monarchie war für ihn ja kein Frieden zu machen.«

Über den Rand des Weinglases hinweg musterte Ellen ihre Tochter. »Gott, du bist so … erwachsen geworden. Und Ärztin!«

»Übertreibe nur nicht«, wehrte Hope ab. »Ich mag das Examen geschafft haben. Aber den Doktortitel darf ich hier in Leipzig nicht erwerben. Und eine Approbation ist so wahrscheinlich wie die Abdankung des Kaisers … Ich kann hier in Deutschland nicht praktizieren.«

Ellen nickte in Richtung Otto, der wenige Meter entfernt in ein Gespräch vertieft stand. »Er ist ebenfalls fertig mit seinem Studium. Kannst du nicht bei ihm …?«

»Könnte ich schon.« Hope zuckte verlegen mit den Schultern. »Es wäre der einfachste Weg. Ich möchte mir hingegen beweisen, dass ich es aus eigener Kraft schaffen könnte. Kannst du das verstehen?«

»Verstehen schon. Aber wie willst du das bewerkstelligen?« Ellen sah Hope neugierig an.

»Hier in Deutschland nicht, also …« In dieser Sekunde trat Otto zu Mutter und Tochter. Er verneigte sich leicht. »Ich wollte das Gespräch nicht stören. Was ist denn das Thema?«

»Hope erklärt mir im Augenblick ihren weiteren Weg«, meinte Ellen, ohne den warnenden Blick ihrer Tochter zu sehen.

»Das ist doch einfach.« Otto legte seine Hand fest um Hopes Taille. »Wir übernehmen gemeinsam die Praxis meines Vaters in Frankfurt. So kann sie auch ohne Approbation arbeiten. Dann muss ich sie von so bürgerlichen Freuden wie Ehe und Kinder überzeugen.« Er küsste Hope auf die Stirn und lachte, während er noch einen Schluck Wein trank. »Das wird das härteste Stück Arbeit. Aber ich bin mir sicher, ich werde Erfolg haben. Geduld habe ich genug.« Erst jetzt bemerkte er den angespannten Zug in Hopes Gesicht. Er runzelte die Stirn und fragte vorsichtig nach. »Das sind doch deine Pläne, nicht wahr, Liebling?«

Fast unmerklich schüttelte Hope den Kopf. »Nicht ganz.« Ihre Stimme wurde leiser. »Es tut mir leid. Aber ich möchte erst einmal meinen Doktortitel erwerben. Approbiert werden …«

»Wo?« Otto sah Hope fassungslos an.

»In Bern. Vielleicht in London.«

»Und was wird aus uns?«

»Es sind doch nur ein paar Monate. In Bern habe ich bereits einen Doktorvater gefunden. Ich kann über die Funktion der Nieren forschen. Und in London kann ich in der Praxis von Dr. Haversham arbeiten! Die nehmen pro Jahr nur einen Jungarzt auf! Ich glaube, der alte Haversham kannte meinen Vater gut, deswegen hat er mir wohl geholfen. Ich kann es kaum fassen – endlich wieder London!«

»Aber …« Otto rang nach Worten. »England … die Schweiz … wir werden uns ewig nicht sehen. Wie sollen wir das aushalten? Wie die Zeit überstehen?«

Beschwichtigend hob Hope ihre Hand. »Jetzt mache daraus doch kein größeres Drama, als es ist. Ich bin nicht einmal ein Jahr weg. Du benimmst dich, als ob ich sterben würde!«

»Mein Vater rechnet fest mit uns in Frankfurt. Jetzt ist es an der Zeit, Nägel mit Köpfen zu machen.« Seine Stimme wurde leiser, drängender. »Oder willst du das vielleicht gar nicht? Eine Praxis in Frankfurt ... mit mir zusammen?«

»Natürlich. Aber die Voraussetzungen sind doch viel besser, wenn ich eine Ärztin bin, die aus eigenem Recht heraus praktizieren darf. Siehst du das nicht?« Hopes Stimme klang bittend.

»Ich möchte das nicht!« Ottos Stimme war lauter geworden.

Hope traten Tränen in die Augen. »Mach es mir doch nicht so schwer. Es ist doch nicht für lange!«

»Hope, wir haben hier in Deutschland wirklich alles, was wir brauchen. Ich sehe nicht ein, dass du für eine Approbation, die hier sowieso nicht gilt, nach England willst.« In Ottos Stimme mischten sich Frustration und Zorn. Wie zur Bestätigung seiner Worte ließ er die Faust der rechten Hand in seine linke Hand krachen.

»Du siehst es nicht ein?!« Hope spürte, wie der Zorn in ihr aufstieg. Was erlaubte Otto sich da nur – wollte er ihr etwa verbieten, ihre Ausbildung zu vollenden? Ihre Stimme wurde schneidend. »Es ist meine eigene Entscheidung.«

»Es ist eine Entscheidung gegen uns! Die kannst du nicht alleine fällen!«

»Und ob ich das kann. Noch vor dem nächsten Sommer bin ich wieder zurück. Du kannst mich gerne in Bern oder London besuchen!«

Enttäuscht wandte Otto sich von ihr ab. Plötzlich kraftlos, schüttelte er den Kopf. »Ich bitte dich ein letztes Mal, nicht zu gehen. Um unseretwillen.«

»Otto, ich ...« Hope brach ab. Otto hatte die Examensfeier verlassen. Sie sah ratlos ihre Mutter an. »Ich kann doch nicht einfach aufhören? Jetzt, wo ich schon so weit gekommen bin ...«

Ellen legte beruhigend ihre Hand auf Hopes Arm. »Er wird sich schon beruhigen, glaube mir. Männer wollen hin und wieder bestimmen, in welche Richtung die Reise geht. Sie müssen dann lernen, dass es nicht immer nach ihrem Kopf läuft. Mach dir keine Sorgen, mein Liebchen. Er kommt wieder …«

Hope sah zweifelnd zur Tür hin. »Wenn du meinst …«

London, 1881

Sinnend sah Hope aus dem Fenster. Ein ungewöhnlich warmer Frühlingstag für London. Die Bäume im Park gegenüber zeigten schon die ersten grünen Spitzen, und auf den schmalen Wegen flanierten verliebte Pärchen, Kindermädchen bemühten sich, kleine Jungen und Mädchen halbwegs im Zaum zu halten. Hope seufzte. Bis sie die Praxis verlassen konnte, war die Sonne schon lange verschwunden. Die Jungärzte bei Dr. Haversham konnten nicht über einen Mangel an Patienten klagen. Vom frühen Morgen bis in den späten Abend hinein war das enge, stickige Wartezimmer mit wartenden Männern und Frauen gefüllt. Entschlossen öffnete Hope das Fenster einen Spalt, um etwas Frühlingsluft in den kleinen Behandlungsraum zu lassen. Hinter ihr öffnete sich die Tür.

Der Mann, der hereinkam, konnte vor Schmerzen kaum aufrecht gehen. Seine Hände hielt er vor dem Bauch verkrampft. Überrascht sah er Hope ins Gesicht. Dann drehte er sich wortlos um. Hope hörte, wie er draußen nach einem »richtigen Arzt« verlangte. Geduldig erklärte ihm die Dame am Empfang, dass Miss Bridges durchaus eine echte Ärztin sei. »Keine Frau!«, knurrte der Mann.

Hope ging zur Tür, nur um zu sehen, dass ihr Patient im Behandlungszimmer des jungen Dr. Gordon verschwand. Sie sah die Empfangsdame fragend an, aber die zuckte nur die Achseln.

Aus dem Zimmer von Dr. Haversham kam eine ältere Dame. Ihre grauen Haare lagen in perfekten Locken, das Kleid zeigte weder einen Fleck noch gar eine Falte. Auf dem rechten Arm ruhte ein kleiner Mops. Höflich nickte Hope der Dame zu, die sich an ihr vorbeidrückte und Hope ins Gesicht sah. »Deutsches

Flittchen!«, zischte sie plötzlich. Kleine Tröpfchen ihres Speichels sprühten auf Hopes Gesicht. Angeekelt wischte sie die Spuren weg.

Durch seine offene Tür hatte Haversham die Begegnung beobachtet. Er winkte Hope zu sich. Als sie vor seinem Schreibtisch stand, bemühte er sich um ein freundliches Lächeln. »Ganz ruhig bleiben. Sie werden sich in nächster Zeit noch ganz andere Dinge anhören müssen.«

»Von Menschen, denen ich helfen soll?« Hope sah den Arzt fragend an.

Er zuckte mit den Schultern. »Es hat Sie ja niemand gezwungen, Ärztin zu werden.« Er unterschrieb ein Rezept und reichte ihr den Zettel. »Holen Sie das bitte für mich in der Apotheke ab.«

Zögernd nahm Hope das Rezept und nickte. Für diese Aufgabe hätte sie kaum vier Jahre an der Universität verbringen müssen. Immerhin konnte sie mit einem kleinen Umweg einen Besuch machen, den sie seit Wochen aufgeschoben hatte …

Keine halbe Stunde später stand sie vor dem Grab ihres Vaters. Unkraut wucherte vor dem einfachen Stein. Sie ließ sich auf die Knie nieder und zupfte es aus. Erst als nicht ein einziges unerwünschtes Pflänzchen mehr wuchs, erhob sie sich langsam wieder. Nachdenklich starrte sie die Inschrift an.

»Hallo Papa. Mama hat gesagt, ich soll hier vorbeikommen. Sie hätte gerne selber nach dem Grab gesehen. Aber Lisbeth kommt in Dresden nicht mehr ohne sie aus. Und Gregor lässt sie auch ungern aus dem Haus. Also bin nur ich hier … Ich habe studiert! Kannst du dir das vorstellen? Ich bin Ärztin geworden. So, wie ich es dir versprochen habe. Es ist wunderbar, aber manchmal bin ich so müde von der vielen Arbeit. Dann habe ich Glieder wie Blei und einen Kopf wie Stein …«

Müde stand sie noch eine Weile vor dem Grabstein. Dann riss sie sich zusammen. »Ich muss zurück in die Praxis, Papa. Auch wenn ich nicht oft hier bin – ich denke jeden Tag an dich. Ich hoffe, ich werde eine bessere Ärztin, als Dr. Pierce es für dich sein konnte.«

Es vergingen Wochen, bis sie zu einem weiteren Besuch kam. Nicht am Grab – dort kam sie vorbei, wann immer Dr. Haversham sie zur Apotheke schickte. Und das geschah nahezu jeden Tag. Es gab noch einen zweiten Ort, den sie unbedingt aufsuchen wollte. Hope sah zögernd das herrschaftliche Haus in der Nähe der Kensington Garden an. Ein Blick auf einen kleinen Zettel verriet ihr, dass sie hier richtig war. Sie ließ den schweren Türklopfer aus Messing zweimal gegen die Tür poltern, dann öffnete ein vornehm blickender Butler. »Sie wünschen?«

Hope lächelte. »Ich würde gerne Athelstan Randall besuchen. Ist er zu Hause?«

Er sah sie vom Kopf bis zu den Füßen genau an. Unbehaglich wünschte Hope sich, dass sie bessere Schuhe und einen modernen Hut besitzen würde. Aber leider besaß sie nur diese Stücke aus dem letzten Jahrzehnt. Trotzdem schien der Butler zufrieden mit dem, was er vorgefunden hatte. Er trat zur Seite. »Wenn Sie mir in den Salon folgen würden? Wen darf ich melden?«

Hope lief hinter ihm her durch eine große Empfangshalle. Der Salon ließ erkennen, dass Athelstan nicht an Geld sparen musste. Vorhänge und Sessel waren im gleichen Moosgrün bezogen, der blank gebohnerte Holzboden glänzte in einem warmen Honigton. Der Schreibtisch in der Ecke war mit dunklem Leder bezogen. Hope setzte sich auf die Kante von einem der Stühle. »Mein Name ist Hope Bridges. Ich bin verwandt mit Mr. Randall.«

Der Butler verzog keine Miene und verließ den Raum. Nur Sekunden später krachte die Tür mit Schwung auf, und Athelstan kam mit langen Schritten in seinen Salon gestürzt.

»Hope!« Er schloss sie in die Arme.

»Athelstan!« Hope erwiderte seine Umarmung.

Schließlich hielt er sie auf Armlänge entfernt und musterte sie. »Oder muss ich nun Frau Doktor sagen?«

»Ach was«, winkte Hope ab. »Und wie sieht es mit Herr Abgeordneter aus?«

Athelstan lachte. »Frag mich das nach der nächsten Wahl. Brandy?« Hope nickte und sah ihm zu, wie er zwei Gläser reichlich füllte. Plötzlich fühlte sie sich wieder wie der Backfisch des Bedford College, der sie einst gewesen war. Gab es eine Möglichkeit, die Zeit zurückzudrehen?

Verlegen machte sie eine Bewegung, die sowohl das Haus als auch den strengen Butler und die geschmackvolle Einrichtung einschloss. »Ein schönes Zuhause hast du. Kein Vergleich mit der Pension, in der ich wohne.«

»Du hättest hier unterkommen können, das weißt du.« Er reichte ihr das Glas und stieß mit ihr an. Die Gläser klirrten leise.

»Danke, aber ich wollte die Hilfe der Familie nicht in Anspruch nehmen. Im Gegenteil. Sobald ich als Ärztin Geld verdiene, möchte ich zurückzahlen, was ihr einst für die Behandlung meines Vaters ausgegeben habt.«

»Nonsens! Das bleibt doch in der Familie«, wehrte Athelstan ab. Hope entdeckte in dieser Sekunde doch tatsächlich die ersten grauen Haare an seiner Schläfe. Ansonsten hatten die Jahre ihm gutgetan. Aus dem schlaksigen jungen Mann ihrer Erinnerung war ein ernsthafter Gentleman geworden. Sie wechselte das Thema. »Du hast nicht oft geschrieben!«

Er musterte sie eindrücklich. Empfand er etwa auch ein wenig Wehmut über die vergangenen Möglichkeiten? »Es war damals keine gute Zeit«, stellte er schließlich schlicht fest.

Hope sah ihm in die Augen. »Ich war damals sehr verliebt in dich, Athelstan. Wusstest du das nicht?«

Athelstan sah kurz zur Tür, bevor er sie wieder ansah. Plötzlich wirkte er verlegen. »Hope, wir waren …«

»Kindisch? Dumm?«, wollte Hope wissen.

»Vielleicht von beidem etwas.« Athelstan zuckte mit den Achseln.

»Ich wäre hiergeblieben, wenn du mich nur gebeten hättest. Wenn du zur Beerdigung gekommen wärst …«

Er sah sie intensiv an, bevor er antwortete. »Es gab Dinge, die schwerer wogen.«

»Das Ansehen der Familie? Dein Erbe? Kamen deswegen keine Briefe?« Hope wusste nicht, was sie als Antwort erhoffte. Oder ob sie überhaupt mit einer Antwort rechnete. Eine Sekunde breitete sich Schweigen zwischen ihnen aus. Dann ertönte in der Empfangshalle eine helle Stimme: »Athelstan? Wo bist du denn?«

Sekunden später kam die Besitzerin der Stimme in den Salon. Eine junge, schmale Frau mit hellem Teint, veilchenblauen Augen und langen schwarzen Haaren. Sie sah Hope überrascht an und reichte ihr die Hand. »Verzeihen Sie, ich wusste nicht, dass wir Besuch haben. Mein Name ist Virginia Randall. Und Sie sind ...« Sie sah sich suchend nach Athelstan um. Dabei bemerkte Hope, was nicht zu übersehen war: Virginia Randall war schwanger. Ihr runder Bauch wölbte sich hoch unter ihren Rippen. Noch drei oder vier Wochen, schätzte Hope als Ärztin. Während sie als Mensch vor Peinlichkeit fast in den Boden versank. Athelstan war verheiratet? Warum nur hatte sie nicht mit dieser Möglichkeit gerechnet? Sie streckte ihre Hand etwas hölzern aus. »Mein Name ist Hope Bridges.«

»*Die* Hope?« Auf Virginias Gesicht machte sich ein bezauberndes Lächeln breit. »Aus Deutschland? Es freut mich, Sie kennenzulernen. Ich habe so viel gehört ... Athelstan hat mir von der deutschen Seite seiner Familie erzählt.«

»Ich bin eigentlich aus London«, wagte Hope einen kleinen Widerspruch.

»Bleiben Sie zum Essen? Sie müssen mir unbedingt von der Oper in Leipzig erzählen! Ich bin so neugierig ...« Ihr Enthusiasmus war ansteckend – auf Hope wirkte sie allerdings nur wie ein niedlicher Welpe, der alle zum Spielen aufforderte. Auf einen kompletten Abend im Angesicht dieses Familienglücks wollte Hope lieber verzichten. Sie bemühte sich um ein Lächeln. »Ich wollte nur kurz sehen, wie es Athelstan so geht. Jetzt muss ich für die Praxis einige Hausbesuche machen. So gerne ich bleiben würde ... ich muss leider los.«

Virginias Gesicht verzog sich enttäuscht. »Das tut mir leid. Sie sind Krankenschwester?«

Hope beschloss, dass sie Athelstans Frau nicht aufklären musste. »So etwas Ähnliches.« Sie deutete auf den Bauch. »Und viel Glück für das große Ereignis.«

Mit einem stolzen Lächeln legte Virginia ihre kleine Hand

auf den Bauch. »Ich wünsche mir so sehr einen Jungen! Ein guter Untertan für Königin Victoria, ein Stammhalter für Athelstan!«

»Ich drücke die Daumen!« Hope zwang sich zu einem Lächeln und verabschiedete sich so schnell es ging. Als sie die Treppen des Hauses zur Straße hinunterging, spürte sie den Brandy. Aber keine Euphorie machte sich breit. Die Vergangenheit war vorbei. Endgültig. Man konnte sie nicht besuchen. Oder die Zeit zurückdrehen. Nur die Gegenwart ließ sich gestalten, die Zukunft verändern …

Sie lief ziellos durch die Straßen. Aus den Pubs klangen die Stimmen der Menschen – aber sie wusste: Sie gehörte hier nicht dazu. Nicht mehr. Schließlich kehrte sie in ihre Pension zurück.

Das Zimmer war so karg wie immer. Ein Bett in der Ecke, ein kleiner Tisch mit einem wackeligen Stuhl. Die Einrichtung wurde durch einen kleinen Waschtisch und einen Schrank vervollständigt. Auf einen Teppich hatte die Wirtin verzichtet. Und die Vorhänge waren so dünn, dass sie kaum ihren Namen verdienten. Trotzdem liebte Hope ihre Unterkunft. Allein die Aussicht aus dem Fenster in dem kleinen Erker machte allen Mangel an Luxus wett: Von hier aus konnte sie über die Themse hinweg bis zum Big Ben sehen. Hope hatte sich extra einen Stuhl in den Erker gestellt. Das Licht war besser. Und bei diesem Ausblick schmeckte sogar ein Stück Brot großartig. Jetzt stand ihr allerdings der Sinn nicht nach Essen.

Sie nahm ihre Schreibfeder, tauchte sie in Tinte und zog ein unberührtes Blatt Papier aus ihrer Tasche. Mit schwungvollen Linien fing sie an zu schreiben. »Liebe Clara …« Nur ihre Freundin würde verstehen, was sie sich von diesem Wiedersehen mit ihrer Jugendliebe erhofft hatte.

»Wenn der Brief an mich ist, dann kannst du dir das Porto sparen!« Die tiefe Stimme kam völlig unvermittelt aus der kleinen Ankleidekammer. Hope fuhr zusammen, drehte sich um und sprang auf. »Otto! Du Schuft! Was wagst du es, mich hier so zu erschrecken. Seit wann bist du in London?«

Sie fiel ihm in die Arme, zerzauste seine blonden Haare und küsste ihn. Er lachte und strich ihr eine Strähne aus dem Gesicht, bevor er sie vorsichtig küsste. »Deine Wirtin hat mich hereingelassen. Ich hoffe, das war in deinem Sinne!«

Zwischen zwei Küssen lächelte Hope. »Natürlich! Ich kann dir gar nicht sagen, wie froh ich bin!«

Seine Lippen wurden fordernder, und er nestelte an ihrem Kleid. Plötzlich hielt er inne. »Darf ich?« Sie strahlte ihn an und knöpfte langsam sein Hemd auf. »Du darfst alles, was du willst.«

»Das lasse ich mir nicht zweimal sagen ...« Sanft griff Otto nach ihrem Kinn und küsste sie leidenschaftlich. Während sie auf das schmale, altersschwache Bett sanken, schob er ihr Kleid nach unten. Fast andächtig streichelte er über ihre Brüste. »Dafür lohnt sich sogar der Weg nach London!«, wisperte er in ihr Ohr, während seine Hand allmählich den Weg unter ihre Bluse suchte.

Sie schloss genussvoll die Augen. Endlich fühlte sie sich nicht mehr so einsam und verloren. Otto liebte sie ganz offensichtlich mit Leib und Seele. Wie konnte sie da nur ein einzige Sekunde an Athelstan verschwenden? Sie fuhr mit der Hand über Ottos Rücken und ließ sich nach hinten sinken ...

Später lagen sie aneinandergeschmiegt auf dem engen Bett. Die Gaslampen der Straße erleuchteten das Zimmer nur schwach. Hope legte mit einem kleinen Seufzer ihren Kopf auf Ottos Brust. Er spielte mit ihrem kurzen Haar.

»Ich habe mich wie ein Narr verhalten. Schlimmer noch: Wie mein alter Herr.« Er schüttelte den Kopf, fassungslos über sich selbst. »Ich hätte wissen müssen, dass man dir keinen Befehl erteilen kann.«

»Du wolltest mich nun einmal nicht verlieren«, beruhigte ihn Hope. »Das ist doch schön.«

»Und – habe ich?« Die Frage klang scherzhaft, aber Hope konnte spüren, wie sich jeder Muskel in seinem Körper anspannte. Sie küsste ihn sanft auf die Nase. »Fragen stellst du.«

Er blieb angespannt. »Ich habe noch mehr.«

»Mehr von was?« Hope stützte sich auf den Ellbogen, um Otto ins Gesicht sehen zu können. Irgendetwas schien ihm sehr wichtig zu sein. Er sah sie mit seinen dunkelblauen Augen forschend an. »Fragen. Ich habe mehr Fragen.«

»Und die wären?« Sie bemühte sich um einen leichten Ton.

»Wie soll es denn jetzt weitergehen? Mir reicht es nicht, dich nur alle paar Monate zu sehen und hin und wieder einen Brief aus London in Händen zu halten.«

Hope musterte ihn. Gab es jetzt eine Neuauflage des Streits bei ihrer Abschlussfeier? Vorsichtig fragte sie nach: »Und wie stellst du dir die nächste Zeit vor?«

»Wenn du nicht bei mir bleibst, dann bleibe ich halt bei dir!« Er zuckte mit den Schultern. »Ärzte werden immer gebraucht. Ich könnte hier in einer Klinik arbeiten. Abends wären wir dann zusammen – jeden Tag. Was hältst du von dieser Idee?«

»Das würdest du für mich tun?« Hope Augen füllten sich mit Tränen. »Du bleibst hier in London? Seit wann kannst du denn Englisch?«

»Ich kann es nicht!« Er sah sie mit seinem sorglosen Lächeln an, das sie so sehr an ihm liebte. »Aber das kann ich lernen. Du wirst mir doch helfen?«

»Nichts lieber als das!« Sie küsste ihn. »Jeden Abend erteile ich dir eine Privatstunde.« Unternehmungslustig setzte sie sich im Bett auf. »Hast du schon eine Stelle? Wir werden eine Wohnung benötigen. Oder wenigstens ein größeres Zimmer hier in der Pension. Ich spreche gleich morgen mit meiner Vermieterin.« Kopfschüttelnd sah sie ihn an. »Otto Walther, du schaffst es wirklich immer wieder, mich zu überraschen!«

»Das war der Sinn der Übung, mein Liebling!« Er zog sie wieder zu sich zurück unter die Bettdecke. »Und jetzt lass uns erst einmal schlafen. Vor dem morgigen Tag können wir nichts tun. Außer unsere Gesellschaft zu genießen …«

Die rotgesichtige Frau saß auf ihrem viel zu kleinen Stühlchen und starrte ihn unentwegt an. Er hatte zwar keine Ahnung, was sie gerade eben gesagt hatte, aber ihren Blick verstand er auch ohne Übersetzung. Sie konnte ihn nicht leiden. Schlimmer: sie schien ihn zu hassen. Vorsichtig fragte er noch einmal: »Tut weh wo?«

Sie fing an reden. Er konnte inzwischen genug Englisch, um zu wissen, dass sie Cockney sprach, den Slang der Arbeiter von London. Das half ihm aber nicht weiter. Er konnte sie nur ratlos ansehen und mit den Achseln zucken. Wenigstens dieses Zeichen war international. Sie beschloss offenbar, es mit einem Vollidioten tun zu haben, und verlegte sich auf Englisch für Schwachsinnige.

»Du Arzt?«, fragte sie misstrauisch.

Er nickte. »Arzt aus Deutschland.« Sie nickte nachdenklich, als ob sie über diese Information erst einmal nachdenken müsste. Dann deutete sie auf ihren Bauch. »Tut da weh.«

Innerlich rang Otto die Hände. Ihr tat der Bauch weh. Das konnte von einer Lebensmittelvergiftung über eine Schwangerschaft bis hin zu einer Blinddarmentzündung oder einer Nierenkolik so ziemlich alles sein. Vorsichtig legte er seine Hand in ihre Taillengegend. Noch bevor er nachfragen konnte, ob das die Stelle war, an der sie Schmerzen hatte, sprang sie auf. Wenn er ihre Beschimpfung richtig verstand, dann bezeichnete sie ihn jetzt als Wüstling, der sich an seinen schönsten Patientinnen verging. Otto sah auf die Warze an ihrem Kinn. Diese Engländerin konnte dankbar sein, wenn sie überhaupt einer berührte ...

Sie sprang auf und verließ das Behandlungszimmer. Otto hörte, wie sie sich am Empfang der Notaufnahme lautstark beschwerte. Zumindest glaubte er, dass sie das tat. Nur einen Augenblick später tauchte die mütterliche Schwester vom Empfang bei ihm auf. Sie schüttelte den Kopf und betrachtete ihn mit gerunzelter Stirn. »Sie will nicht von einem Deutschen behandelt werden«, sagte sie schließlich. Sie bemühte sich um eine möglichst deutliche Aussprache.

»Warum?«

»Engländer sind anders als Deutsche!«, erklärte sie mit Überzeugung.

»Medizinisch gesehen nicht«, versuchte Otto einen Scherz.

Der Schwester war nicht nach den schwachen Witzen eines deutschen Arztes zumute. »Aber in jeder anderen Beziehung haben wir mit den Deutschen nichts gemein. Heute keine Patienten mehr.«

Er sah aus seinem Behandlungszimmer in den Wartesaal und drehte sich verblüfft zu der Schwester um. »Es sind noch viele Patienten da!«

»Nicht für Sie!«, beschied sie ihm und ließ ihn stehen.

Seufzend steckte Otto sein Stethoskop in die Tasche. So hatte er sich die Arbeit in der Klinik in London nicht vorgestellt. Er hasste die Sprache, die er nicht verstand. Die dunklen Wolken, aus denen es ständig regnete. Die bösen Karikaturen von Deutschen, die an jeder zweiten Laterne hingen. Sogar Hope kam oft deprimiert aus der Praxis von Dr. Haversham, wenn er sie wieder einmal nur als Botin zur Apotheke einsetzte. Sicher, sie war inzwischen approbierte Medizinerin – aber das bedeutete nicht, dass die Patienten sie akzeptierten. Er mochte es als Deutscher schwer haben – für Hope war es doppelt schwer. Sie war nicht nur Deutsche, sondern auch noch eine Frau. Da half es nicht, dass sie die Sprache ohne irgendeinen Akzent sprach und bei Bedarf sogar im tiefsten Cockney fluchen konnte. Otto machte sich auf den Heimweg. Was vor ein paar Wochen so einfach und einleuchtend geklungen hatte, war jetzt nur enttäuschend und frustrierend.

In seiner Manteltasche tastete Otto nach dem Brief, den er an diesem Morgen von seinem Vater erhalten hatte. Der alte Herr wurde tatsächlich hinfällig. Wenn Otto die Praxis in Frankfurt nicht übernehmen würde, dann müsste sie verpachtet werden. Ein Gedanke, der ihm ganz und gar nicht gefiel. Entschlossen ging er zur Pension zurück – er weigerte sich, das kleine Zimmer Zuhause zu nennen. Er musste unbedingt mit Hope reden.

Sie lag auf dem Bett zusammengerollt und schlief tief und fest. Er entzündete leise eine kleine Lampe, um sie nicht zu wecken, und sah sich ihr Gesicht an. Im Schlaf sah es gelöst, fast glücklich aus. Dann fiel all das Entschlossene, Unbeugsame von ihr ab. In diesen Momenten liebte er sie am meisten. Er nahm eine karierte Decke und breitete sie vorsichtig über ihr aus. Trotzdem schlug sie unvermittelt die Augen auf. »Du bist schon da?«, murmelte sie verschlafen und richtete sich mühsam auf. »Sind London die Kranken ausgegangen?«

»Zumindest die Kranken, die bereit sind, sich in die Hände eines deutschen Arztes zu begeben«, antwortete er mit einem schiefen Lächeln.

»Mein armer Schatz!« Sie hob die Hand und streichelte ihm über die Wange. Er küsste ihre Hand, bevor er den Brief seines Vaters aus der Tasche zog.

»Ich habe Post aus Frankfurt bekommen. Mein Vater bietet mir ganz offiziell die Nachfolge in seiner Praxis an. Mit zwei Behandlungszimmern. Willst du?«

Hope runzelte die Stirn. »In Frankfurt?«

»In Frankfurt!«, bestätigte er.

»Als Gemeinschaftspraxis?«

Otto ergriff ihre Hände. »Wenn du es willst, dann als Gemeinschaftspraxis! Dort sind wir als Ärzte geachtet. Nicht wie hier, wo Deutsche nicht willkommen sind ... Bitte, komm mit mir zurück nach Deutschland.«

Nachdenklich rieb Hope ihre Stirn. Sie sagte kein Wort.

»Du wirst mir nicht erzählen, dass deine Botengänge für Dr. Haversham das sind, von dem du immer geträumt hast?«, drängte Otto weiter. »Ich verspreche dir, dass du in Frankfurt gleichberechtigt mit mir arbeiten kannst. Wen schert es, dass du nur hier approbiert bist? Dann unterzeichne ich die Totenscheine für dich mit. Das ist der einzige Unterschied – und dafür bekommen wir so viel mehr Freiheit!«

Langsam nickte Hope. »Ich sollte dir dafür danken, ich weiß. Dafür, dass du es immerhin versucht hast, mit mir in London zu leben. Dafür, dass du mit mir eine Praxis führen willst. Und, ja: Ich bin dankbar.« Sie hob entschuldigend die Hände. »Lass mir trotzdem noch einen Moment, um mich an den Gedanken zu gewöhnen, dass nicht alle meine Pläne in Erfüllung gegangen sind ... nenn mich albern, aber mir wäre die Approbation nun einmal wichtig gewesen.«

Otto sah die Enttäuschung in Hopes Gesicht. Gleichzeitig konnte er aber nur eines denken: sie würden wieder nach Deutschland ziehen. Endlich wieder in das Land, dessen Sprache ihm nicht fremd war und in dem er nicht als natürlicher Feind der Patienten gelten würde. Er fing an, Pläne zu machen.

»Lass uns diese Praxis nicht nur gemeinsam übernehmen – sondern auch als Ehepaar. Als Herr und Frau Otto Walther!«

Sie sah ihn überrascht an. »Das ist keine Frage!«, stellte sie schließlich fest.

»Plötzlich so konventionell?« Otto grinste sie mit einem Anflug seines alten Übermuts an, wurde aber schnell wieder ernst. »Willst du mich heiraten, Hope Bridges?«

Er konnte ihren rätselhaften Blick nicht recht deuten. Er hatte auf seine Frage nicht mit sentimentalen Tränenausbrüchen gerechnet – aber ein bisschen mehr Freude wäre seiner Meinung nach angebracht gewesen. Er räusperte sich. »Ich weiß, es kommt ein wenig unerwartet ...«

»Das ist es nicht!«, unterbrach Hope ihn.

»Was dann? Ist eine Hochzeit ein so großes Opfer?«

»Das ist es nicht.« Sie nahm sein Gesicht in ihre Hände. »Red doch nicht so. Ich werde dich heiraten, Otto Walther. Mit dem größten Vergnügen. Lass uns erst einmal nach Frankfurt ziehen und die Praxis eröffnen, dann können wir über die Ehe nachdenken.«

Mehr konnte er von ihr heute nicht erwarten. »Wann reisen wir ab? Wann suchen wir uns eine Wohnung in Frankfurt?«, fragte er schließlich.

»Bald. Wann immer du willst«, meinte sie mit einer müden Handbewegung.

Hope liebte die hellen, großen Räume in der Praxis in Frankfurt. Seit sie vor ein paar Tagen das erste Mal hereingekommen war, hatte sich ihre Laune merklich verbessert. Die Fenster waren groß, und die Sonne des Frühsommers leuchtete bis in die letzten Winkel. Seitdem waren sie und Otto damit beschäftigt, die Praxis nach ihren Wünschen einzurichten. Viele Behandlungsgeräte von Ottos Vater gehörten Hopes Meinung nach eher in mittelalterliche Folterkammern als in eine moderne Praxis. Wer benötigte schon eine Knochensäge, wenn weit und breit keine Kriegsfront in der Nähe war? Ihr Blick glitt zufrieden über die Einrichtung ihres Behandlungszimmers. Eine einfache Liege für die Patienten, bedeckt mit einem frischen Laken, das sie schnell auswechseln konnte. Auf dem kleinen Schränkchen Tupfer, Alkohol, Skalpelle … Sie hörte Otto in seinem Zimmer vor sich hin summen.

»Hast du heute in der Zeitung den Artikel über Koch gelesen?«, rief sie hinüber.

»Sicher! Ich bin nur neugierig, wie er diese Nährlösung hergestellt hat. Ich hätte es nie für möglich gehalten, dass man Bakterien außerhalb des Körpers heranzüchten kann!«

»Stell dir nur vor – der erste Schritt zur Behandlung von schweren Infektionen ist getan. In den nächsten Jahren wird sich viel verändern in unserem Beruf …« Hope wischte noch einmal über ihren Schreibtisch.

»Ich denke, es wird noch lange dauern, bis wir seine Erkenntnisse in unserer täglichen Arbeit umsetzen können. Hast du dir eigentlich schon über die Aufteilung unserer Patienten Gedanken gemacht?« Otto kam näher und lehnte sich an den Türrahmen von Hopes Zimmer.

»Was meinst du? Warum Aufteilung?«, fragte Hope nach.

»Wer nimmt wen? Um ehrlich zu sein: Ich würde gern beim Alltäglichen bleiben – als Familienarzt bindet man die Patienten dauerhaft an sich. Das hat schon mein Vater gesagt. Vielleicht solltest du dich auf die Frauen konzentrieren. Was hältst du davon?«

Schlagartig erinnerte Hope sich an die Begegnung mit Beth Garrett vor so vielen Jahren. Hatte die Ärztin sich nicht schon damals darüber beklagt, dass man ihr nur die Heilkunde von Frauen zutraute? Offenbar hatte sich daran nicht das kleinste bisschen geändert. Sie holte tief Luft. »Wenn es mir nur um die Frauen ginge, hätte ich Gynäkologie als Hauptfach gewählt«, meinte sie vorsichtig. Sie wollte sich mit Otto nicht streiten. Nicht heute, am Tag der Eröffnung ihrer gemeinsamen Praxis.

»Ob sich die alten Herren von dir untersuchen lassen, weiß ich nicht.« Besitzergreifend lächelte Otto sie an. »Und ob es mir gefällt, noch weniger!«

»Nun rede nicht dumm daher!« Sie versuchte es genauso humorvoll zu nehmen wie Otto. »Ich ziehe ja auch kein Nudelholz hervor, wenn du ein junges Ding abklopfst.« Sie wurde ernster. »Tatsächlich würde ich mich gerne um die Patienten mit Infektionskrankheiten kümmern. TBC hauptsächlich.«

Das Lächeln verschwand aus Ottos Gesicht. »Dann wirst du hier in Frankfurt genug zu tun haben. In den Arbeitervierteln herrschen üble Zustände, sagt man. Hältst du das wirklich für eine gute Idee?«

»Warum nicht? Du sagst doch selber, dass es an Patienten nicht mangeln wird – das ist doch gut für uns.« Hope sah Otto mit hochgezogenen Augenbrauen an.

»Das sind arme Patienten. Die zahlen wenig und sterben schnell weg …«

»Den Tod trachte ich ja zu verhindern!«, versicherte Hope ihm. »Denk doch an unsere alten Ideale, damals in Leipzig: Ist es uns nicht wichtiger, da zu helfen, wo Hilfe wirklich vonnöten ist – als nur unsere Kassen zu füllen?«

»Bebel und Liebknecht wurden schon vor Monaten aus Leipzig vertrieben. Es sieht nicht so aus, als ob die Revolution schnell kommt.«

»Gerade deswegen ist es wichtig, dass wir wenigstens mit unseren Mitteln ein wenig das Elend der Arbeiter lindern. Das hilft ihnen womöglich mehr als die große Revolution!«

Otto kam näher. »Du vergisst, dass du dich leicht anstecken kannst. Hope, ich bitte dich: Denke doch an unsere Kinder!«

»Otto, bitte.« Hope konnte allmählich den Ärger nicht mehr aus ihrer Stimme fernhalten. »Denk an das, was ist, und nicht an das, was in der Zukunft kommen mag. Ich für meinen Teil bin jedenfalls nicht Ärztin geworden, um eingewachsene Zehennägel und Hühneraugen zu behandeln.«

»Na bestens«, Otto hob resigniert die Schultern. »Die kannst du dann ja vertrauensvoll mir überlassen.«

Leise klopfte es an die Tür. Ein spitznasiges, blasses Mädchen streckte seinen Kopf hinein. Seit sie Sabine als Sprechstundenhilfe angestellt hatten, musste Hope immer an eine Maus denken, wenn sie ihr ins Gesicht sah. Im Moment wirkte sie so verängstigt, dass man fast ihre zitternden Schnurbarthaare sehen konnte. »Ich bitte die Herrschaften zu verzeihen«, piepste sie.

»Aber es ist acht Uhr. Die ersten Patienten sitzen bereits im Wartezimmer!«

»Komm, das sehen wir uns an!« Otto nahm Hope an der Hand und lächelte erleichtert. »Wenigstens sieht es nicht so aus, als ob wir wegen Mangel an Patienten gleich wieder schließen müssen!«

Im Wartezimmer drängten sich gut gekleidete, ältere Damen und Herren in feinen Anzügen dicht an dicht mit den Arbeitern der Stadt, die an ihren grob gewebten Jacken und dicken, haltbaren Hosen und Röcken leicht zu erkennen waren.

Otto stellte sich ein wenig vor Hope. »Meine Damen, meine Herren – die Praxis ist eröffnet. Ich bin Dr. Otto Walther, das hier ist Dr. Hope Bridges. Wer ist zuerst dran?«

Ein älterer Herr erhob sich, nickte Otto zu und verschwand mit ihm in dem Behandlungszimmer. »Und wer kam danach?«, Hope sah sich suchend um.

Eine der feineren Damen erhob sich. »Ich bin an der Reihe, Schwester.«

Sie zwang sich zu einem freundlichen Lächeln. »Ich bin Dr. Hope Bridges. Sie waren also als Zweite hier?«

»Nun, ich wünsche rasch behandelt zu werden!«, stellte die Dame fest. Ihr Ton ließ keinen Zweifel daran aufkommen, dass ihre Wünsche in der Regel auf der Stelle erfüllt wurden.

Unbeirrt fragte Hope nach. »Bitte helfen Sie mir, die korrekte Abfolge einzuhalten. Sie waren als Zweite hier in der Praxis?« Sie zwang sich zu einem Lächeln.

Ein blonder Mann deutete mit seiner Krücke auf eine magere Blondine, die hüstelnd in der Ecke saß und dem bisherigen Gespräch mit großen Augen zugehört hatte. »Die da wartet schon länger.«

Hope nickte ihm dankbar zu und winkte die Patientin zu sich. »Kommen Sie bitte in mein Behandlungszimmer.«

Unsicher erhob sich die junge Frau, während der eiligen Dame nur ein »Das ist doch unerhört …« entfuhr. Unter den Blicken der anderen Wartenden blieb ihr nichts anderes übrig, als sich zu setzen. Hope sah aus den Augenwinkeln, dass sie dabei nicht allzu leise vor sich hin schimpfte.

Kaum hatte sich die Tür hinter ihr geschlossen, murmelte ihre Patientin schüchtern: »Ich hätte doch warten gekonnt. Die Dame bereitet Ihnen jetzt Schwierigkeiten …?«

»Keine Schwierigkeiten, die ich nicht bewältigen könnte«, lächelte Hope freundlich. »Sag mir lieber, was dich zu mir geführt hat.«

»Ich habe einen Husten, der wo nicht weggeht. Da hat sogar mein Kurt gemeint, dass ich zu einem Doktor muss.«

Hope schob sich einen Mundschutz vor das Gesicht. Sie teilte zwar nicht Ottos Angst vor einer Infektion – aber man sollte sein Schicksal auch nicht herausfordern. »Dann mach doch bitte deinen Oberkörper frei. Wie heißt du denn?«

»Ich bin die Lotte.« Sie nestelte an ihren Knöpfen und schob den verschlissenen Stoff der dreckigen Bluse zur Seite. Überrascht musterte Hope den Rücken. Lottes blasse Haut spannte sich fast schmerzhaft über die herausstehenden Rippen. Das war allerdings nicht das Schlimmste – viel erschreckender fand Hope die unzähligen blauen, gelben und grünen Flecken, die die Haut übersäten. Vorsichtig fuhr sie mit ihren Fingerspitzen darüber. »Wohnst du noch bei deinen Eltern?«

»Nein.« Wie zur Bekräftigung schüttelte Lotte den Kopf. »Die sind doch beide schon tot, Frau Doktor. Ich bin bei meinem Kurt untergekommen.«

Hope griff zu ihrem Stethoskop. »Gehst du arbeiten?«

»Nur in der Nachtschicht.« Erklärend redete Lotte weiter. »Muss sich ja wer um die Kinder kümmern.«

»Wie viele Kinder hast du denn?« Hope konnte sich nicht einmal vorstellen, dass dieser magere Körper ein einziges Kind bekommen hatte. Sie musterte die kleinen, hängenden Brüste.

»Viere.«

»Und wie alt bist du?« Sie musterte Lottes Gesicht. Unter der Müdigkeit und dem Dreck sah sie jung aus. Eigentlich sollte ihr Leben jetzt erst losgehen.

»An die 19 Jahr.« Still rechnete Hope mit. 18 Jahre alt und vier Kinder – das konnte nur bedeuten, dass sie mit 14 das erste Mal schwanger war. Sie konzentrierte sich wieder auf ihre Arbeit. »Husten, bitte.« Konzentriert lauschte sie in ihr Stethoskop. Was sie da hörte, klang nicht gut. Sie griff nach einem Holzstäbchen. »Und jetzt den Mund weit aufmachen!« Gehorsam sperrte Lotte ihren Mund weit auf – und offenbarte damit nicht nur einen flammend rot entzündeten Rachen, sondern auch gelbe, ungepflegte Zähne. Ein paar wurden schon braun und zeigten große Löcher, die mit dem bloßen Auge zu sehen waren. Ein fauliger Geruch schlug Hope entgegen. Sie musste sich beherrschen, um nicht zurückzuweichen.

»Hast du Blut im Stuhl?« Sie bemühte sich um einen möglichst sachlichen Ton.

»Nein.« Lotte klang ängstlich.

»Im Auswurf?«

»Nein.« Noch ängstlicher.

Mit einer Spritze in der Hand wandte Hope sich Lotte wieder zu. »Ich brauche eine Blutprobe.«

Die Augen der jungen Frau weiteten sich. »Ist das wirklich nötig – mit der Nadel pieken? Wird der Husten davon besser?«

»Das muss leider sein. Ich muss doch wissen, woher der Husten kommt, wenn ich ihn behandeln will.«

Mit einer schnellen Bewegung versenkte sie die Nadel in Lottes Arm. Keine große Kunst – sie hatte so wenig Fett am Körper, dass sich die Adern blau unter der Haut abzeichneten. Mit der freien Hand schob Lotte ihre dünnen, blonden Strähnen hinter das Ohr. Entsetzt entdeckte Hope eine gezackte Narbe, die sich von der Schläfe bis zum Haaransatz zog. Sie war zwar verheilt, aber leuchtete immer noch rot. Beiläufig fragte Hope nach. »Dein Kurt – schlägt er dich oft?«

Schnell schüttelte Lotte den Kopf und zog ihre Haare in die Stirn, damit die Narbe unsichtbar wurde. »Nicht so viel. Nur manchmal, wenn ich dumm bin. Oder ungeschickt.«

Die Antwort verschlug Hope erst einmal die Sprache. Bis zu diesem Zeitpunkt kannte sie keine Frau, die sich schlagen ließ – und sich auch noch selbst die Schuld dafür gab … Sie wechselte das Thema. Was hätte sie auch zu dem brutalen Kurt sagen können?

»Du musst mehr essen.«

Lotte lächelte Hope stolz an. »Das geht nicht. Was wir haben, brauchen die Kleinen.«

Sorgfältig verpackte Hope die Blutprobe für das Labor. »Ich denke nicht, dass du Tuberkulose hast, das kann ich dir schon einmal sagen.«

»Na, dem Herrn sei Dank!« Lotte war erleichtert, dass ihre größte Angst sich nicht bestätigt hatte.

»Aber du hast eine verschleppte Lungeninfektion. Dein Körper ist zu schwach, um sie richtig auszuheilen.«

Empört richtete sich das magere Persönchen auf. »Ich bin nicht schwach!«

»Deine Lunge sagt etwas anderes«, zuckte Hope mit den Achseln. »Ich schreibe dir ein Rezept für stärkende Tropfen. Die nimmst du dreimal am Tag, verstanden?«

Unsicher nickte Lotte, ihr kurzer Protest war schon wieder verflogen. »Dreimal am Tag«, wiederholte sie. Dabei wirkte sie wieder wie ein Häuflein Elend. Hope erinnerte sich daran, dass sie noch ein Butterbrot vom Frühstück in ihrem Schreibtisch hatte. Spätestens seit dem Volontariat in der Leipziger Klinik wusste sie, dass es sinnvoll war, immer ein bisschen zu essen in der Nähe zu haben. Wenn die Patienten zu viele wurden, dann war viel zu oft an ein geregeltes Mittagessen nicht zu denken. Deswegen hatte sie sich heute Morgen das Brot geschmiert. Sie öffnete den Schreibtisch und holte es heraus. »Meine zweite Verordnung für den Tag: Iss das. Krank nützt du deinen Kindern nichts.«

Dankbar lächelte Lotte, öffnete ihren Beutel und versenkte das Brot darin. Streng schüttelte Hope ihren Kopf.

»Lotte – dieses Brot ist für dich! Ich möchte, dass du es jetzt und hier isst.«

Widerstrebend öffnete Lotte ihren Beutel wieder und nahm einen kleinen Bissen von dem Brot. Erst als sie es kaute, merkte sie, wie hungrig sie war. Gierig biss sie ein zweites Mal ab. Hope nickte zufrieden. »Und komm in einer Woche wieder. Aus so einer Infektion kann schnell etwas Schlimmeres werden. Ich möchte das im Auge behalten. Versprichst du mir das?«

Lotte nickte, machte einen ungelenken Knicks und verschwand noch kauend aus dem Behandlungszimmer. Hope lehnte sich an ihren Arzneimittelschrank und atmete tief durch. Wenn das die erste Patientin des Tages war – was kam da noch auf sie zu? Sie lauschte nach nebenan. Otto schien seinem Patienten mit ruhiger Stimme etwas zu erklären. Er hatte es sicher nicht mit blauen Flecken, zu vielen Geburten und zu wenig Gewicht auf den Rippen zu tun …

»… da machen Sie sich mal keine Sorgen, Herr Studienrat, das kriegen wir spielend wieder hin!«, dröhnte Ottos Stimme zu ihr herüber. Sie holte tief Luft und streckte ihren Kopf aus dem Behandlungszimmer. »Der Nächste, bitte!« Dabei registrierte sie, dass die feine Dame, die es schrecklich eilig gehabt hatte, nicht mehr unter den Wartenden war. Stattdessen erhob sich eine ordentlich, aber einfach gekleidete Frau mit ihrem kleinen Töchterchen. Das Mädchen wimmerte leise und hielt den Arm eng an den Körper gepresst. Noch bevor sie sich auf die Behandlungsliege gesetzt hatte, kannte Hope die Diagnose: dieser Arm war gebrochen. Hoffentlich kein komplizierter Bruch. Tränen waren beim Einrichten eines Bruchs ohnehin unvermeidlich. Und sie merkte, dass die Begegnung mit Lotte ihr noch zu schaffen machte.

Ihre Ahnungen sollten sich bestätigen. Der Rest des Tages wurde keinen Deut besser als der Anfang. Nach dem vor Schmerz brüllenden Mädchen kam der Zimmermann mit dem Baunagel in der Hand, gefolgt von der älteren Frau mit den offenen, eiternden Beinen …

Hope war dankbar, als ein Blick in das Wartezimmer ihr verriet, dass der letzte Patient versorgt war. Sie ließ sich auf einen der freien Stühle fallen. Otto musterte sie besorgt. »Geht es dir nicht gut?«

»Doch«, wehrte Hope ab. »Nur Kopfschmerzen. Und müde bin ich.«

»Soll ich dir etwas gegen die Kopfschmerzen verschreiben?« Otto grinste sie verschwörerisch an. »Du weißt doch: Ich bin Arzt.«

»Nur kurz ausruhen«, wehrte Hope ab. »Dann geht es mir gleich besser.«

»Ich habe gehofft, wir könnten unseren ersten Tag in unserer Praxis bei einem schönen Glas Wein feiern. Oder vielleicht zum Wirt am Alten Römer gehen und etwas Feines essen!« Seine Stimme klang enttäuscht.

»Lass mich nur einen Moment, dann können wir gerne feiern«, tröstete ihn Hope, obwohl ihr eigentlich nur noch der Sinn nach einem Bett stand. Immerhin – ein Glas Wein klang sehr verlockend. So würde sie die Bilder der vielen verzweifelten Frauen und Männer für einen Augenblick vergessen können. Erschöpft schloss sie noch für einen Moment die Augen und gab sich dann einen Ruck. »Es geht schon wieder, ich zieh mir nur noch schnell etwas anderes an. Im weißen Kittel will ich wirklich nicht ins Wirtshaus!«

Hand in Hand veließen sie wenige Minuten später das Haus. Hopes Blick fiel auf das Praxisschild, das Otto am Vortag stolz an die Tür geschraubt hatte. »Praxis Dr. Otto Walther, Arzt für Allgemeinmedizin« stand da, zusammen mit den Terminen für die Sprechstunden. Sie sah schnell wieder weg. Ihre Enttäuschung empfand sie selber als kleinlich – aber warum hatte Otto ihren Namen bloß unterschlagen? Gestern hatte er als Entschuldigung ihren anstehenden Namenswechsel angegeben. »Wenn wir heiraten, wirst du ja ohnehin Frau Dr. Walther!«, hatte er gelächelt. Sie hatte sich zu einem Lächeln gezwungen. Er würde nie verstehen, wie stolz sie auf ihren eigenen Doktortitel war …

Der Gasthof am Alten Römer war gut besucht. Sie fanden zwei freie Plätze an einem Tisch, an dem bereits zwei Paare mit ihrem Bier und dem gesottenen Rindfleisch saßen, für das der Wirt hier bekannt war. Otto lächelte, verbeugte sich ein wenig und fragte höflich: »Dürfen wir uns zu Ihnen gesellen? Es scheint mir, dass Sie die letzten freien Sitzplätze an Ihrem Tisch haben!«

Eine der beiden Frauen musterte die Neuankömmlinge. Sie griff zu ihrer Serviette und tupfte sich sorgfältig den Mund ab. »Sind Sie nicht der neue Arzt?«

Begeistert nickte Otto und streckte ihr seine Hand hin. »Ja, wir haben heute eröffnet. Mein Name ist Otto Walther.« Er deutete auf Hope. »Und das hier ist Dr. Hope Bridges. Wir haben die Praxis gemeinsam eröffnet.«

Die Frau schien Ottos Hand zu übersehen. »Sie leben in der Wohnung bei der Praxis?«

Langsam zog Otto seine Hand zurück. »Ja sicher«, meinte er verwirrt.

»Gemeinsam?« Die Frau sah von Otto zu Hope und wieder zurück. »Dr. Walther? Dr. Bridges?« Hope ahnte plötzlich, was diese Frau störte. Sie legte hastig eine Hand auf Ottos Arm. »Komm, wir finden sicher andere freie Plätze …«

Otto schüttelte sie mit einer einzigen unwirschen Bewegung ab. »Was wollen Sie damit sagen? Es stört Sie, dass wir nicht verheiratet sind?«

Jetzt nickte auch die zweite Frau. »Da geht doch die Moral vor die Hunde. Heute lebt Ihr englisches Liebchen mit Ihnen zusammen, morgen mit einem anderen … Nichts gegen Sie, Doktor Walther. Aber so eine Frau«, sie deutete mit ihrem Zeigefinger auf Hope, »können wir nicht an unserem Tisch dulden.«

»Englisches Liebchen?« Hope war sich nicht ganz sicher, ob sie da richtig gehört hatte. »Sie wagen es, mich englisches Liebchen zu nennen? Haben Sie etwa Angst, dass ich als Nächstes einen ihrer langweiligen Männer verführen könnte?« Allmählich kam sie in Fahrt. Sie deutete auf den dickeren der beiden Männer, der sich bisher nicht durch die Unterhaltung hatte stören lassen. Er genoss sein Fleisch. Hope erwischte ihn, als er sein Bier zum Mund führen wollte. Er verharrte mitten in der Bewegung, als sei er bei einer verbotenen Handlung ertappt worden. »So einen können Sie gerne behalten, da müssen Sie keine Angst haben. Wir englischen Frauen wählen nur Männer mit Klasse.« Sie hängte sich an Ottos Arm. »Und da kann ich an diesem Tisch leider keinen entdecken.« Sie drehte sich mit Otto im Schlepptau um und steuerte auf die Tür zu. Erst vor der Tür blieb sie wieder stehen. »Dass die es wagen …«, begann sie empört, wurde aber von einem erstickten Geräusch von Otto unterbrochen. Mühsam versuchte er sein schallendes Gelächter zu unterdrücken. »Ob der inzwischen sein Bier noch getrunken hat?«, keuchte er. Sie konnte nicht widerstehen und fing auch an zu lachen. »Wir untergraben die öffentliche Moral!«, japste sie.

Otto nahm sie wieder an die Hand. »Lass uns zu dem Gasthof gegenüber unserer Praxis gehen. Die sahen nicht zu fein für ein unverheiratetes Paar aus!« Kichernd machten sie sich auf den Weg.

Minuten später hob Otto sein Glas, das mit Weißwein gefüllt war. »Auf dein Wohl, meine englische Geliebte!«, lächelte er. Dann wurde er ernst. »Um ehrlich zu sein: Diese Menschen machen mir Angst. Was, wenn sie dafür sorgen, dass die Patienten wegbleiben? Vielleicht ist Frankfurt nicht so fortschrittlich, wie wir gehofft haben?«

Leichtfertig winkte Hope ab. »Von dem, was ich heute gesehen habe, bin ich zuversichtlich, dass uns die Patienten so schnell nicht ausgehen. Es gibt so viel Elend in den Arbeitervierteln …«

»Das mag sein. Wir benötigen aber Patienten, die uns in einer anderen Währung als der schlichten Dankbarkeit bezahlen. Menschen wie diese aufrechten Bürger, die sich über uns aufregen.« Otto griff nach Hopes Hand. »Wir wollen doch ohnehin heiraten! Was spricht dagegen, das bald zu tun? Lass uns den Bürgern Frankfurts doch keine Nahrung für die üble Nachrede geben. Sie haben genug damit zu tun, sich an eine weibliche Ärztin zu gewöhnen. Alles andere wäre doch zu viel verlangt.« Er sah sie bittend an. »Was denkst du? Sollten wir nicht schnell das Aufgebot bestellen?«

»Irgendwie habe ich mir immer vorgestellt, ich würde heiraten, weil ich es wollte«, seufzte Hope. »Und nicht, weil irgendwelche Bürger meinen Lebenswandel missbilligen. Dabei kann doch ein Zusammenleben aus Liebe nichts Schlechtes sein.«

Beruhigend streichelte Otto ihren Handrücken. »Aber wir heiraten doch aus Liebe! Diese Bürger beschleunigen das Verfahren ein wenig, das ist alles … mach dir keine Sorgen, mein Liebling.«

»Dann soll es so sein«, gab Hope nach. »Lass uns morgen das Aufgebot bestellen.« Sie wartete vergebens auf ein wenig

Euphorie, die sie in einem solchen Moment eigentlich erwartete. War eine Hochzeit nicht das Großartigste, was einer Frau überhaupt passieren konnte? Otto liebte sie so sehr, dass er den Rest seines Lebens mit ihr verbringen wollte …

»Hope Walther.« Hope sah auf die ungewohnte Unterschrift, die sie unter den Trauschein gesetzt hatte. Der Standesbeamte gab ihr steif seine Hand. »Ich gratuliere Ihnen, Frau Doktor Walther!« Bei der Bezeichnung zuckte sie leicht zusammen. Otto nahm die Glückwünsche ebenfalls entgegen, dann schloss er sie in seine Arme und drückte ihr einen Kuss auf die Lippen. »War doch gar nicht so schlimm, Frau Walther!«, flüsterte er ihr leise ins Ohr.

Clara stand etwas abseits und beobachtete das Spektakel. Für die Hochzeit von Hope und Otto hatte sie Paris zum ersten Mal seit Jahren verlassen. Eine Handvoll Studienkollegen war ebenfalls gekommen, dazu Hopes Mutter und ihr Onkel Gregor. Clara war sich nicht sicher: Sah Hope wirklich wie eine glückliche Braut aus?

Otto winkte in die Runde. »Kommt alle mit, wir haben ein Nebenzimmer im Gasthof Buchs reserviert. Heute soll keiner hungrig bleiben oder Durst leiden!« Gemeinsam liefen sie den kurzen Weg zu dem Gasthof. Erst jetzt kam Hope dazu, Clara in die Arme zu schließen.

»Ich bin so glücklich, dass du kommen konntest! Wie geht es dir? Wie lange kannst du bleiben?« Leise fügte sie hinzu. »Und wer ist der Mann, den du mitgebracht hast?«

Clara hob bedauernd die Hände. »Allzu lange sollten wir nicht in Frankfurt sein. Es würde mich nicht wundern, wenn auf der Wache ein Steckbrief mit meinem Bild hinge. Oder mit seinem.« Sie deutete auf den bärtigen, dunklen Mann, der an der Wand lehnte und die Gesellschaft aus tief liegenden Augen musterte. »Das ist Ossip. Ossip Zetkin.« Sie zwinkerte Hope vertrauensvoll zu. »Er ist Künstler. Und Revolutionär.«

Hope deutete gegenüber Ossip eine Verneigung an, die er mit einer knappen Kopfbewegung entgegnete. Er schien nicht der Freund großer Worte zu sein. Er deutete auf sein leeres Glas.

»Ich muss …« Damit verschwand er unter den Feiernden. Hope sah ihm nach. »Du willst doch nicht etwa sesshaft werden?«

»Ach, woher denn?« Clara schüttelte den Kopf. Das Leben in Paris schien ihr gutzutun. Sie sah glücklicher als jemals zuvor aus. »Ossip und ich glauben nicht an die bourgeoise Institution der Ehe.« Vielsagend streichelte sie über ihren Bauch. Erst jetzt bemerkte Hope die kleine Wölbung. Sie riss die Augen auf. »Du bist doch nicht etwa …?«

»Allerdings glaube ich an die bourgeoise Institution der Schwangerschaft!«, bestätigte Clara stolz.

»Das ist so toll!«, jauchzte Hope. »Darf ich mal anfassen?«

»Sicher!« Clara reckte ihren Bauch heraus, und Hope strich vorsichtig darüber. »Wann ist es denn so weit?«

»In etwas vier bis fünf Monaten!« Clara zuckte mit den Achseln. »Ihr Ärzte seid ja nicht so wahnsinnig präzise mit euren Vorhersagen … da bin ich mir mit meinen eigenen Berechnungen schon sicherer.« Clara musterte Hope neugierig. »Wie sieht es denn bei euch mit Kindern aus?«

»Ich verhüte, so gut ich kann.«

»Ehrlich?« Clara schien überrascht. »Ich dachte, dass Otto einen ganzen Stall voller Kinder haben wollte.«

»Er weiß nichts davon«, gab Hope widerstrebend mit einem Stirnrunzeln zu.

»Willst du denn keine Kinder?«

»Schon. Vielleicht. Nicht jetzt. Es gibt so viel zu tun, so viel zu erreichen. Es wird Jahre dauern, um die Praxis zu etablieren – vor allem mit mir als Ärztin.«

»Das sind die Ketten des Bürgertums, liebe Hope.« Clara zwinkerte ihr zu. »Da kommt deine Mutter. Sie wird sich ungestört mit dir unterhalten wollen. Ich kümmere mich in der Zwischenzeit ein wenig um Ossip.«

Tatsächlich tauchte Ellen neben Hope auf. Sie hob ihr Glas und stieß mit ihrer Tochter an und lächelte voller Stolz. »Einen Ehemann, eine Praxis in Frankfurt – warum nur habe ich mir je Sorgen gemacht?«

»Du bist meine Mutter – da ist es deine Aufgabe, dir Sorgen um mich zu machen!«

Ellen musterte Hope. »Bist du jetzt glücklich?«

Sie ließ ein oder zwei Sekunden verstreichen, bevor sie antwortete. »Ja, ich bin glücklich.« Es wäre undankbar, etwas anderes zu antworten. Otto liebte sie aufrichtig, sie war Ärztin, praktizierte in ihrer eigenen Praxis – und sie kümmerte sich um die Belange der Arbeiter in Frankfurt. Genau das, von dem sie immer geträumt hatte. Wie konnte sie da nicht von Glück reden?

Aus ihrer Tasche förderte Ellen eine kleine Schmuckdose zutage. »Dann ist es wohl angebracht …« Sie reichte Hope die Dose.

»Aber Mutter, das wäre doch nicht nötig gewesen«, wehrte Hope ab, während sie die Dose öffnete. Aus der Dose glitt eine Taschenuhr mit einer auffallenden Perle auf dem Deckel. Diese Uhr hätte Hope unter Hunderten erkannt – und sie wusste sofort, wann sie das Schmuckstück das letzte Mal gesehen hatte. Fast konnte sie wieder den Geruch im Arbeitszimmer ihres Vaters riechen, damals, als er das letzte Mal mit ihr gesprochen hatte. In seiner Hand lag damals die Uhr, über die Perle war ständig sein Daumen geglitten. »Papas Uhr.« Hope sah ihre Mutter mit Tränen in den Augen an. »Die hättest du mir doch nicht schenken müssen.«

»Nun, sie ist nicht für dich«, lächelte Ellen. »Sie ist für deinen Mann. Jetzt, wo du deinen Tropfen im Meer gefunden hast.«

Andächtig strich Hope mit dem Zeigefinger über die Perle. »Sie ist wunderschön!«

Ellen nahm Hope in den Arm und strich ihr über die Haare. »Damit Otto sich immer daran erinnert, was er dir bedeutet!«, flüsterte sie dabei ihrer Tochter ins Ohr.

Hope spürte, wie sich die Tränen in ihren Augen sammelten. »Warum kommst du nicht nach Frankfurt, Mama? Wir finden sicher eine kleine Wohnung für dich, ganz in der Nähe von unserer Praxis …«

»Es war damals nicht leicht für mich, London zu verlassen. Jetzt habe ich meine Wurzeln in Dresden.« Ellen schüttelte den Kopf und sah zu Gregor hinüber. »Ich denke, in Dresden ist es gut so, wie es jetzt ist.«

Hope folgte dem Blick. Inzwischen war es schon zwei Jahre her, dass Lisbeth gestorben war. Eine kleine Infektion am Bein war schnell außer Kontrolle geraten, die Ärzte konnten ihr nicht helfen. Seitdem arbeitete Ellen bei Gregor weiter als Haushälterin. Zumindest glaubte Hope das.

»Du hast es gut bei ihm? Bist du dir sicher?« Irgendwie konnte sie sich nicht vorstellen, dass dieser grobschlächtige Mann der Nachfolger von ihrem Vater werden sollte.

»Er ist ein guter Mann, was immer du von ihm halten magst«, nickte Ellen. »Nicht wie dein Vater, aber ein guter Mann. Kannst du das verstehen?«

Hope sah nur kurz zu Otto hinüber. Sie konnte ihre Mutter nur schwer für etwas verdammen, das sie selber getan hatte. »Natürlich. Und ich freue mich für dich. So bist du nicht alleine ...«

»Hier sind ja meine Gattin und meine neue Schwiegermutter!« Otto quetschte sich zwischen die beiden Frauen und legte beiden einen Arm über die Schulter. »Was heckt ihr beiden denn gerade aus?«

»Nichts, was einen Mann scheren sollte«, beschied ihm Ellen. »Wie läuft die Praxis?«

»Könnte besser nicht sein!« Otto hob sein Glas und sah in die Runde. »Ich danke euch allen, dass ihr heute hierhergekommen seid. Es ist nicht nur das Ende eines langen Weges für Hope und mich, sondern auch der Anfang von etwas Großem. Erhebt euer Glas und trinkt mit mir auf eine wunderbare Zukunft! Hier in Frankfurt, mit meiner wunderbaren Frau!«

Alle erhoben ihr Glas, während Hope unauffällig die Dose mit der Taschenuhr wieder in ihre Tasche versenkte. Sie würde sie Otto schon irgendwann schenken. Aber nicht heute.

Sorgfältig zwirbelte der Amtmann seinen stolzen Schnauzbart. Er musterte die Frau, die da vor ihm aufgetaucht war. Sie sah aus wie eine dieser Frauen, die immer nur Ärger machten. Das Haar nur schulterlang, das Kleid zu weit, um noch schön zu sein. Sie senkte auch nicht den Blick, wie es sich für eine Frau ziemte, die wegen eines Vergehens auf das Ordnungsamt zitiert worden war. Anklagend reichte er ihr einen Zettel. »Können Sie mir bestätigen, dass es sich hier um ein Rezept Ihrer Praxis handelt?«

Sie nahm sich kaum die Zeit, um das Schriftstück sorgfältig zu studieren. Sie sah es kurz an und erklärte dann mit einem lässigen Achselzucken: »Ja. Eine Salbe für eine Patientin mit Ausschlag.«

Sie schien sich keiner Schuld bewusst zu sein. Er bohrte noch einmal nach. »Sie erkennen diese Unterschrift als die Ihre an?«

»Natürlich.« Das Weibsbild wurde ungeduldig. »Ich verstehe allerdings immer noch nicht, warum ich hier …«

Er blätterte in seinen Dokumenten, obwohl er genau wusste, was er dort finden würde. Trotzdem nahm er sich Zeit. Sollte sie doch ein bisschen zittern. Dann deutete er auf den Auszug aus dem Familienstammbuch, den er herausgekramt hatte. »Laut unseren Unterlagen sind Sie Frau Doktor Hope Walther, Gattin von Herrn Doktor Otto Walther. Das Rezept ist jedoch mit ›Hope Bridge‹ unterschrieben.«

Er stolperte über den ungewöhnlichen Namen und wurde zusätzlich wütend, als sie ihn geduldig korrigierte. »Bridges. Ja, das ist mein Familienname.«

Er schüttelte seinen Kopf und warf ihr einen weiteren strengen Blick zu. »Ich weiß nicht, wie es in Ihrer Heimat ist, aber bei uns müssen Rezepte mit Ihrem amtlich eingetragenen Gattennamen unterzeichnet werden. Es handelt sich in Ihrem Fall um einen Verstoß gegen das Urkundengesetz, der gerichtlich zu ahnden ist.«

Sie sah ihn verständnislos an. »Das ist ein Scherz, oder? Dafür musste ich in diese Amtsstube kommen?«

Keinerlei Unrechtsbewusstsein, soweit er das feststellen konnte. Er gab ihr einen verschlossenen Brief. »Das ist Ihre Vorladung für das Amtsgericht. Bitte seien Sie pünktlich.«

Hope riss den Brief noch in Gegenwart des Amtsmannes ungeduldig auf. Tatsächlich. Eine Gerichtsladung. In vier Tagen schon sollte ihr Verstoß gegen das Urkundengesetz geahndet werden. Sie musste sich noch nach einem Verteidiger umsehen. Sie seufzte leise. Als hätte sie in der Praxis nicht schon genug zu tun. Ein Streit mit der Obrigkeit hatte ihr gerade noch gefehlt.

Erwartungsgemäß hatte sie in der kurzen Zeit nicht die größte Leuchte unter den Verteidigern aufgetrieben. So plapperte jetzt ein junger Mann mit fettigem Haar auf den Richter ein. »Frau Doktor Walther bestreitet nicht die Unrechtmäßigkeit der Unterschrift, Euer Ehren. Aber es handelt sich bestenfalls um eine Lässlichkeit, einen Lapsus calami. Dafür ein Verfahren anzustrengen …«

Hope krümmte sich in ihrer Bank. Das schwächliche Auftreten dieses Verteidiger-Schnösels bereitete ihr fast körperliche Schmerzen. Da hatte sie ihm einen Abend lang erklärt, dass Frauen einen Namen aus eigenem Recht heraus haben sollten. Warum sollte ein Name schwächer sein und dem anderen weichen? Schließlich sprach nichts dagegen, beide gleichberechtigt nebeneinander zu haben! Er schien ihre Darlegung völlig vergessen zu haben, während er vor dem Richter im Staub des Gerichtssaals kroch und seine Stiefel leckte. Der Richter schien diese Witzfigur allerdings nicht ernst zu nehmen. Er musterte seinen plappernden Widersacher nachdenklich und unterbrach ihn am Ende mitten im Satz.

»Ob wir ein Verfahren anstrengen oder nicht, das überlassen Sie mal schön uns, Herr Verteidiger. Das Vergehen wurde begangen, angezeigt und gestanden. Und damit obliegt mir nur noch die Pflicht, das Strafmaß festzusetzen. Ich verurteile Frau Doktor Walther zu … einer Strafgebühr von einer Reichsmark.«

Hope war sich nicht sicher, ob der Richter bei diesem lächerlichen Strafmaß leise lächelte. Oder ob er einfach den Fall schnell von seinem Tisch haben wollte. Sie war sich auf jeden Fall sicher, dass es nicht am genialen Plädoyer ihres Verteidigers liegen konnte.

»Sie können die Strafe sofort bei der Amtskasse bezahlen.« Der Richter deutete auf eine Tür. Beschwingt eilte Hope zu dem Beamten und reichte ihm eine Mark. Ohne die Andeutung einer Gefühlsregung schob er ihr einen Zettel über den Tisch. »Wenn Sie hier quittieren könnten.«

Hope sah auf die Linie, auf die sie ihren Namen setzen sollte. Ein feines Lächeln überflog ihr Gesicht. Sie griff nach der Schreibfeder und schrieb schwungvoll mit sicherer Hand ihren Namen unter die Quittung. Doktor Hope Bridges Walther. Sie hörte, wie neben ihr Otto die Luft scharf durch die Nase zog. Der Kassier nahm die Quittung, ohne sie eines Blickes zu würdigen, und legte sie in einen Ordner. Hope schenkte ihm ihr strahlendstes Lächeln und griff nach Ottos Hand. »Komm, wir widmen uns besser wieder sinnvollen Dingen. Wie unserer Praxis zum Beispiel ...«

Gemeinsam traten sie auf die Straße. Otto sah sich noch einmal über die Schulter um. »Das war eine Farce!«

»Was soll's.« Hope lachte. »Wenigstens sind wir mit einer kleinen Strafe davongekommen.«

Kopfschüttelnd sah Otto sie an. »Das mit der Unterschrift war riskant. Kannst du nicht wenigstens einmal versuchen, den Widerstand gegen die Staatsgewalt nicht zur Gewohnheit werden zu lassen?«

»Ich strebe danach, mein Gemahl.« Hope lachte immer noch über ihren gelungenen Streich in der Amtskasse. »Aber versprechen kann ich nichts!«

»Hin und wieder weiß ich nicht, ob ich dich lieben oder hassen soll ...« Otto strich Hope liebenvoll über den Rücken. »Aber eines ist mir auf jeden Fall sicher: Langweilig wird es mir an deiner Seite nicht werden!«

Unauffällig betrachtete Otto die Kundschaft im Wartezimmer. Schon wenige Wochen nach der Eröffnung konnte er ohne langes Nachdenken seine Patienten von Hopes unterscheiden. Die Herren und Damen in den gediegenen Stoffen, die selbstbewusst und aufrecht auf ihren Termin warteten – die gehörten zu ihm. Die Frauen mit den dicken Bäuchen und den dünnen Armen, die schüchtern blickenden und nicht immer ganz sauberen Arbeiter – die warteten auf Hope. Die kleine Blonde in der Ecke war bestimmt schon zum vierten Mal da. Und tatsächlich – schon winkte Hope sie zu sich ins Behandlungszimmer. Neugierig machte Otto einen kleinen Schritt zur Verbindungstür zwischen den beiden Behandlungszimmern. Was die Kleine wohl hatte?

Hope begrüßte sie wie eine alte Bekannte. »Hallo Lotte. Was macht der Husten?«

»Viel besser«, nickte die Patientin eifrig. »Die Tropfen helfen gut. Auch dem Kleinen.«

Otto konnte fast hören, wie Hope die Stirn runzelte, als sie nachfragte. »Wieso dem Kleinen?«

»Mein Frieder hustet doch auch«, gab Lotte leise zu.

»Dann bring ihn her«, erklärte Hope kurz angebunden.

»Das können wir uns nicht leisten«, erklärte Lotte leise. »Der Kurt ist schon böse, dass wir für mich so viel ausgeben müssen.«

»Bring deinen Sohn mit. Wenn ich euch zusammen behandeln kann, dann berechne ich euch nur einen Preis.« Otto musste sich beherrschen, um nicht einfach in das Behandlungszimmer von Hope zu springen. Wie sollte diese Praxis ihrer Meinung nach Geld einbringen? Er kannte schon den »einen Preis«, den sie berechnen würde. In diesem Preis würde sie den Sohn einfach unter den Tisch fallen lassen …

Die Dankbarkeit der Armen war Hope damit auf jeden Fall sicher. Lotte schluchzte fast, als sie sich bedankte. »Vielen Dank! Sie sind eine Gute!«

Doch damit hatte Hope wohl noch nicht genug gute Taten für einen Nachmittag vollbracht. Sie beobachtete ihre Patientin. »Was kratzt du dich denn dauernd?«

Erschrocken wehrte die 19-Jährige ab. »Ich, wieso? Nee, ist alles in Ordnung. Vielleicht ein Floh …«

»Roll die Ärmel hoch.« Hope hatte einen Ton in der Stimme, der keinen Widerspruch zuließ. Otto sah unauffällig um die Ecke und sah, wie seine Frau Lottes Arm genau musterte. »Wie lange hast du das schon?«

Lotte schien vor den strengen Fragen aufzugeben. »So zwei, drei Wochen. Aber richtig jucken tut es erst jetzt.«

»Das ist Scabies – die Krätze. Und wenn du es hast, dann haben es auch deine Kinder. Und dein Mann auch. Weißt du, was du jetzt tun musst?«

Lotte schüttelte ängstlich den Kopf.

»Ich kann dir eine Salbe verschreiben.«

»Das kostet doch wieder nur Geld?«, fragte Lotte.

Hope seufzte. »Dann desinfiziert wenigstens eure Wohnung. Schrubbe die Wände und Böden gut mit Kalkmilch.« Otto hörte, wie sie das Desinfektionsmittel aus dem großen Schrank in ihrem Behandlungszimmer nahm. Er verdrehte die Augen. Die Kalkmilch würde ebenfalls nicht auf der Rechnung auftauchen. Aber Hope war noch nicht fertig. »Eure Bettwäsche und Tageskleidung solltet ihr verbrennen. Da sitzen die Milben drin.«

»Aber wir brauchen doch unsere Klamotten«, wagte Lotte zu widersprechen. »Die sind doch schon aus der Kirchenmission.«

Hope dachte nach, bevor sie langsam antwortete. »Gut. Dann leiht euch etwas für einen Tag von den Nachbarn. Dann legt ihr die gesamte Kleidung für eine Nacht in einem Beutel ins Eishaus.«

»Das hilft?«, fragte Lotte ungläubig.

»Die Kälte tötet die Milben, das sollte also funktionieren. Aber danach alles gut auswaschen!«, ermahnte sie Lotte. »Und jetzt geh zu deinen Kindern. Ich wünsch euch gute Besserung.«

Während Lotte den Behandlungsraum verließ, stellte Otto sich in den Türrahmen. »Du weißt, dass sie schon die letzte Rechnung nicht bezahlt hat?«

Hope nickte. »Aber was soll ich denn machen? Sie ohne Behandlung nach Hause schicken?«

»Wir bieten eine Dienstleistung, Hope. Wie die Post oder der Schornsteinfeger. Wir sind darauf angewiesen, dass wir für unsere Dienste bezahlt werden.« Streng sah Otto seine Frau an.

»Wir verdienen doch nicht schlecht«, widersprach sie mit einer trotzigen Kopfbewegung.

»Ja, dank meiner Patienten!« Allmählich verspürte Otto Zorn in sich aufsteigen.

Besänftigend streichelte Hope seine Wange. »Dann ist doch alles gut.«

Streng schüttelte Otto seinen Kopf. Er wollte sich nicht jedes Mal von seiner Frau um den Finger wickeln lassen. Geschäftig wandte Hope sich ab und fing an, ihre Arzttasche zu packen.

Für sie war die Diskussion offensichtlich beendet. Otto beherrschte sich mühsam. »Was hast du vor?«

»Hausbesuche.« Hope sah sich suchend im Zimmer um. »Hast du irgendwo mein Stethoskop gesehen?«

»Hausbesuche? Hope, wir machen keine Hausbesuche!« Er sah seine Frau fassungslos an. Sie schien sich nicht einmal eine Sekunde von seinem Einwand bremsen zu lassen. Sie öffnete weiter Schubladen und Schränkchen, bis sie ihr Stethoskop fand und in die Tasche warf. Dabei antwortete sie mit der größtmöglichen Selbstverständlichkeit. »Und das ist ein Fehler! Viele unserer Patienten bringen ihre Krankheiten von zu Hause mit. Wollen wir sie verstehen, müssen wir das Umfeld kennen.«

»Hast du mit deinen bedürftigen Patienten in dieser Praxis nicht genug zu tun? Ohne Entgelt?« Seine Stimme war voller Sarkasmus.

»Es sind ja nur zwei oder drei Stunden am Abend«, meinte Hope leichthin und griff nach ihrem weiten Mantel, den sie sich mit einer geübten Bewegung über die Schultern warf.

»Wann wolltest du diese Idee mit mir besprechen? Ich bin mir nämlich auf keinen Fall sicher, ob ich sie für eine gute Idee halte.« Er sah sie fragend an. Die Überraschung in ihren Augen verriet sie. Otto presste seine Lippen aufeinander, als ihm die Erkenntnis dämmerte, dass sie nie geplant hatte, diese Hausbesuche mit ihm zu besprechen.

Sie warf ihre Tasche über die Schulter, stellte sich auf die Zehenspitzen und drückte ihm einen Kuss auf den Mund. »Es ist sogar eine ausgezeichnete Idee, Herr Doktor!«, flüsterte sie ihm dabei ins Ohr. Damit ging sie aus dem Zimmer. Sekunden später hörte er die Tür zur Praxis zuschlagen.

Nachdenklich ging Otto in sein eigenes Behandlungszimmer zurück. Auf ihn wartete bereits eine ältere Dame, die bekümmert ihren dicken Knöchel betrachtete. Nein, Krätze würde er bei seinen Patienten kaum jemals finden. Wenigstens einen Vorteil, den die Aufteilung der Patienten brachte, dachte er bitter.

Hope lief durch die Abenddämmerung in das Gutleuteviertel. Hinter dem neu erbauten Hauptbahnhof drängten sich die

Arbeiter der Stadt in dunklen und engen Wohnungen – das hatte Hope zumindest von ihren Patienten gehört. Besucht hatte sie diese Gegend noch nie. Neugierig musterte sie die Menschen, die ihr auf der Straße entgegenkamen. Je weiter sie sich vom Stadtzentrum entfernte, desto seltener sah sie die gepflegte Kleidung mit dem engen Korsett und dem feinen Plüsch, der derzeit unter den Damen des Bürgertums so modern war. Das Leinen der einfachen Blusen war häufig geflickt und zeigte deutliche Spuren von jahrelangem Getragenwerden. Und von seltenem Kontakt mit Waschwasser, dachte Hope bei sich. Sie sprang über ein Rinnsal, das sich im Rinnstein gebildet hatte – eine Kloake aus Pferdepisse, Brackwasser und verrottenden Gemüseschalen. Wer hier zu tief einatmete, wurde von ganz alleine krank.

Beim Anblick der ärmlichen Auslagen in einem Lebensmittelgeschäft kam Hope wieder der Vortrag von August Bebel in den Sinn, den sie vor wenigen Tagen beim Frauenlesezirkel gehört hatte. Er hatte dabei mit Begeisterung Thesen aus seinem Buch »Die Frau und der Sozialismus« vorgetragen. Um die Frauen aus dem Joch der Hausarbeit zu befreien, sollten Zentralküchen, Zentralwaschanstalten und Zentralfeuerung eingerichtet werden. Wahrscheinlich hatte Bebel nur selten ein echtes Arbeiterviertel betreten … Hier durften und mussten die Frauen zwar auch in den Fabriken arbeiten, konnten sich also jenseits der Küche und des Haushaltes betätigen – aber tatsächlich kämpften sie damit nur um das nackte Überleben ihrer Familien. Denn neben der modernen Arbeit mussten sie sich immer noch ganz traditionell um den Haushalt kümmern. Großartiger Fortschritt, dachte Hope. Die Frauen durften jetzt doppelte Arbeit leisten und sollten auch noch dankbar dafür sein. Und Bebel stellte begeistert fest, dass »Frauen sich mit größerer Leichtigkeit in neue soziale Verhältnisse einfinden«. Ja. Sie arbeiteten noch mehr, bekamen immer noch die Kinder und mussten sich mit den schlechteren hygienischen Unständen herumschlagen. Bebel hatte in der Theorie recht. Das machte sein Werk wichtig, daran hegte sie keine Sekunde einen Zweifel.

Aber in der Praxis half das den Arbeitern keinen Deut weiter. Sie sah einen kleinen Durchgang zwischen zwei Häusern. In dem dunklen Spalt führte eine enge Stiege nach unten in eine Kellerwohnung. Wenn Lotte es richtig beschrieben hatte, dann war das ihre Wohnung. Entschlossen ging Hope nach unten und klopfte an die Tür. Langsam öffnete Lotte und spähte durch den Spalt. Überrascht erkannte sie ihre Besucherin.

»Frau Doktor!«

»Ich dachte, ich sehe mir an, wie ihr hier wohnt!«, erklärte Hope und drängte sich an Lotte vorbei. Die Wohnung bestand aus einem einzigen, engen Zimmer, das mit zwei löchrigen Leintüchern in Kammern unterteilt war. Die Luft war feucht, kühl und verbraucht. Hope versuchte, möglichst flach zu atmen. Sie hatte schon den Gestank auf der Straße schrecklich gefunden – hier war es unerträglich.

Als Erstes deutete Hope auf ein mageres Mädchen mit zwei dünnen Zöpfen, das auf dem Boden saß und mit zwei dreckigen Puppen spielte. »Deine Kleinste?«

»Unsere Herta«, nickte Lotte.

»Dann werde ich sie gleich als Erste untersuchen. Herta, kommst du zu mir?« Schüchtern sah das Mädchen seine Mutter an. Erst als die mit einem Nicken die Erlaubnis für diese Untersuchung gab, stand Herta auf und stellte sich vor Hope.

»Zieh deinen Kittel nach oben«, bat sie. Fahlweiße Haut trat zutage. Sie wirkte wächsern, während die Knochen sich deutlich abzeichneten. Hope fuhr mit ihren Fingern an den krummen Kinderbeinen entlang. »Du hast die englische Krankheit. Da fehlt Vitamin D!«, stellte sie fest. »Das entsteht bei Sonnenlicht. Wenn die Kleine immer nur hier unten im Keller sitzt, dann kann sie das Vitamin nicht bilden. Ihre Knochen werden krumm, sie bekommt Rachitis.« Sie sah Lotte an. »Geh mit ihr in den Park. Oder füttere sie mit Lebertran. Aber lass sie nicht einfach hier in diesem …« Sie sah sich um. »… Loch dahinvegetieren.«

Lotte standen Tränen in den Augen. »Aber wann soll ich mit ihr denn in den Park? Ich arbeite doch sieben Tage die Woche. Bis ich wieder hier bin, ist es meistens dunkel … Lebertran ist viel zu teuer. Ich gebe ihr doch, was ich kann. Wirklich.«

Hope deutete auf eine Kanne, die auf einem Tisch stand. »Ist das Milch? Zeig mir das doch mal!«

Lotte öffnete die Blechkanne und reichte sie Hope. Die hielt kurz ihre Nase über die Öffnung und rümpfte dann die Nase. »Das ist keine Milch. Das ist gepanschtes Wasser.«

»Für mehr reicht es halt nicht«, erklärte Lotte. »Der Kurt verdient nicht so viel. Das ist doch besser, als wenn ich ihr nur Wasser zum Trinken gebe. Oder?«

Resigniert sah Hope sich weiter um. Sie entdeckte einen vierjährigen Jungen, der sich gegen die Wand lehnte und hingebungsvoll in seiner Nase popelte. Ein Bein hielt er dabei leicht in die Höhe. Hope streckte ihre Hand nach ihm aus. »Hör auf zu popeln. Komm lieber her und zeig mir dein Bein!«

Gehorsam hüpfte der Junge auf einem Bein zu ihr hin. »Ich bin der Frieder!«, verkündete er dabei.

»Grüß dich, Frieder! Ich ziehe dir jetzt mal die Socke aus und schau mir dein Bein an, in Ordnung?«

Behutsam zog ihm Hope die fadenscheinige Socke aus. Sie hatte Angst, dass das Gewebe reißen würde, wenn sie es zu kräftig anfasste. Als das Kinderbein nackt war, konnte sie kaum einen Aufschrei unterdrücken. Frieders Bein war blau und schwarz angelaufen, der Unterschenkel kurz über dem Knöchel merkwürdig verdreht. Ein Bruch, das hätte sogar ein Student im ersten Semester erkannt. Diese Verletzung hätte sofort behandelt werden müssen. Jetzt war es schon fast zu spät, der gebrochene Knochen hatte bereits begonnen, schief zusammenzuwachsen. »Wie lange ist das her?«, wollte Hope wissen.

Lotte legte ihre Stirn in angestrengte Falten. »Letzten Monat, glaube ich. Als der Kurt mit seinem Lohn in die Kneipe ging, da habe ich Frieder geschickt. Aber Kurt hat seinen Sohn nur umgeschubst … und dann gesagt, dass er für Frieder keinen Arzt bezahlen will. Ist nur verstaucht, hat er gesagt, der Kurt.«

»Lotte, der Knochen hätte gerichtet werden müssen. Jetzt wird der Junge den Rest seines Lebens humpeln!«

Lotte brach in Tränen aus. »Das habe ich ja auch gesagt«, schniefte sie. »Aber der Kurt meinte …«

Hope konnte nicht mehr an sich halten. »Kurt meinte, Kurt

sagte, Kurt hat nur – immer dieselbe Leier.« Sie sah sich um. »Und die Kalkmilch, die ich dir mitgegeben habe, hast du noch immer nicht benutzt.« Entnervt stand Hope auf. »Ich kann dir nicht helfen, wenn du dir nicht selber hilfst, Lotte! Du musst schon mitmachen, verstehst du?«

In diesem Moment klopfte es an der Tür. Ohne zu warten, kam eine kräftige Frau herein. Sie rang ihre roten Hände. »Sind Sie wirklich eine Frau Doktor? Ich habe gehört …« Hope nickte. »Gut. Können Sie mal nach meinem Gero sehen? Dem geht's nicht gut.«

»Ich komme gleich!« Hope bemühte sich um einen freundlichen Ton und wandte sich noch einmal an Lotte. »Nun heul doch nicht. Wir kriegen das schon hin. Aber du musst mithelfen. Versprichst du mir das?« Lotte zog schniefend ihre Nase hoch und nickte. »Versprochen.« Leise fügte sie hinzu »Vielen Dank, Frau Doktor.« Sie sprach nur noch mit einem Rücken. Hope folgte bereits der kräftigen Frau, die so überraschend aufgetaucht war.

Die Wohnung im Erdgeschoss unterschied sich nur durch ein Fenster von Lottes Wohnung. Und dieses Fenster verdiente kaum den Namen. Mit einem alten Küchenhandtuch hatte die Frau versucht, eine Art Vorhang zu basteln, mit dem die neugierigen Blicke der Passanten abgehalten wurden. In der Ecke lag ein magerer Mann auf einer Pritsche und hustete heftig in ein Taschentuch. Auf dem Tuch erkannte Hope die verräterischen rostbraunen Flecken.

Vorsichtshalber band sie sich einen Mundschutz vor das Gesicht. Otto mochte ihr Sorglosigkeit vorwerfen – aber leichtsinnig war sie sicher nicht. Sie warf einen kurzen Blick auf den Fieberglanz in Geros Augen und die Schweißtropfen auf seiner Stirn. Prüfend legte sie eine Hand an sein Handgelenk und maß den Puls, bevor sie mit einem Stethoskop seinen Rücken abhörte. Dann schüttelte sie den Kopf. »Er hat Tuberkulose. Im Endstadium.« Sie musterte die Frau genauer. Erst jetzt erkannte sie, dass sie nicht etwa viel Gewicht auf den Rippen hatte, sondern mehrere Westen und Wolljacken übereinandertrug. Die Frau hustete und ließ ein Taschentuch im Ärmel verschwinden.

Nicht schnell genug, als dass Hope die braunen Flecken übersehen hätte. Sie atmete tief durch. »Und Sie haben es auch.«

Die Frau schien ihre Diagnose zu kennen. »Ich sterbe. Und alles wegen diesem Flittchen!«, zischte sie. »Alles kommt von diesem Flittchen.«

»Von wem reden Sie?« Hope war sich nicht sicher, ob die Frau nicht schon im Fieberwahn redete.

Sie deutete mit dem Finger nach oben. »Die Hannelore unterm Dach. Die macht es mit jedem für'n Groschen. Die hat zuerst gehustet.«

Entschlossen stand Hope auf. »Dann zeigen Sie mir doch mal den Weg zur Hannelore.«

Schweigend erhob sich die Frau und ging zur Tür. »Kommense, Frau Doktor!«

Die steile Stiege nach oben war zur Hälfte mit schimmligen Zwiebelschalen und alten Kohlstrünken bedeckt. Eine Katze flüchtete vor Hope und ihrer Führerin – kein Wunder, dass der Geruch nach Katzenurin beißend in ihre Nase drang. In einer dunklen Ecke glaubte Hope zwei Ratten zu sehen, die mit glänzenden Augen die Besucher musterten. Sie hoffte inständig, dass sie sich irrte.

Die Frau deutete auf eine Tür, die leicht offen stand. »Da wohnt das Flittchen. Ich geh da nich' rein.« Damit drehte sie sich um und polterte die Stiege wieder hinunter. Hope sah unentschlossen die Tür an. Dann klopfte sie leise an und drückte die Tür etwas weiter auf. Sie gab leise knarrend nach.

»Ist jemand zu Hause? Hallo?« Vorsichtig betrat Hope die Kammer unter dem Dach. Es stank erbärmlich nach altem Essen, Erbrochenem, Kot – doch am schlimmsten war der süßliche Geruch, der über allem lag. Vorsichtig ging Hope zu der reglosen Gestalt, die sie in der Ecke in einem Bett ausmachte. »Ich bin Ärztin«, begann sie beruhigend. »Mein Name ist …« Sie brach ab, als sie das Gesicht dieser Hannelore sah. Die brauchte keinen Arzt mehr. Und zwar seit mehreren Tagen schon. Hannelore brauchte nur noch ein Grab.

»Oh mein Gott!«, flüsterte Hope und hörte nur noch das laute Surren der Fliegen im Zimmer. Sie drehte sich um und rannte die Treppen so schnell sie konnte hinunter. Erst als sie die Tür zur Straße aufriss, merkte sie, wie schlecht ihr war. Würgend beugte sie sich über die ekelhafte Kloake im Rinnstein. Als nichts mehr in ihrem Magen war, richtete sie sich keuchend auf. Gierig sog sie frische Luft in ihre Lungen. Bis zu diesem Abend hatte sie nicht einmal geahnt, was Armut wirklich bedeutete …

Frankfurt, 1884

Vorsichtig tastete Otto über Hopes Bauch. Er drückte behutsam ein wenig in Höhe ihrer Gebärmutter und runzelte angestrengt die Stirn.

»Nicht dein Fachgebiet, was?«, versuchte Hope einen lahmen Scherz.

Er verzog nicht einmal seine Miene, als er sich aufrichtete. »Es ist auf jeden Fall zu früh, um es mit letzter Gewissheit sagen zu können.« Er sah sie fragend an. »Und du hast wirklich nichts bemerkt? Keine Übelkeit? Spannen in der Brust? Müdigkeit? Was ist mit deiner Periode?«

Sie winkte müde ab. »Die war doch schon immer unregelmäßig. Und müde bin ich jeden einzelnen Tag. Die Armut im Gutleutviertel ist zu schlimm …«

»Heißt das, ich soll Ellen noch kein begeistertes Telegramm schicken, dass sie vielleicht Großmutter wird?« Es klang wie ein Scherz, aber Hope spürte, dass es ihm ernst war. Sie hatten bisher nicht ernsthaft über Kinder gesprochen, aber sie hatte immer geahnt, dass Otto sich nach einer Familie sehnte. Sie ging auf seinen kleinen Scherz ein.

»Bloß nicht! Dann steht meine Mutter morgen vor der Tür und lässt sich nicht abwimmeln, bis wir tatsächlich ein Kind vorweisen können!«

Sie lachten gemeinsam. »Lange genug versucht haben wir es ja. Ich dachte schon, es sei etwas nicht in Ordnung«, gab Otto schließlich zu.

In Hopes Nachttisch lag ein kleines Metalldöschen, in dem

sie ihre Verschlusskappe aufbewahrte – eine kleine Gummikappe auf einem Stahlring, die sie an allen Tagen außerhalb der Periode trug. Sie empfahl das Verhütungsmittel regelmäßig ihren Patienten und benutzte es, seit Otto sie in London besucht hatte. Als Ärztin war es nicht schwer gewesen, sich diese Erfindung des Dr. Mensinga anzupassen und regelmäßig zu pflegen. Sicher – sie hatte gewusst, dass die Verschlusskappe keinen absoluten Schutz gegen eine Schwangerschaft bot. Und sie hatte seit Jahren ein schlechtes Gewissen, weil sie mit Otto nie darüber gesprochen hatte, dass sie das Ding verwendete. Es war ja nicht so, dass sie überhaupt keine Kinder in ihrem Leben wollte. Aber bis jetzt war ihr immer irgendetwas wichtiger vorgekommen …

Sie legte ihre Hand auf Ottos Arm. »Ist nicht alles in Ordnung, Otto? Ich meine, auch so – ohne Kinder?«

Er schüttelte den Kopf. »Das meine ich nicht.« Er sah sie forschend an. »Und das solltest du wissen.«

Behutsam legte sich Hope ihre Hand auf den Unterbauch. Täuschte sie sich, oder fühlte sie da eine kleine, warme Schwellung? Unwillkürlich streichelte sie ihren Bauch. »Vielleicht geht dein Wunsch ja in Erfüllung. Und wir werden eine komplette Familie!« Insgeheim beschloss sie, dass sie die segensreiche Erfindung des Dr. Mensinga verschwinden lassen würde. Sie wollte nicht ihre Ehe aufs Spiel setzen – und sie hatte eine dumpfe Ahnung, dass Otto es ganz und gar nicht mit Humor nehmen würde, wenn er zufällig das Verhütungsmittel entdeckte. So wie es jetzt aussah, war es ohnehin überflüssig.

»Wir sollten trotzdem mit Vorsichtsmaßnahmen nicht mehr warten!«, stellte Otto mit ernster Miene fest. »Du solltest dich keiner Gefahr mehr aussetzen. Es wäre doch schade, wenn wir unser Kind verlören, weil du dich bei der Arbeit angesteckt hast!«

»Ich verstehe deine Sorge. Aber trotzdem … wer wird sich um die Arbeiter und die Armen kümmern, wenn ich es nicht tue? Ich kann doch nicht all diese Menschen alleinlassen!«

»Das verlangt ja niemand von dir!« Otto legte seinen Arm beschützend um Hopes Schulter. »Ich kann mich um die schwersten Fälle kümmern. Auch wenn mir die Zeit knapp wird. Ich habe mich entschieden, für die Sozialdemokratie im Stadtrat zu kandidieren!«

»Das hast du mir nie gesagt!« Hope sah ihn überrascht an. »Seit wann hast du diese Pläne?«

»Schon lange. Es ändert doch nichts an unserer Situation. Die Polizei beobachtet uns sowieso – sie kennen deine Arbeit und deine Überzeugungen. Ich konnte mir nicht vorstellen, dass du etwas dagegen hast ...«

»Das ist es nicht ...« Hope brach ab. Sie hätte gerne mit Otto über seine Kandidatur gesprochen. In so manchen seiner Überzeugungen fand sie ihn weit von seinen Ideen als Student in Leipzig entfernt. Heimlich hatte sie ihn verdächtigt, der Sozialdemokratie schon den Rücken gekehrt zu haben. Die Kandidatur überraschte sie zwar – aber so war ihr Otto plötzlich näher als seit vielen Wochen. Ihre Gedanken kehrten zu ihren Patienten im Gutleutviertel zurück.

»Du wirst keine Hausbesuche machen, nicht wahr?«

Er schüttelte seinen Kopf. »Wenn ein Bedürftiger den Weg in unsere Praxis nicht findet, dann kann ich ihm nicht helfen. Versteh mich doch, Hope: Ohne dich ist meine Arbeitslast ohnehin höher. Da kann ich mir nicht auch noch so etwas Zeitverzehrendes wie deine Hausbesuche aufbürden.«

»Dann lass mich wenigstens damit weitermachen«, schlug Hope vor. »Ich könnte mich hier in der Praxis um die leichteren Fälle kümmern. Die nichts mit einer Infektion zu tun haben. Schwangere, gebrochene Beine ... das kann dem Kind nicht schaden. Falls es denn ein Kind ist. Abends besuche ich dann meine Familien im Gutleutviertel. Ich kann sie jetzt nicht alleinlassen. Sie vertrauen mir ...«

»Aber das Risiko ...«, hob Otto noch einmal an – dieses Mal ließ Hope ihn nicht ausreden.

»Du willst für die Armen im Stadtrat kämpfen. Erlaube mir, dass ich in ihren eigenen Wohnungen für sie kämpfe! Wenn ich es nicht tue, dann wird sich keiner ihrer Sorgen und Ängste annehmen!«

»Ich werde dich kaum davon abhalten können«, murmelte

Otto. »Aber versprich mir eines: Schone dich, wenn es dir nicht gut geht. Stelle nicht die Gesundheit deiner Patienten über die Gesundheit unseres Sohnes!«

»Sohn?« Hope lachte. »Doktor Walther, Sie sind sich erstaunlich sicher, einen Sohn gezeugt zu haben. Was, wenn ich ein Mädchen zur Welt bringe?«

»Dann werde ich sie ebenso lieben.« Otto nahm sie in den Arm und streichelte über ihr Haar. Leise flüsterte er. »Lass mir doch meinen albernen, chauvinistischen Traum von einem Sohn. Wäre das denn so schlimm?«

»Nein.« Hope lehnte sich zurück. »Und wer weiß? Vielleicht bin ich ja gar nicht schwanger ...«

Dichte Rauchwolken von Pfeifen durchzogen die Bibliothek. Die Männer, die sich in einer Ecke um einen Tisch versammelt hatten, tranken Wein oder Schnaps und redeten mit gedämpften Stimmen. Die Polizei Frankfurts hätte wohl einiges dafür gegeben, diese vertraulichen Gespräche belauschen zu können. August Bebel, Wilhelm Liebknecht – die beiden unbestrittenen Führer der Sozialdemokratie – waren beide anwesend. Dazu einige der stadtbekannten Sozialdemokraten.

»Und Sie könnten mir helfen?« August Bebel beugte sich gespannt vor. »Ich träume seit Jahren davon, dass mein Werk auch in England veröffentlicht wird. Aber bis jetzt fand sich kein Geldgeber und erst recht kein Übersetzer, der meine Ideen ins Englische bringen konnte.«

Sein Gegenüber nickte. »Meine Frau ist gebürtige Engländerin. Wir erwarten in wenigen Wochen unser erstes Kind. Sie leidet unter dem erzwungenen Nichtstun, da wird ihr die Übersetzung Ihres Werkes sicher ein wenig Ablenkung verschaffen.«

August Bebel nickte aufgeregt. »Wann lerne ich Ihre charmante Gattin denn kennen?«

»Nun«, Otto zögerte. Es war nie eine gute Idee, Hope mit fertigen Tatsachen zu überraschen. Sie entschied ihre Belange immer noch am liebsten selber. Und daran änderte auch ihre Schwangerschaft nichts. Tatsächlich hatte sie ihre Gänge in das Gutleutviertel nicht vollständig aufgegeben. Sie weigerte sich, der zunehmenden Schwerfälligkeit ihres Körpers nachzugeben. »Kommen Sie doch am besten nächsten Sonntag zum Tee. Da können Sie alles mit meiner Frau direkt besprechen. Und ich warne Sie: Hope ist nicht in allen Belangen Ihrer Meinung!«

»Das ist mir nur genehm!«, lächelte der schmächtige Mann. »Ich empfehle jedem Menschen, seinen eigenen Kopf zu benutzen. Vor allem dann, wenn es ein besonders schöner Kopf ist ...«

»Mehr Eigensinn als Schönheit, das können Sie mir glauben!«, lachte Otto mit einem gespielten Seufzen.

August Bebel und die anderen stimmten in sein Gelächter ein. Dann wechselte er das Thema. »Ich frage mich, ob Bismarcks neue Haltung zu den Kolonien Erfolg hat. Wird er damit wirklich von dem Ärger mit den Sozialdemokraten ablenken?«

»Sicher wird er das«, knurrte Bebel. »Wenn ich mir ansehe, mit welcher Begeisterung das Volk hier jede gehisste Flagge in der Lüderitzbucht oder in Togo bejubelt, dann ist mir klar, dass unsere Sache für viele unwichtig wird. Hauptsache, die Sonne geht auch im Deutschen Reich nicht mehr unter ...«

Einer der jungen Männer nickte eifrig. »Ob er dann wirklich die Sozialdemokraten alle nach Afrika schaffen lassen will, um hier Ruhe zu haben?«

»Das ist doch eine wirre Idee. Man kann doch nicht alle Anhänger einer Partei dazu zwingen, künftig unter der Sonne Afrikas zu leben. So viel Macht hat nicht einmal dieser Bismarck!« Der Gastgeber, ein kräftiger Mann mit Sitz im Reichstag, schüttelte unwirsch den Kopf. »Die Frage ist doch eher, ob diese Kolonien das Problem der Arbeiter noch verschärfen. Plötzlich gibt es größere Absatzmärkte – muss dann nicht auch die Produktion noch erhöht werden? Die Ausbeutung des Proletariats noch verstärkt?«

»Das wird uns die Geschichte lehren. Ich denke, wir sollten erst einmal die Probleme hier im Reich lösen, bevor wir uns mit Afrika beschäftigen. Der Spuk mit den Kolonien ist doch sicher vorbei, bevor wir Neujahr feiern. Glaubt ihr nicht?« Otto sah fragend in die Runde.

Sie genoss diese Augenblicke der Ruhe auf ihrer Chaiselongue. Während Otto mit seinen Sozialdemokraten graue Theorie diskutierte, konnte sie für ein paar kostbare Momente den Tag genießen. Sie spürte die leisen Tritte des Babys in ihrem Bauch und lächelte. Hope wandte sich wieder dem Brief in ihrer Hand zu. Er war eng beschrieben mit Claras vertrauter Handschrift.

»Liebe Hope, es tat gut, von dir zu hören. Ich kann es kaum erwarten, von dir und deinem Kind zu hören. Seit letztem Jahr sind wir zu viert – nach Maxim hat Kostja unsere Familie vervollständigt. Die beiden bringen viel Freude in unser Leben, rauben uns aber auch immer wieder mit ihren Launen den Schlaf. Ich habe hier in Paris mein Auskommen als Journalistin bei einer Zeitung gefunden, dazu übersetze ich Schriften für die Sozialdemokraten. Ossip ist sehr aktiv bei den russischen Emigranten. Eine spannende Zeit, auch wenn wir oft nicht wissen, wie wir unsere Miete bezahlen sollen oder was unsere Söhne essen sollen. In einer Gesellschaft der Zukunft müssten wir uns darum sicher nicht mehr sorgen. Auch macht mir die Gesundheit von Ossip Sorgen. Er ist nicht mehr so stark, wie er einst war, und ich weiß nicht, was an ihm zehrt. Aber ich möchte nicht immer lamentieren. Viel mehr freue ich mich darauf, bald von dir, Otto und deinem Nachwuchs zu hören. Mit revolutionären Grüßen! Clara.

P. S.: Uns fehlen zwar die Papiere für eine regelrechte Hochzeit, aber ich habe mich entschlossen, künftig Ossips Nachnamen zu tragen. Wenn du mir also einen Brief schreibst, dann adressiere ihn bitte an Clara Zetkin.«

Hope ließ den Brief sinken und sah sinnend aus dem Fenster. Clara schien weiter mit einer Begeisterung bei der Sache, die keine Pause duldete. Neuerdings kämpfte sie vermehrt um das Frauenwahlrecht und das Recht der Frauen auf eine gleichwertige Bildung mit der der Männer. Eine Forderung, die Hope in jeder Hinsicht unterstützte. Sie legte ihre Hand auf den Bauch und fragte sich leise, in was für eine Welt ihr Kind hineingeboren wurde. Würde zu seinen Lebzeiten womöglich die

Gleichberechtigung Wirklichkeit werden? Ihre philosophischen Gedanken wurden durch Otto unterbrochen, der fröhlich pfeifend in den Salon kam. Er begrüßte sie zärtlich, bevor er sich niederließ.

»Ich denke, ich habe für die letzten Wochen deiner Schwangerschaft eine wunderbare Beschäftigung für dich gefunden«, erklärte er.

Hope sah ihn fragend an. »Aber ... ich habe eine Beschäftigung. Meine Patienten im Gutleutviertel.«

»Du erwartest in wenigen Wochen unser Kind«, erklärte Otto. »Es fällt dir jetzt schon nicht mehr leicht, die Hausbesuche zu machen. Gönn dir eine Pause, Hope! Ich weiß: Dir fällt es nicht leicht, dich dem Nichtstun hinzugeben. Deswegen habe ich heute mit August Bebel gesprochen ...«

»Braucht der eine Ärztin? Er sah mir nicht allzu krank aus!« Hope konnte ein Lächeln nicht unterdrücken.

»Nein. Eine Übersetzerin. Jemanden, der seine Gedanken ins Englische überträgt und dem er vertrauen kann.« Er sah sie strahlend an. »Da habe ich sofort an dich gedacht. Willst du?«

Die Aufgabe war verlockend. Nur ungern gab Hope es zu – aber die langen Gänge durch Frankfurt waren in der Tat beschwerlich. Zögernd nickte sie. »Vielleicht sollte ich mich mit ihm unterhalten.«

»Das habe ich mir gedacht. Er kommt nächsten Sonntag zum Tee vorbei!«

Für einen Augenblick fühlte Hope sich überrumpelt. Otto hatte wieder einmal versucht, ihr Leben für sie zu gestalten, ohne vorher mit ihr zu reden. Aber dann zwang sie sich dazu, langsam auszuatmen. Otto meinte es nur gut mit ihr. Besser noch: er schien zu akzeptieren, dass sie auf keinen Fall daheimsitzen würde und sich dem Müßiggang oder der Kinderaufzucht hingeben würde ... Sie zwang sich zu einem dankbaren Lächeln. »Danke, Otto. Schön, dass du an mich gedacht hast!«

Sie war eine erfahrene Geburtshelferin. Hunderte von Kindern hatten in den letzten Jahren mit ihrer Hilfe das Licht der Welt erblickt. Stöhnend leistete Hope Abbitte bei den vielen Frauen, denen sie ein »Jetzt reißen Sie sich aber zusammen!« entgegengeschmettert hatte. Der Schmerz war überwältigend, stieg noch weiter an und ebbte dann endlich ab. Otto wischte ihr den Schweiß von der Stirn. Er sah bleich aus – kein Wunder, denn Geburtshilfe war wirklich nicht sein Spezialgebiet. Sie las tiefe Sorge in seinen Blicken, während er die Hebamme ansah. Die wandte sich in aller Ruhe wieder Hope zu. »Das machen Sie wunderbar, Frau Walther. Beim nächsten Mal müssen Sie jetzt richtig mitarbeiten, hören Sie?«

Ergeben nickte Hope, während sie schon spürte, wie die nächste Wehe nahte. Der Schmerz verschlug ihr fast den Atem, aber die Hebamme ließ ihr keine Ruhe. »Jetzt tief einatmen, ausatmen, einatmen, ausatmen …« Sie krallte sich mit aller Kraft in Ottos Hand, während sie den Naturgewalten ihres Körpers nachgab. Ganz allmählich ließen die Schmerzen nach. Missbilligend sah die Hebamme Otto an. »Dr. Walther, die Geburt wird in den nächsten Minuten stattfinden. Wenn Sie jetzt den Raum verlassen wollen …!« Das war keine Frage, sondern eine Aufforderung. Zögernd nahm Otto seine Hand aus ihren Fingern. »Ich warte dann draußen …«, begann er unsicher und erhob sich langsam von dem Stuhl neben ihrem Bett.

»Otto, bitte!« Sie griff nach seinem Arm, um ihn festzuhalten. »Bleib bei mir! Lass mich nicht alleine!«

»Das gehört sich nicht! Eine Geburt ist nichts für Männerseelen!« Die Hebamme sah das Doktorenpaar mit offener Verachtung an. »Ein Mann kann seiner Frau nicht mehr mit Achtung begegnen, wenn er sie in den Wehen sieht. Es ist ein so abstoßender Anblick, dass er sie nicht mehr berühren wird. Nicht zwischen den Beinen.« Zur Bekräftigung nickte sie noch einmal und zog ihre Mundwinkel nach unten.

»Das ist doch Blödsinn«, schleuderte Hope ihr entgegen. »Ein Mann, der mich nicht während der Geburt sehen will, der soll gefälligst auch sonst seine Finger von mir lassen!«

Otto setzte sich wieder. »Ich möchte meine Frau in dieser Stunde nicht sich selber überlassen. Ich bin Arzt – da werde ich wohl den Anblick einer Gebärenden ertragen können!«

»Seit Jahrhunderten werden Männer bei Geburten vor die Tür

geschickt. Aber plötzlich sollen Traditionen alle nicht mehr richtig sein ... ihr werdet noch an mich denken, wenn es bei diesem einen Kind bleibt, weil ihr euch nicht mehr in die Augen sehen könnt!« Wie eine bösartige Hexe murmelte die Hebamme vor sich hin.

Die nächste Wehe sorgte dafür, dass Hope keine Antwort mehr herausbrachte. Zum Glück sprach Otto für sie. »Sie helfen meiner Frau als Hebamme bei dieser Geburt. Dafür sind wir dankbar. Des Weiteren bitte ich Sie, Ihre Meinung für sich zu behalten. Wenn ich bei dieser Geburt dabei bin – dann geht das alleine meine Frau und mich etwas an. Und sonst niemanden – vor allem sicher nicht Sie!«

Kopfschüttelnd fasste die Frau noch einmal an Hopes Bauch. »Ihre Entscheidung, Herr Doktor. Aber seien Sie mir bei der Arbeit nicht im Weg!« Um ihre Worte noch zu unterstreichen, schob sie resolut Hopes Bettdecke zur Seite und schob ihr Nachthemd nach oben. »Und wenn Sie ohnmächtig werden: Ihr Problem!«

Keuchend lächelte Hope Otto an. Nie war sie ihm so nahe gewesen wie in dem Moment, in dem er beschlossen hatte, hier bei ihr zu bleiben.

»Unser Sohn!« Stolz reichte er ihr das frisch gewaschene Bündel, während die Hebamme – immer noch murrend – ihre Gerätschaften zusammenräumte. Hope sah das zerknautschte Gesichtchen liebevoll an. »Hast du dir schon Gedanken über einen Namen gemacht? Du hast doch immer mit einem Sohn gerechnet ...«

»Heinz Walther!« Er sah ihr überraschtes Gesicht und fragte schnell nach. »Was denkst du? Meinst du, unser Sohn würde gerne so heißen?«

Hope strich über die runde Stirn des Babys. Es seufzte leise und öffnete seine dunkelblauen Augen. Forschend schien es seine Mutter zu betrachten. Hope lächelte Otto müde an. »Heinz? Da kommt wenigstens keiner auf den Gedanken, dass es ein englisches Kind ist. Also Heinz.« Sie hob das Bündel leicht an. »Er wiegt ordentlich.«

»3900 Gramm.« Er lächelte stolz. »Er hat deine Augen.« Der kleine Junge griff nach Ottos Finger und umklammerte ihn mit erstaunlicher Kraft. »Und wohl auch deinen Dickkopf!«

»Gar nicht wahr«, verteidigte Hope ihren Sohn. »Er hat es mir leicht gemacht.«

»Wenn das leicht war …« Otto schüttelte fassungslos den Kopf. »Dann möchte ich nicht wissen, wie eine schwere Geburt aussieht.« Er strich ihr zärtlich eine Strähne aus der Stirn. »Ich bin stolz auf dich. Die Männer, die bei einer Geburt nicht dabei sind, haben keine Ahnung, was ihnen entgeht …«

»Man sollte sie immer einladen, dabeizusein«, meinte Hope. Sie dachte nach. »In einem Krankenhaus, das ganz auf die Belange von Frauen abgestimmt ist. Männer könnten bei der Entbindung dabeisein und dann im Anschluss die Pflege mit übernehmen.«

»Liebling, du halluzinierst.« Otto zog seinen Arztkittel endlich aus und hängte ihn an einen Haken. »Möchtest du vielleicht ein Beruhigungsmittel zur Nacht? Es ist schon spät.«

»Nein, danke«, wehrte sie ab. »Es geht mir gut. In ein paar Tagen bin ich wieder auf den Beinen.«

»Das ist ja auch wichtig. So ein Kind hält einen ganz schön auf Trab. Das hat zumindest immer meine Mutter gesagt. Und die hatte nur mich – ein ausnehmend freundliches Kind.« Otto lächelte seine Frau aufmunternd an.

Sie schien seinen Scherz nicht einmal gehört zu haben. »Keine Sorge, meine Arbeit in der Praxis wird nicht leiden.«

»Vergiss es. Bevor der Kleine nicht laufen kann, will ich dich in der Praxis nicht sehen!« Er bemühte sich um einen scherzhaften Ton, der ihm nicht wirklich gut gelang.

Hope musterte ihn. »Meinst du das ernst? Wir haben doch ein Kindermädchen angestellt!«

»Um dir zur Hand zu gehen. Nicht um dich zu ersetzen.«

»Aber wenn doch beides geht …« Sie presste ihre Lippen aufeinander. Ein sicheres Anzeichen dafür, dass ein Streit nicht mehr allzu fern war.

Mit einem müden Seufzer beugte Otto sich vor und strich ihr über die Haare. »Nicht jetzt, mein Schatz. Nicht heute. Es ist spät ...« Er beugte sich vor und küsste Heinz auf den kahlen Schädel. »Ruht euch aus, ihr beiden.«

Damit stand er auf und verließ den Raum. Hope sah ihm hinterher und streichelte dann ihrem Sohn die Wange. Mit seinem Mund fing er sofort an, schmatzend nach einer Milchquelle zu suchen. »Es ist noch ein weiter Weg, mein Schatz«, flüsterte Hope in sein winziges Ohr, während sie mit der anderen Hand ihr Nachthemd aufknöpfte.

Frankfurt, 1886

Seufzend richtete sich Hope auf. »Du kannst dich wieder anziehen«, erklärte sie dem Mädchen auf ihrer Behandlungsliege. Seine Mutter stand am Kopfende und sah Hope besorgt an. »Wissen Sie schon, was meine Sophie hat?«

»Nun, Frau Glubrecht ...« Hope suchte nach einem schonenden Weg, um der Frau die Wahrhcit zu sagen. Dann stellte sie mit dürren Worten fest. »Ihre Sophie ist schwanger.«

»Meiner Treu!« Frau Glubrechts Entsetzen währte nur den Bruchteil einer Sekunde. Dann holte sie weit mit ihrer rechten Hand aus und versetzte ihrer Tochter eine schallende Ohrfeige. »Hast du wieder rumgemacht? Mit dem Hansi von gegenüber? Hab ich's dir nicht verboten?«

Sophie heulte leise und sah angestrengt auf den Boden.

Hope runzelte die Stirn. »Ist es nicht das erste Mal?«

»Schön wär's«, seufzte Frau Glubrecht. »Zum dritten Mal ist sie jetzt schwanger. Zum Glück wurde bisher nix draus. Wie die Karnickel sind sie, die jungen Dinger heute.«

Noch während Hope über eine passende Antwort nachdachte, fing im Zimmer nebenan ein Baby an, herzzerreißend zu weinen. Den Klang hätte Hope unter Hunderten von Babys herausgehört. Entschuldigend lächelte die Mutter und Tochter Glubrecht an.

»Entschuldigen Sie mich einen Augenblick? Meine Tochter fordert ihre Rechte ein ...«

So schnell es ging, lief Hope zu ihrer neugeborenen Tochter hin und ließ die Glubrechts zurück. Einen Moment lang schwiegen die beiden sich an. Dann erklärte Sophie mit Trotz in der Stimme: »Die Frau Doktor ist ja auch schwanger gewesen!«

Ohne auch nur eine Sekunde nachzudenken, holte ihre Mutter noch einmal aus und versetzte Sophie eine weitere Ohrfeige. »Die Frau Doktor ist verheiratet! Das ist ganz etwas anderes!«

Im Nebenzimmer fand Hope ihr neues Kindermädchen Alexandra. Sie wiegte Mara im Arm, wedelte gleichzeitig mit einer Puppe vor Maras Gesicht herum und summte ein Lied. Ohne Erfolg. Mara heulte. Als Hope in das Zimmer rauschte, sah Alexandra verzweifelt aus. »Ich habe alles versucht, um sie zu beruhigen. Aber sie ist schon den ganzen Tag so unruhig.«

Hope strich ihrer Tochter über die verschwitzte Stirn. Wie von Geisterhand hörte Mara auf zu weinen und lächelte ihre Mutter an. Hope machte ein paar beruhigende Geräusche, dann drehte sie sich wieder zu Alexandra. »Das sind Koliken. Die hatte Heinz auch in den ersten drei Monaten, das ist leider ziemlich normal. Ich gebe dir Kümmelöl, mit dem du ihren Bauch einreiben kannst, wenn sie so weint. Das sollte helfen.«

Alexandra nickte und nahm dann ihren gesamten Mut zusammen. »Frau Doktor? Kann ich morgen ausnahmsweise mal frei haben? Ich müsste zum Amt, und das ist immer so eine Warterei ...«

Hope dachte an die Patienten, die sich am nächsten Tag in ihrem Wartezimmer drängen würden. Otto saß morgen den ganzen Tag im Stadtrat, er konnte ihr keine Arbeit abnehmen. Aber was sollte sie tun? Alexandra an Maras Wiege fesseln? Widerstrebend nickte sie. »Natürlich. Geh nur, Alexandra. Vielleicht habe ich ja Glück, und Mara schläft vormittags ein paar Stunden ...«

Alexandra machte einen kleinen Knicks. Weder Otto noch Hope konnten ihr diese Angewohnheit austreiben. »Danke vielmals, Frau Doktor!«

Hope winkte müde ab. »Schon gut. Jetzt muss ich zurück zu meinen Patienten. Kannst du dich weiter um Mara kümmern?«

Damit drehte sie sich um und verschwand wieder im Behandlungszimmer, in dem die Glubrechts schweigend saßen. Sophie weinte immer noch, auf ihrer Wange prangte ein roter Handabdruck. Frau Glubrecht sprach eine sehr handgreifliche Sprache. Und Sophie stellte sich beharrlich taub …

Hope ließ Frau Glubrecht links liegen und wandte sich direkt an Sophie. »Du weiß schon, dass du verhüten kannst?«

Die grünbraunen Augen des Mädchen sahen Hope voller Unverständnis an. »Verhüten?«, echote Sophie.

Frau Glubrecht drängte sich mit Macht dazwischen. »Lassen Sie mal, Frau Doktor. Von so was will ich nix hören. Die Sophie soll lieber anständig bleiben!«

»Aber wenn Sophie doch sowieso …«, versuchte Hope einen Widerspruch.

»Wenn sie die Knie beinanderhalten könnte, würde so was ja wohl nicht passieren!«, keifte die Frau. Sie griff nach Sophies Hand. »Komm, Sophie. Und wenn ich dich einsperren muss!«

Sie verließen das Behandlungszimmer. Hope sah müde hinterher, als Sophie sich plötzlich mit einem Ruck losriss. »Meine Jacke!« Schnell kehrte sie zu Hope zurück, nahm ihre Jacke und flüsterte leise: »Da kann man was verhüten?«

Unauffällig drückte Hope ihr einen Zettel in die Hand. »Lies das genau durch. Wenn du Fragen hast oder eine Verschlusskappe kaufen willst, dann komm in den nächsten Tagen vorbei.« Sie sah zu der wartenden Frau Glubrecht hin. »Und komm besser alleine.«

Sophie lächelte statt einer Antwort und rannte ihrer Mutter hinterher. Müde setzte Hope sich an ihren Schreibtisch. Die Dummheit nahm kein Ende, egal, wie lange sie in der Praxis und im Arbeiterviertel Hygiene predigte. Vielleicht hatte Clara ja doch recht. Man durfte nicht nur unter den Arbeitern für bessere Bedingungen kämpfen, sondern musste für ein besseres Verständnis für das Leben der Arbeiter sorgen.

»Hope?« Es war spät geworden auf der Stadtratssitzung. Auch wenn die Sozialdemokraten offiziell nicht dabei waren: Stadträte wie Otto waren zwar parteilos – vertraten aber klar sozialdemokratische Inhalte. Und jetzt war August Bebel zu einer mehrjährigen Haftstrafe verurteilt worden. Angeblich wegen der Bildung eines »Geheimbundes«. Ein Witz – wie geheim sollten die Sozialdemokraten denn sein? Trotzdem: Es würde nicht mehr lange dauern, dann würde auch in Frankfurt der kleine Belagerungszustand verhängt werden. So wie einst in Leipzig. Als Clara fliehen musste. Es war gefährlicher geworden, für eine gerechtere Welt zu kämpfen.

Otto spähte in das Schlafzimmer, die Küche und schließlich den Salon. Alle Räume waren leer. Nur in den Zimmern der Kinder lagen Mara und Heinz friedlich schlafend, von Hope war jedoch keine Spur zu sehen. Er ahnte, wo sie war. Mit einem Seufzer ging er an das Buffet und schenkte sich aus einer Karaffe ein wenig Cognac in einen Schwenker. Versonnen nahm er einen Schluck und setzte sich in den dunklen Salon.

Wenig später hörte er, wie sich die Wohnungstür leise öffnete. Hope. Er hörte, wie sie zuerst in die Zimmer der Kinder schlich, dann einen Blick in das Schlafzimmer warf – und schließlich in den Salon kam. In ihrer Hand hatte sie ein großes Glas Milch, aus dem sie durstig trank.

»Guten Abend.« Otto sah, dass Hope bei seiner Stimme zusammenzuckte. Sie hatte ihn offensichtlich noch bei der Sitzung vermutet. »Otto! Meine Güte, ich habe dich überhaupt nicht gesehen! Warum bist du nicht beim Stadtrat? Oder im Bett?«

»Die Sitzung ist vorüber. Der Traum von der Sozialdemokratie auch.« Seine Stimme klang schneidend, als er weiterredete. »Und was sollte ich in einem kalten Bett?«

Sie würdigte ihn keiner Antwort. Langsam zog sie ihre Jacke aus, hängte sie an die Garderobe und brachte ihre Tasche in ihr Behandlungszimmer. Als sie in den Salon kam, sah sie müde aus. Erschöpft ließ sie sich auf die Chaiselongue fallen.

»Wie geht es den Kleinen?« Sie würdigte seinen Ausbruch keiner Antwort.

»Alexandra hat sie ins Bett gebracht, bevor sie gegangen ist. Eigentlich deine Aufgabe.«

Müde rieb Hope sich die Stirn. »Otto, bitte. Sei nicht so. Ich habe dir doch erzählt, wie schlimm es in der Mietskaserne an der Ochsenfurtner Straße aussieht.«

»Und darum hältst du dich so gerne dort auf? Bis spät in der Nacht?«

Hopes Stimme klang matt im Dunkeln. »Nicht gerne. Aber es muss jemand für die Menschen da sein.«

»Warum du?« Wütend erhob Otto sich und fing an, in dem Salon auf und ab zu laufen. »Warum ausgerechnet und immer du, Hope? Musst du die Heilige Hope von Frankfurt spielen? Du bist eine Mutter, du hast Familie – du hast damit Verantwortung! Außerdem werden wir von Bismarck verfolgt. Immer mehr …«

»Ich habe von Bebels Verhaftung gehört«, unterbrach Hope ihn. »Aber trotzdem: Ich muss helfen, wo es nötig ist. Sei nicht ungerecht.« Sie fing an zu husten und kramte ein Taschentuch aus ihrem Ärmel, mit dem sie den Hustenanfall unterdrücken wollte. Otto ignorierte den Husten.

»Und was ist mit mir? Viel mehr: Was ist mit uns? Denkst du auch mal daran?«

»Ständig«, keuchte Hope, die mühsam nach Luft rang. »Das musst du mir glauben!«

»Gerede! Nur noch Gerede! Ich bin es leid, ich habe es satt!« Er griff nach Hopes Oberarm und spürte plötzlich, wie mager sie unter dem dicken Stoff des Kleides eigentlich war. Sie wurde immer noch von dem Hustenanfall geschüttelt und versuchte verzweifelt, dazwischen wieder zu Atem zu kommen. Otto unterbrach sich in seinem Zornesausbruch. »Was ist mit dir?«, fragte er besorgt.

Hope schüttelte abwehrend den Kopf. »Vielleicht brauchen wir Urlaub …« Der Satz wurde von einem noch stärkeren Husten unterbrochen. Sie griff erneut nach ihrem Taschentuch und presste es vor ihren Mund. Allmählich verebbte der Anfall, sie ließ sich stöhnend nach hinten fallen. Otto streichelte ihr beruhigend über das Gesicht und nahm das Taschentuch aus ihrer Hand. Als er es zur Seite legen wollte, fiel sein Blick auf das weiße Leinen. Große braunrote Flecken ließen ihm das Herz stocken. Er war zu keiner Reaktion fähig.

»Oh mein Gott!«, flüsterte er leise. Sein dunkelster Albtraum hatte sich bewahrheitet: Hope hatte sich angesteckt. An der gefährlichsten und tödlichsten Krankheit, die man kannte. Und er als Arzt wusste, dass die Medizin dafür kein Heilmittel kannte …

Sie hasste die geschlossenen Vorhänge, die keinen einzigen Sonnenstrahl in den Raum ließen, ebenso wie die fade Suppe, die Alexandra ihr gebracht hatte. Müde legte sie den Kopf zur Seite und starrte den Streifen Licht an, der zwischen den Vorhängen an die Wand fiel. Sie fühlte sich zu schwach, um nur zu protestieren. Oder wenigstens nach einem schmackhaften Essen zu fragen. Die Tür öffnete sich, und Otto betrat den Raum. Wie immer auf Zehenspitzen, wie immer mit einem Mundschutz. Schließlich sollte sie Heinz oder Mara auf keinen Fall anstecken. Mit einem Blick auf die Suppe, die sie auf dem Nachtisch stehen gelassen hatte, setzte Otto sich vorsichtig auf die Bettkante. »Du solltest etwas essen! Du verlierst zu schnell an Kraft!«

Hope zwang sich zu einem Lächeln. Sie wusste nicht, dass es in ihrem mageren Gesicht fast wie eine Grimasse aussah. »Da bekämpfe ich mein Leben lang die TBC – und dann bekomme ich sie selbst. Das ist fast schon Ironie, oder?«

»Eben nicht«, widersprach Otto. »Erinnerst du dich nicht, was ich dir vor Jahren gesagt habe? Bei Infektionskrankheiten steckt man sich als Arzt allzu leicht an. Glücklicherweise haben wir es früh gemerkt.«

»Ich wollte es dir sagen. Wirklich.«

»Natürlich.« Otto nickte begütigend. Hope erkannte, dass er ihrer Beteuerung keinen Augenblick glaubte. Er streichelte über ihre Hand. »Mach dir jetzt keine Sorgen. Du ruhst dich erst einmal aus, und wir sehen, wie wir das in den Griff bekommen.«

»Was ist mit Mara? Mit Heinz? Mit meinen Patienten?« Hope richtete sich ein wenig in ihrem Kissen auf und sah Otto mit fieberglänzenden Augen an.

»Alexandra kümmert sich um die Kinder. Sie mag jung sein, aber sie stellt sich geschickt an. Und Dr. Gehringer übernimmt vorläufig einige deiner Patienten.«

»Einige?« Sie musste nicht lange raten, was er damit meinte. »Du meinst, solche, die zahlen können?«

»Beruhige dich, Hope. Mit einer offenen TBC dürftest du jetzt ohnehin nicht praktizieren, auch wenn deine Kräfte es zulassen würden.«

Sie war zu müde, um sich zu wehren. »Ich schreibe Dr. Gehringer ein paar Sachen auf, die er wissen muss.« Mühsam öffnete sie eine Schublade und griff nach Papier und Stift.

»Später.« Behutsam wand Otto ihr den Stift aus den Fingern und legte ihn zurück in die Schublade. »Die nächsten sechs Wochen hast du strenge Bettruhe.«

»Lass mir wenigstens meine Bücher«, begehrte Hope schwach auf. Er schüttelte den Kopf. »Lesen strengt dich zu sehr an.«

»Aber ich kann doch nicht den ganzen Tag hier …« Ihre Stimme brach ab, als ihr klar wurde, dass sie nichts tun konnte. Zum ersten Mal in ihrem Leben war sie zur Untätigkeit verdammt. Besänftigend streichelte Otto weiter über ihren Handrücken. »Doch, du kannst. Sabine wird sich um dich kümmern, wenn ich in der Praxis bin.«

Damit verließ er den Raum. Hope sah ein Weilchen sinnend vor sich hin. Dann erhob sie vorsichtig ihre Stimme. »Sabine?«

Der Kopf der jungen Schwester tauchte so schnell in der Tür auf, als hätte sie direkt davor gewartet. »Ja, Frau Doktor?«

»Sie müssen mir ein paar Dinge besorgen.«

Unsicher sah Sabine über ihre Schulter. »Aber der Herr Doktor hat gesagt, Sie benötigen nichts außer Ruhe. Und ich soll Ihnen nix anderes geben …«

»Der Herr Doktor muss nicht alles erfahren. Hör mir genau zu – und keine Angst: Ich werde dich nicht verraten! Ich benötige ein paar Fachmagazine … kannst du mir die bringen?«

Zögernd gab Sabine nach. »Wenn Sie es mir befehlen …«

Frankfurt, 1887

»Es wird nicht besser. Dafür brauche ich kein Thermometer.« Ihre rissigen Lippen schmerzten schon bei diesen wenigen Worten. Hope war in den letzten Monaten erschreckend abgemagert, seit Weihnachten fiel es ihr schwer, das eigene Wasserglas zu halten. Otto sah mit gerunzelter Stirn auf die Quecksilberanzeige und schüttelte dann den Kopf.

»TBC ist tückisch. Es kann dauern.«

»Es dauert schon zu lange. Und es wird nicht besser.« Mühselig richtete Hope sich ein wenig in den Kissen auf. »Ich habe da etwas gelesen …«

»Als ob ich es nicht bemerkt hätte«, sagte Otto mit einem säuerlichen Lächeln. »Schlimm genug, dass du dich nicht einmal an die Dinge hältst, die du deinen eigenen Patienten empfiehlst.«

»Ich habe mich getäuscht. Der ganze Ansatz ist falsch!« Zum ersten Mal seit Tagen klang ihre Stimme wieder ein bisschen energischer.

»Was meinst du?« Otto sah sie neugierig an.

»Dr. Becker aus New Hampshire und Dr. Fortier aus Straßburg sind sich einig: Zur Genesung darf der Körper nicht ruhen. Das macht ihn nur noch schwächer.« Sie griff unter ihr Kopfkissen und zog zwei ausgerissene Artikel hervor, die sie ihm in die Hand drückte. »Lies selber. Was, wenn sie recht haben?«

»Unsinn! Keine Kraft darfst du verschwenden, wenn du gegen die TBC gewinnen willst!«

Sie schüttelte ihren Kopf – eine schwache Erinnerung an die Frau, die einst vor Tatendurst nur so sprühte. »Aber diese Therapie hat keinen Erfolg. Das Liegen macht mich so schrecklich müde … Und ohne Licht gehe ich ein. Das erscheint mir verständlich.«

»Was schwebt dir vor?« Otto sah sie bitter an. »Ins Schwimmbad gehen? Tennis spielen?«

»Sei nicht lächerlich. Eine Kur … eine ganz neue Kur! Das müsste helfen. Und nicht nur mir!«

»Hope, das ist doch absurd. Seit Jahrzehnten behandelt man die TBC mit Ruhe, Wärme, leichter Kost und wenig Bewegung.«

»Und seit Jahrzehnten ist es ein verlorener Kampf. Man tritt bei der Behandlung auf der Stelle! Otto, ich habe es schon bei meinem Vater gesehen, dass diese Behandlung nicht fruchtet. Wir müssen einen neuen Weg wagen. Und was ich keinem Patienten zumuten würde, kann ich selber wagen!«

»Das kann und werde ich auf keinen Fall zulassen!« Er strich sich durch seine kurzen blonden Haare. »Verstehst du mich: auf keinen Fall!«

Hope griff nach seiner Hand. »Ich flehe dich an! Erinnerst du dich, was Adolf Geck uns erzählt hat? Von diesem Ort im Schwarzwald – die Brandeck? Ganz in der Nähe von Offenburg? Die Luft ist im Schwarzwald viel besser als hier in Frankfurt – und jetzt wird es Frühling. Vielleicht komme ich zusammen mit der Natur zu Kräften ...«

»Ich weiß nicht einmal, ob du überhaupt die Reise überleben würdest!« Er zögerte. »Ich will dich nicht verlieren ...«

Auf Hopes magerem Gesicht tauchte ein Lächeln auf. »Dann höre auf den Rat der besten Ärztin, die du kennst. Höre auf mich!« Er sparte sich die Antwort. Wenn seine Frau sich etwas in den Kopf gesetzt hatte, dann konnte sie niemand stoppen. Nicht einmal die Schwindsucht.

»Gesetzt den Fall, ich stimme deinem Plan zu – und damit habe ich nicht gesagt, dass ich das tue! –, bleibt die Frage nach der Zukunft unserer Frankfurter Praxis. Die Heilung wird lange dauern. Was soll damit geschehen?«

Sie biss sich auf die Lippen, die ohnehin schon trocken und aufgerissen waren. »Ich weiß, wie sehr dein Herz für diese Praxis schlägt. Und für deine Stellung im Stadtrat.« Sie zögerte. »Könntest du das alles hinter dir lassen? Die Praxis können wir für gutes Geld verkaufen, in Offenburg können sie sicher einen tüchtigen Arzt brauchen – und wir bleiben als Familie zusammen. Könntest du das tun? Für mich?«

Sie hatte ihn nicht oft um etwas gebeten. Zum ersten Mal, seit er sie kannte legte Hope ihre Zukunft in seine Hände. Otto sah, dass sie in Frankfurt unter seinen Händen sterben würde. Schon jetzt klangen die Geräusche ihrer Lunge furchterregend, und sie war grausam mager. Wenn die Kur auf der Brandeck nicht anschlug – dann hätten sie dort wenigstens einen schönen, letzten Sommer. Und den konnte er ihr nicht verwehren. Er nickte. »Es sei. Ich werde in den nächsten Wochen alles veranlassen …«

Lena Henninger hatte in ihrem Leben als Haushälterin schon einiges erlebt. Aber die Karawane, die sich dem einsamen Haus auf der Brandeck näherte, stellte alles in den Schatten. Auf der ersten Kutsche stapelten sich Koffer und Taschen, neben dem Kutscher saß ein dreijähriger Junge und sah sich mit großen Augen um. Dahinter holperte ein weiterer Wagen. Auf dem Kutschbock saß das Kindermädchen der Familie. Hinten im Wagen lag eine fiebernde Frau, an ihrer Seite ein besorgter Mann, der ihr in einem fort kalte Umschläge auf die Stirn presste. Lena wusste aus bitterer Erfahrung, wie es aussah, wenn ein Leben dem Ende entgegenging. Bei dieser Frau würde es nicht mehr lange dauern – was wollte sie in ihren letzten Wochen auf diesem gottverlassenen Hof? Angekündigt waren zwei Ärzte mit ihren beiden Kindern und ein Kindermädchen. Angekommen war eine Frau, die mit dem Tode rang – und der Rest ihrer Familie. Langsam kamen die beiden Wagen zum Stehen. Lena strich mit beiden Händen ihre Schürze glatt. Ihre Aufgabe war die Ordnung im Haus und die Sorge um das regelmäßige Essen. Für heute Abend lag ein großes, frisches Brot zusammen mit Schinken und Käse in der Küche. Das würde diese Frau wohl kaum herunterbringen. Still beschloss die Haushälterin, doch noch eine kräftige Gemüsesuppe zu machen. Sonst starb diese Frau, bevor der erste Monat vergangen war. Sie streckte ihre Hand aus. »Ich bin die Lena. Willkommen auf der Brandeck!«

Der Mann sah noch einmal seine Frau an und kletterte dann aus dem Wagen. »Dr. Otto Walther, meine Frau, unsere Kinder Heinz und Mara und unser Kindermädchen Alexandra!«, stellte er die Reisenden der Reihe nach vor. Der kleine Heinz sah sich mit leuchtenden Augen um. Als er die Hühner entdeckte, lief er ihnen mit weit ausgebreiteten Armen hinterher.

»Er war noch nie aus Frankfurt heraus«, erklärte der Arzt die Begeisterung des Dreijährigen. »Haben Sie ihn im Auge, während ich meine Frau hereinbringe?«

Lena nickte und beobachtete dann den Einzug der Familie, während sie Heinz hinterherlief. Der Doktor trug seine Frau ins Haus – sie schien nicht mehr viel zu wiegen.

Otto legte Hope vorsichtig auf das Bett. Er breitete eine Decke über sie und sah sie verzweifelt an. Nie hätte er dieser wahnsinnigen Idee mit dem Schwarzwald nachgeben dürfen. Sie dämmerte schon seit Stunden vor sich hin, und er hegte ernsthafte Zweifel, ob sie ihr Bewusstsein jemals wiedererlangen würde. Leise rasselte ihre Lunge mit jedem Atemzug. »Ich hätte das nie erlauben dürfen …«, murmelte er vor sich hin.

Überraschend flatterten Hopes Augenlider. »Ich will nicht sterben!« Sie flüsterte so leise, dass er die Worte kaum verstehen konnte.

Beruhigend strich er über ihre Stirn. »Rede doch nicht davon.« Er wollte nicht zugeben, dass er bei ihrem Anblick mit dem Schlimmsten rechnete.

»Ich will mein Leben zurück, Otto!« Hopes Stimme war etwas lauter. »Und wenn man etwas will, dann muss man kämpfen. Das war schon immer so!«

Ohne Unterlass streichelte Otto weiter ihr Gesicht. Offenbar schlief sie jetzt wieder. »Du gibst nie auf, oder?«, flüsterte er. Er rechnete nicht mit einer Antwort.

Der Frühling ging auf der Brandeck in den Sommer über, ohne dass Hope davon viel merkte. Stunde um Stunde saß sie auf dem Balkon und sah in das Tal hinab. Lena leistete ihr in diesen Stunden Gesellschaft. Sie erzählte Klatsch aus dem Dorf, berichtete von kalbenden Kühen und den kleinen Katzen, die jeden Morgen in der Küche um Milch bettelten. Am Anfang genoss Hope mit geschlossenen Augen den endlosen, beruhigenden Wortschwall voller Nichtigkeiten. Dann fing sie an, zuzuhören. Irgendwann, in den ersten Sommertagen, musste Lena sie zum ersten Mal nicht mehr füttern. Hope hielt selber den

Löffel und genoss die Kartoffelsuppe, die Lena ihr zubereitet hatte. Mit neu erwachtem Interesse sah sie die Wiesen vor dem Hof an. Es wurde Zeit, ihre Pläne in die Tat umzusetzen. Sonne und kräftiges Essen hatten Wunder gewirkt – jetzt wollte sie sich bewegen, um ihren schwachen Körper zu kräftigen.

Jeden Abend kam Otto zu Besuch auf »ihren« Balkon. Als er sie mit festen Schuhen und einem einfachen Kleid sah, fing er an zu lächeln. »Heute ist also der große Tag?«

»Lass uns einfach nur ein paar Schritte machen«, bat Hope. Sie hängte sich schwer an seinen Arm. Ihr unsicherer Schritt zeigte, dass sie noch lange nicht genesen war – aber sie war ganz sicher auf dem Weg dorthin. Otto drückte ihre Hand. »Es ist ein Wunder!«

»Wir sind Ärzte, Otto! Wir glauben nicht an Wunder!«

»Dann überanstrenge dich nicht.« Er lächelte sie liebevoll an, während Hope mit neu erwachtem Willen den Kopf schüttelte. »Unsinn. Genau das brauche ich.« Sie machte eine weit ausholende Bewegung, die wohl alles einschließen sollte: die Wälder, die klare Luft und die saftigen Wiesen. »Licht und Bewegung. Es ist wie ein neues Leben!«

Er drückte ihren Arm. »Vergiss trotzdem nicht, dass es noch Wochen oder Monate dauern wird, bis du deine Kräfte wieder ganz beisammen hast. Dann müssen wir entscheiden, ob wir nach Frankfurt zurückkehren wollen.«

Sinnend sah Hope in das Tal. »Vielleicht ... sollten wir bleiben. Dieser Ort hat mich gerettet, ebenso wie die Pflege, die Luft und die Sonne. Sollten wir diese Erkenntnis nicht mit anderen Kranken teilen?«

»Werde erst einmal vollständig gesund. Dann sehen wir weiter ...« Otto tätschelte ihr den Arm. »Und jetzt solltest du erst einmal in das Haus zurückkehren. Wenn ich es richtig gesehen habe, dann hat Lena einen ihrer berühmten Hefezöpfe gebacken. Allein dafür lohnt sich deine Gesundung!«

»Die Brandeck? Zum Verkauf? Auf keinen Fall.« Lena sah Hope bedauernd an. »Was wollen Sie denn auch hier? Sie und der Doktor gehören doch in die Stadt. Mit Ihren politischen Ansichten und so. Ich dachte, Sie gehen wieder. Jetzt, wo es Winter wird. Und Sie fast wieder gesund sind.«

»Ich bin der festen Überzeugung, dass meine Genesung das Ergebnis der Landschaft hier ist. Ich darf diese Erkenntnis nicht für mich behalten. Das muss ich mit den anderen Kranken teilen – Schwindsüchtige werden alle falsch behandelt. Sie vegetieren in dunklen Zimmern bewegungslos bei fader Kost vor sich hin. Was sie brauchen, ist aber viel Licht, Bewegung und natürlich deine kräftigen Suppen und Mehlspeisen, liebe Lena! Deswegen habe ich erwogen, diesen Hof zu kaufen ...«

»Nun ...« Lena zögerte. »Da gibt es ein Grundstück. Nicht allzu weit entfernt. Fünfundzwanzig Kilometer oder so ist es weg, ganz oben im Nordrach-Tal. Das kostet bestimmt nicht zu viel, die Wiesen sind recht steil, die alte Glasfabrik wirft nicht mehr genug ab – deswegen will der alte Fabrikbesitzer das verkaufen ...«

»Das muss ich sehen!« Hopes Augen leuchteten. »Vielleicht ist es genau das, was ich suche!«

»Weiß denn der Herr Doktor davon?«, fragte Lena zweifelnd nach.

»Noch nicht. Aber ich werde ihn schon überzeugen. Und du, liebe Lena, du kannst bei uns sofort in der Küche anfangen, wenn das Sanatorium einmal fertig gebaut ist ...«

Spinnweben glitzerten im Sonnenschein, der Himmel war tiefblau, und die Laubbäume leuchteten herbstlich, als Hope Otto zu einem Ausflug nach Nordrach überredete. Nur eine kleine Wanderung, hatte sie behauptet – und jetzt lief sie schon seit zwei Stunden mit ihrem Gehstock bergan.

»Du solltest nicht solche Strecken laufen!«, meinte er und nahm seinen Hut ab. »Auch wenn es hier wunderschön ist.« Das Tal war recht eng. Das Flüsschen Nordrach schlängelte sich tief unten dahin, weiter oben standen die Bäume dicht beieinander.

»Nun hör auf, mich wie einen Pflegefall zu behandeln«, widersprach Hope. »Das ist jetzt vorbei.«

»Die TBC ist nie vorbei, das weißt du.« Er grinste schräg.

»Hast du damals bei Brückner in der Vorlesung nicht gut aufgepasst?«

Hope schien ihm nicht zuzuhören. »Da entlang! Komm schon!«

Sie bog in einen kleinen Weg ein, der sich schon nach wenigen Schritten in eine große Wiese öffnete. Die letzten Herbstblumen blühten im gelben Gras, ein paar Vögel sangen. Am anderen Ende stand noch eine Halle, die offensichtlich seit Jahren dem Verfall preisgegeben war. Ihre eingeschlagenen Fenster und der abgeplatzte Putz sprachen eine deutliche Sprache. Ansonsten war es unglaublich still. Friedlich.

»Hier sind wir!«, strahlte sie ihn an.

»Hier ist was?« Otto sah sich ratlos um.

Sie lächelte ihn an. »Stell es dir einfach mal vor: Zehn kleine Häuschen. Vielleicht fünfzehn. Jedes mit großen Fenstern und weit genug voneinander entfernt, dass die Patienten sich nicht gegenseitig anstecken können.« Sie deutete in Richtung Waldrand. »Dort hinten könnte das Haupthaus stehen, die Verwaltung und die Behandlungsräume. Feine Kieswege für die ersten Schritte. Ein Pavillon, in dem man auch bei Sommerregen draußen sitzen kann.«

»Du willst hier – bauen? Eine Klinik?« Otto wusste schon seit dem Sommer, dass Hope von einem Sanatorium träumte. Erst jetzt wurde ihm klar, dass sie es nicht bei Träumen belassen würde. Sie wäre nicht Hope, wenn sie nicht alles daransetzen würde, ihre Träume wahr zu machen. »Viel mehr als eine Klinik, Otto. Ein Sanatorium für Lungenkranke! Nach den neuesten Erkenntnissen – nach unseren Erkenntnissen. Für deren Richtigkeit ich der beste Beweis bin!«

Otto machte ein paar Schritte und sah nachdenklich die Wiese an. »Steht das Gelände zum Verkauf?«

»Deswegen sind wir ja hier. Lena hat mir davon erzählt. Über sie habe ich den Fabrikanten kennengelernt, der den Grund verkaufen will. Seine alte Farb- und Glasfabrik steht schon ein Weilchen leer. Passend für uns …«

»Da hinten ist ein Bach. Frisches Wasser würde uns sicher helfen.« Er sah sich weiter um. »Hier könnten wir unser eigenes Haus bauen. Wir könnten das gesamte Areal überblicken.« Fast wollte er schon begeistert sein, da schüttelte er plötzlich den Kopf. »Das könnte uns aber auch ruinieren.«

»Wird uns denn die Bank keinen Kredit geben? Und die Frankfurter Praxis, die hat doch einiges gebracht?« Hope sah Otto mit leuchtenden Augen an. »Ich sage ja nicht, dass es kein Risiko ist. Aber es könnte der Beginn von etwas Wunderbarem sein …«

»Oder wir sitzen ganz alleine mit unseren Angestellten in fünfzehn kleinen Häuschen, die wir nie wieder verkaufen können«, knurrte Otto trocken. »Aber sei es drum: Ich werde bei den Banken um einen Kredit vorsprechen.«

Hope fiel ihm in die Arme. »Es wird wunderbar! Es wird wunderbar!«, jubelte sie. Zum ersten Mal hatte auch Otto keine Zweifel mehr an ihrer Genesung.

Nordrach, 1889

»… und so freue ich mich, dass das Gelände der alten Glasfabrik zu neuem Leben erwacht ist. Im Namen der Stadt ist es mir eine Ehre, dieses einzigartige Sanatorium zu eröffnen!« Der Bürgermeister hob sein Glas. »Auf Ihr Wohl, Dr. Walther. Mögen die Kranken hierher in unser schönes Nordrach kommen – und als Gesunde den Ruf unseres neu geschaffenen Luftkurortes in die Welt tragen!«

Der Bürgermeister zog an einem weißen Tuch, das über das Schild am Eingang des Sanatoriums gelegt war. Der Schriftzug glänzte in der Sonne: »Dr. Otto Walther, Sanatorium für Lungenmedicin«.

Die Nordracher brachen in Jubel aus. Hope hegte heimlich den Verdacht, dass sie sich nur auf das Essen freuten, das sie sich nach der langen Rede des Bürgermeisters redlich verdient hatten. Sie sah das Schild mit gemischten Gefühlen an. Typisch Otto. Er würde sicher sagen, dass mit diesem Schild doch selbstverständlich das Ehepaar Walther gemeint war. Für Hope fühlte es sich nicht so an … Gedankenverloren sah Hope den Feiernden zu, die sich zum Tanzboden aufmachten, als die Tanzkapelle eine fröhliche Melodie anstimmte. Sie schreckte aus ihren Gedanken, als Ellen neben ihr auftauchte. »Du wirst auch bald wieder tanzen!«

»Tanzen war nie mein Vergnügen.« Hope sah weiter den Feiernden zu. »Was denkst du?«

»Ich sehe mich um und bin wieder erstaunt«, sagte Ellen nachdenklich.

»Worüber?«

»So oft denke ich, dass du schon weit mehr erreicht hast, als vorstellbar war. Und dann, wenn die Grenze kommt, dann reißt du sie einfach ein, gehst noch einen Schritt.« Sie sah ihre Tochter fragend an. »Woher nimmst du nur die Kraft?«

»Ich habe ein starkes Herz. Was ich nicht schaffen kann, welche Grenze ich nicht überschreiten kann – das wird mir keiner vorschreiben. Ich will es selber herausfinden. Immer noch. Mein Ziel habe ich noch nicht erreicht …«

»Dann sieh dich vor«, mahnte Ellen ihre Tochter. »Denn wenn du deine Grenze findest, den Moment, an dem es nicht mehr weiter geht – dann wird das sehr wehtun.«

»Ich weiß«, murmelte Hope und blinzelte in die wärmende Sonne. »Aber ich hoffe, dass ich noch viel schaffe und viel erreiche, bevor der Moment kommt.« Sie schüttelte die schweren Gedanken ab. »Jetzt sollten wir aber feiern. Und du musst mir unbedingt erzählen, wie es Gregor geht. Warum nur ist er nicht mit dir zur Eröffnung gekommen?«

»Du kennst ihn doch. Er ist keiner, der für das Reisen geboren wurde. Aber ich soll dir Grüße ausrichten …«

Offenburg, 1889

Er schüttelte seinen Kopf. »Was soll ich in der Provinz? In irgendeinem gottverlassenen Schwarzwalddorf mit Lungenkranken über die richtige Diät diskutieren, während an anderen Orten die Revolution passiert? Nein. Ich halte lieber die Fahne des Sozialismus hoch und gehe dabei unter!« Als wollte er unterstreichen, was er da sagte, schlug er mit seiner Hand auf den Tisch.

Adolf Geck legte seinem Freund die Hand auf den Arm. »Immer noch mit dem Kopf durch die Wand? Wirst du denn niemals klug? Es gibt eine Zeit zu kämpfen und eine Zeit, in der man abwarten muss. Und du solltest für den Augenblick nicht ständig im Visier der Polizei sein. Das ist zu gefährlich! Du bist einfach nicht zu übersehen!«

Carl Lehmann war Adolfs bester Freund, schon seit jeher. Carl überragte alle Männer fast um einen Kopf. Seine kastanienroten Haare leuchteten wie eine Signallampe bei jeder Versammlung. Es gab keinen Polizisten im Schwarzwald, der nicht wusste, dass Carl Lehmann wegen seiner umstürzlerischen Ansichten beobachtet werden musste.

»Soll ich künftig gebeugt gehen? Was kümmert es mich, wenn hier in Deutschland Zwerge geboren werden?« Lachend schlug Carl seinem Freund auf den Rücken. »Die neue Zeit dämmert nicht, wenn wir alle nur hoffen, dass wir nicht auffallen ...«

»Du bist nur knapp einer Verurteilung entkommen«, hielt Adolf ihm vor. »Vierzig Kilogramm verbotene Druckschriften sind kein Pappenstiel, ich weiß bis heute nicht, was du dem Richter erklärt hast. Wenn sie dich noch einmal erwischen, dann kannst du die Revolution allenfalls aus dem Gefängnis heraus erleben.«

»Nicht einmal ich ahnte bis zu diesem Prozess, wie unschuldig ich war«, bekannte Carl. Sein beständiges Lächeln wich zum ersten Mal aus seinem Gesicht. »Glaubst du wirklich, dass es so schlimm ist? Ich habe Gerüchte gehört, dass der alte Bismarck die Sozialistengesetze nicht mehr ewig behalten will. Dann schlägt unsere Stunde. Bei den nächsten Wahlen werden wir die Arbeiter hinter uns haben ...«

»... das mag sein. Aber du bist hinter Gittern, gerade dann wenn wir jemanden wie dich am meisten brauchen. Was spricht denn dagegen, für ein paar Monate in Nordrach zu verschwinden? Walther sucht händeringend nach einem Verwalter, die Lungenkranken aus ganz Europa kommen zu ihm und hoffen auf Heilung. Er braucht Unterstützung.« Adolf sah Carl in die

Augen. »Bitte, tauche unter. Wenigstens für ein paar Monate. Jetzt geht es nicht darum, dass du von der Schule fliegst, weil du ein Tintenfass nach dem Lehrer geschmissen hast. Jetzt geht es um Größeres!«

Carl strich sich nachdenklich über den Bart. »Dieser Doktor Walther – weiß der wenigstens, für welche Ideen ich stehe? Oder muss ich dem etwas vorheucheln?«

»Keine Sorge. Er war als Sozialdemokrat im Frankfurter Stadtrat. Er ist sicher nicht einer der radikalsten Genossen. Aber er steht auf unserer Seite.«

»Gut. Seine Familie?« Adolf spürte, wie Carls Widerstand nachgab.

»Er hat eine Frau. Sie ist eben erst von der Schwindsucht genesen. Eine außergewöhnliche Frau, aber das wirst du selber sehen. Und dann sind da noch die Kinder Heinz und Mara.« Adolf versuchte ein aufmunterndes Lächeln. »Du wirst es genießen. Da oben geht die Uhr ein wenig langsamer als hier im Tal.«

»Das klingt eher so, als ob ich diesen Ort hassen würde!«, knurrte Carl. »Meinetwegen. Kündige mich an, ich kümmere mich in der nächsten Zeit um die Verwaltung. Nach dem Wehrdienst, der Gerberei, der Zeitung und dem Bergwerk kann ich so meinem Leben ein neues Kapitel hinzufügen.«

»Wer weiß, vielleicht gefällt es dir ja!« Kameradschaftlich klopfte Adolf seinem Freund auf den Rücken.

»Das glaube ich kaum. Die Gesellschaft der Kranken und Siechen hat mich noch nie angezogen. Ich werde dich auf dem Laufenden halten.« Carl richtete sich ein wenig auf. »Wenigstens kann ich ein paar schöne Wanderungen unternehmen. Versprich mir, dass du mich in meinem Exil besuchst!«

»Sicher.« Adolf lachte. »Ich werde schon dafür sorgen, dass du alles erfährst, was du über unseren Kampf wissen musst.«

»Ich breche morgen auf und stelle mich Doktor Walther vor. Wenn ich erst einmal installiert bin, schreibe ich dir einen Brief – und warte auf deinen Besuch!« Carl breitete seine großen Hände aus. »Wehe, du hast unrecht, und Bismarck nimmt nicht in den nächsten Monaten seine Gesetze zurück.«

»Dann kannst du mich haftbar machen«, nickte Adolf. Er bewunderte seinen Schulfreund. Carl schien vor lauter Energie zu vibrieren. Nie war ihm etwas zu viel, er scheute weder die Strapazen langer Reisen noch die Risiken der Schmuggelei. Egal welche Arbeit er verrichtete, immer eignete er sich in kürzester Zeit den nötigen Sachverstand an und machte sich unentbehrlich. Nicht nur Adolf wunderte sich, dass dieser Mann noch nichts gefunden hatte, das ihn halten konnte.

Carl hielt sein Versprechen. Schon am nächsten Tag machte er sich auf den Weg nach Nordrach. Nordrach-Kolonie, wie er sich selber korrigierte. Das bedeutete, nicht am Ende des Tals, sondern noch dahinter. Dieser Doktor hatte wirklich das Ende der Welt für sein Sanatorium gesucht und gefunden. Die Patienten kamen trotzdem in Scharen. Die neue Heilmethode wurde bereits als »Nordrach-Methode« gerühmt, angeblich wollte in nächster Zeit ein Sanatorium in England nach dem Nordracher Modell eröffnen. Die Krankheit hat Konjunktur, dachte Carl. Kein Wunder. Hunger, Überanstrengung und Armut boten ihr einen Nährboden – und davon gab es in den Städten täglich mehr.

Der Tag neigte sich dem Abend zu, als er die letzten Meter zurücklegte. Im weichen Licht der letzten Sonnenstrahlen wirkten die kleinen Hütten, die fein gekiesten Wege und die sorgfältig angelegten Blumenrabatten fast märchenhaft. Eine Schwester schob einen Patienten im Rollstuhl vorbei und grüßte ihn mit neugierigen Blicken.

»Seien Sie mir gegrüßt«, entgegnete Carl. »Können Sie mir sagen, wo ich die Verwaltung finde? Oder Doktor Walther?«

Sie deutete auf ein abgelegenes Haus am Waldrand. »Das ist das Hauptgebäude. Sie werden Herrn Walther um diese Uhrzeit sicher dort finden.« Sie musterte ihn neugierig. »Sind Sie ein Patient? Sie sehen mir nicht krank aus – vor allem nicht schwindsüchtig!«

»Nein, wirklich nicht.« Er sparte sich weitere Erklärungen und ging zu dem Haus, das sie ihm gezeigt hatte. Wie alle anderen Bauten war es neu. Die weiße Farbe leuchtete, der hölzerne

Balkon zeigte keine Zeichen von Verwitterung. Es war schön – aber es sah seelenlos aus. Carl klopfte an die Tür. Ein blonder Mann mit blassblauen Augen öffnete. Er war kräftig und ein ganzes Stück kleiner als Carl. Ganz offensichtlich fühlte er sich als Herrscher über das Reich hier oben im Wald. Seine Haltung war selbstsicher, fast selbstgerecht. Die Männer musterten sich einen Augenblick, bevor Carl seine Hand ausstreckte. »Mein Name ist Carl Lehmann. Adolf Geck, ein gemeinsamer Freund, hat mir erzählt, dass Sie einen tüchtigen Verwalter für Ihr Sanatorium suchen. Nun – ich bin tüchtig.«

Otto zögerte nur einen winzigen Moment, bevor er in die Hand einschlug. »Treten Sie ein. Wenn Adolf Sie geschickt hat, freue ich mich darauf, Sie kennenzulernen.«

Carl folgte dem Arzt in ein geräumiges Zimmer, das direkt vom breiten Hausflur abging. Der schwere Schreibtisch, das Regal mit den medizinischen Fachbüchern und ein Tisch, auf dem sich die Fachzeitschriften türmten, machten deutlich, dass es sich um Walthers Arbeitszimmer handelte. Carl sah sich neugierig um. An den Wänden hingen keine Bilder, nur die gerahmte Approbation des Arztes. An einem Haken hing der makellos weiße Kittel, den Walther bei der Arbeit mit seinen Patienten trug. Aus dem Fenster konnte man das gesamte Gelände überblicken.

Walther deutete auf den Stuhl vor seinem Schreibtisch. »Lieber Herr Lehmann, erzählen sie mir doch, warum Sie hier in Nordrach arbeiten wollen. Sind Sie Mediziner?«

Carl lächelte. »Nun, ich stamme ursprünglich aus Offenburg, es ist also kein allzu weiter Weg hier in das Nordrachtal. Tatsächlich käme mir die Arbeit hier in Ihrem Sanatorium sehr gelegen. Sie haben vermutlich von den Freiburger Sozialistenprozessen gehört?«

»Daher kommt mir Ihr Name so vertraut vor!«, rief der Arzt aus. »Ich habe ihn in der Zeitung gelesen. Sie wurden freigesprochen, nicht wahr?«

»So ist es«, bestätigte Carl. »Ich sollte allerdings eine Weile mein Gesicht nicht zu häufig Polizisten zeigen. Sie würden mir zu gerne etwas anhängen.«

»Polizisten werden Sie hier oben nur sehen, wenn Sie an

Tuberkulose leiden«, beruhigte ihn Otto Walther. »Da können Sie ganz ...«

In dieser Sekunde flog die Tür in Carls Rücken auf. In den Raum kam eine zierliche Frau gestürmt. Ihr kurzes Haar schien vor Zorn in alle Richtungen zu stehen, der weiße Kittel trug einige Flecken – und in ihrer Hand wedelte sie mit einer Zeitung. »Hast du das gelesen? ›Von einer Behandlung, wenn man denn von einer solchen sprechen kann, ist dringlich abzuraten!‹ Steht im Sächsischen Ärzteblatt. Ist das nicht die Höhe?«

Otto nahm der Frau die Zeitung aus der Hand. »Lass mich erst einmal ...« Er runzelte die Stirn, während er halblaut vorlas. »Seit jeher versuchen Renegaten der Zunft, kranken und hilflosen Menschen durch unverantwortliche Heilsversprechen das Geld aus der Tasche zu ziehen – zweifellos gehört das Landsanatorium der notorischen Engländerin Dr. Hope Bridges zu dieser Kategorie ...«

Mit einer energischen Bewegung schmiss Otto die Zeitung in den Papierkorb. »Das ist ja ungeheuerlich. Wenigstens ist das Sanatorium nur mit deinem Namen genannt. Viele werden nicht wissen, dass damit diese Klinik hier gemeint ist ...«

»Noch schlimmer«, fing die Frau an zu schimpfen.

Carl konnte seinen Blick nicht von ihr wenden. Sie trug weite bequeme Kleidung und war viel zu mager, als dass man von einer Schönheit sprechen könnte. Gleichzeitig schien sie in ihrem Zorn aus reiner Energie zu bestehen. Sie hatte ihn bisher nicht einmal bemerkt. Vorsichtig räusperte er sich. Die Frau brach mitten im Satz ab und sah ihn direkt an – sie schien allerdings nicht allzu betreten, dass er Zeuge ihres Wutausbruchs geworden war.

Otto Walther deutete auf Carl. »Hope, das ist Carl Lehmann. Adolf Geck hat ihn uns als Verwalter empfohlen.« Er nickte in Richtung Hope. »Lieber Herr Lehmann, darf ich Ihnen meine Frau vorstellen? Doktor Hope Walther.«

Carl sah der schmalen Frau in die Augen. Ohne mit der Wimper zu zucken, erwiderte sie seinen Blick. Einen Moment zu lange sahen sie sich an – dann setzte Hope ein unverbindliches Lächeln auf. »Ein Verwalter? Sehr gut. Wann fangen Sie an?«

»Wir haben uns noch nicht über die Modalitäten geeinigt«, fing Otto an, während Carl gleichzeitig sagte: »Sofort, wenn Sie es wünschen.«

»Schön«, nickte Hope. Dann wandte sie sich wieder ihrem Mann zu. »Clara hat geschrieben. Sie kommt.«

»Auf Besuch?« Otto Walther sah skeptisch drein. »Sie wird mit ihren Reden so manchen unserer Patienten verschrecken.«

Hope schüttelte den Kopf. »Leider kein Besuch. Sie hat sich die TBC geholt. Ossip ist daran gestorben, jetzt hat sie darum gebeten, sich bei uns auskurieren zu dürfen. Sie bringt Maxim und Kostja mit. Sie werden wunderbare Spielkameraden für Heinz und Mara sein.«

»Wenn sie auch nur im Mindesten nach ihrer Mutter geraten sind, dann habe ich daran meine Zweifel«, murrte Otto.

Carl kam sich wie ein unerwünschter Ohrenzeuge vor. Bei den Namen Ossip und Clara wurde er allerdings hellhörig. »Handelt es sich um Clara Zetkin? Woher kennen Sie sie?«

»Eine Studienfreundin, wir sind seit einer Ewigkeit befreundet. Wo haben Sie Clara kennengelernt?«

»Die Arbeiterbewegung ist nicht so riesig, dass man sich nicht kennen würde«, erklärte Carl. Ein unbehagliches Schweigen machte sich nach dieser Bemerkung breit. Wieder hatte Carl das Gefühl, dass Otto Walther von einer Revolution weit entfernt war. Er erhob sich von seinem Stuhl. »Wie gesagt: Wenn Sie es wünschen, kann ich gleich hierbleiben und mit der Arbeit anfangen.«

Otto und Hope sahen sich kurz an und nickten fast unmerklich in stillem Einverständnis. Otto Walther streckte Carl seine Hand entgegen. »Es sei. Willkommen in meinem Lungensanatorium!«

Carl schlug ein. Während die beiden Männer einen langen Händedruck tauschten, musterte Hope den Mann, der da künftig in Nordrach arbeiten sollte. An ihm war nichts gewöhnlich: Er überragte ihren Otto bestimmt um einen Kopf, sein Haar leuchtete flammend rot, das Lachen war laut und ansteckend. Dazu der intensive Blick, mit dem er sie gerade eben angesehen hatte. Das konnten nur Menschen, die für eine Idee brannten.

Sie musste sich eingestehen, dass sie sich auf den Verwalter freute. Natürlich nur auf die politischen Gespräche, korrigierte sie sich im Stillen.

Sie liebte die Ruhe beim Frühstück. Die Patienten schliefen noch, Heinz und Mara waren mit Alexandra unterwegs. Nur sie und Otto – und dazu natürlich feinster Tee aus England, den Hope sich regelmäßig schicken ließ. Entspannt sah sie über den Rand der Tasse hinweg, als ihr ein junger Mann auffiel. Er trug ein schweres Paket quer über das Gelände, stellte es vor Carl Lehmanns Tür ab und verschwand schnell und unauffällig über einen Pfad im Wald. Stirnrunzelnd beobachtete Hope, wie die Tür sich kurz öffnete und das Paket nach innen gezogen wurde. Sie stellte die Tasse ab. Es blieb ihr nichts anderes übrig: sie musste überprüfen, was der neue Verwalter sich bringen ließ.

Otto sah von seiner Zeitschrift auf. »Was ist?«

Hope winkte ab. »Ich möchte nur etwas nachsehen.«

Mit schnellen Schritten ging sie zu Lehmanns Haus. Ohne zu klopfen, trat sie ein. Carl stand vor dem geöffneten Paket und nahm Zeitschriften heraus, die er in seinen Schrank legte.

»Darf ich fragen, was Sie tun?« Sie bemühte sich um einen strengen Ton.

Er ließ sich in seinem Tun nicht stören. Weiter nahm er Zeitschriften aus dem Paket. Er antwortete, ohne Hope anzusehen. »Eine kluge Frau wie Sie sollte das nicht fragen müssen.«

Hope nahm eine der Zeitschriften in die Hand. Sie erkannte sie sofort: Es waren verschiedenen Ausgaben von »Der Socialdemokrat«. »Die Zeitung ist verboten«, erklärte sie schließlich.

Carl nickte. »Verboten, ja. Aber wichtig.«

»Dafür könnten Sie ins Gefängnis kommen!« Hope konnte es nicht glauben, dass er durch ihre Vorwürfe nicht einmal nervös wurde.

Er zuckte mit den Schultern. »Da war ich schon.«

Hope zog eine Augenbraue nach oben. »Es scheint Ihnen keine Lehre gewesen zu sein.«

Erst jetzt richtete Carl sich zu seiner beachtlichen Größe auf und stellte sich vor Hope auf. In dem engen Raum wirkte seine

Gegenwart fast bedrohlich. Er sah sie von oben herab an. »Welche Lehre wäre das? Zu lassen, was ich für richtig halte? Zu buckeln, wo der Kaiser und Bismarck es verlangen?«

Hope atmete tief durch. Der Mann hielt sie für eine politische Ignorantin! »Es ist nicht nötig, mich politisch zu entflammen, Herr Lehmann – mein Herz gehört der Sozialdemokratie schon lange. Aber zwischen Politik und Rechtsbruch besteht ein Unterschied.«

»Nicht in diesem Land, das seinen klügsten Köpfen das Wort verweigert.« Er klang kampfeslustig.

»Nun«, Hope sah ihn von Kopf bis Fuß genau an. »Sie scheinen sich das Wort ja nicht verweigern zu lassen.«

»Keine Revolution wurde je erreicht ...«, fing Carl an.

»... durch das Schweigen ihrer Anführer«, vollendete Hope. »Ich kenne Bebel. Um genau zu sein: Ich habe ihn übersetzt.«

Ein Lächeln breitete sich auf Carls Gesicht aus. »Dann wissen Sie, was auf dem Spiel steht.«

Ohne ihr Gesicht zu verziehen, erwiderte Hope seinen Blick. »Wissen Sie es auch?«

Einen endlosen Moment lang sahen sie sich in die Augen. Der Zauber wurde erst durch Ottos Stimme an der Tür unterbrochen. »Gibt es ein Problem?«

Schuldbewusst machte Hope einen Schritt zurück. Otto sah die Zeitschriften und erkannte sofort den Schriftzug. Sein Gesicht wurde blass. »Grundgütiger, Lehmann! Sind Sie denn des Wahnsinns?«

Hope wartete gar nicht erst Carls Antwort ab. »Ich habe Herrn Lehmann bereits erklärt, dass wir das nicht dulden können.« Sie warf Carl einen warnenden Blick zu. »Er hat mir versprochen, dass er das Material schnellstens verbrennt.«

»Gut«, nickte Otto und wandte sich ab. »Ich will das Zeug gar nicht gesehen haben.« Damit verschwand er.

Carl sah Hope nachdenklich an. »Danke für die Hilfe. Aber ich werde die Zeitschriften nicht verbrennen.«

Hope zuckte mit den Achseln. »Und doch werde ich es glauben, wenn mein Mann danach fragt.« Sie sah ihn lange und forschend an. Dann drehte auch sie sich um und verließ den Raum.

Verschwitzt humpelte der alte Knecht den Weg zum Privathaus der Walthers entlang. Er hatte keinen Blick für den malerischen Spätsommer und die friedliche Stimmung, die über dem Sanatorium lag. Stattdessen bollerte er gegen die Haustür. »Frau Doktor! Frau Doktor Walther!«

Die Tür flog auf. Hope sah ihn fragend an. »Was gibt es denn, Leopold?«

»Frau Doktor, ihr geht es nicht gut. Seit gestern schon liegt sie in den Wehen. Aber das Kleine kommt nicht …«

Schnell griff Hope nach ihrer Arzttasche und schlug die Tür hinter sich zu. »Ich bin schon unterwegs. Wieso wusste ich denn nichts von einer Schwangerschaft? Bei wem überhaupt?«

Der Knecht rannte schweigend vorneweg. An einer Weggabelung lief er allerdings nicht Richtung Praxis, sondern bog zu den Stallungen ab. Hope hielt inne. »Im Stall?« Sie sah ihn fragend an.

Verlegen zeigte der Knecht ein Lächeln voller Zahnlücken. »Die Afra soll das Fohlen kriegen. Bitte … kommen Sie?«

Zögernd ging Hope in den Stall. Sie fand eine verschwitzte Stute vor, die lang ausgestreckt im Stroh lag. Am Kopf saß Carl Lehmann, der ihr über die Nüstern streichelte. »Da sind Sie ja. Gut. Alleine hätte ich das hier nicht geschafft. Sie hat große Schmerzen!«

»Aber … ich bin keine Tierärztin!« Hope blieb in der Tür stehen. Sie kam sich mit ihrer Arzttasche lächerlich vor.

»Der Veterinär ist in Nordrach. Bis der hier in der Kolonie ankommt, ist Afra tot. Sie liegt hier schon seit gestern. Leopold hat zu lange gewartet, bis er nach Hilfe gerufen hat. Jetzt müssen wir ran.«

Hope kam einen Schritt näher und betrachtete das leidende Tier. »Wo soll ich denn …« Sie schüttelte den Kopf.

»Einfach rausholen. Das ist doch nicht so anders als bei Ihren Patientinnen. Tut nur mehr weh, wenn Sie getreten werden.« Er versuchte ein beruhigendes Lächeln. »Aber Leopold und ich werden Afra festhalten. Ich glaube, das Fohlen liegt einfach nicht richtig …«

Einen Moment lang zögerte Hope. Dann seufzte sie und fing

an, ihre Bluse aufzuknöpfen. Sorgfältig legte sie den Leinenstoff zusammen, legte es über einen Strohballen und kniete sich in ihrem dünnen Batisthemd hinter die Stute. »Dann haltet mal gut fest. Ich schaue, was ich machen kann.« Ihre Hand verschwand in der Stute, dann ihr ganzer Arm. Überrascht fühlte sie einen kleinen Huf. Sie tastete weiter – und fand das zweite Bein des Fohlens nach hinten geklappt. Beherzt zog sie es nach vorne. Und tatsächlich: Zwischen zwei Wehen der Stute rutschte es in die richtige Richtung. Hope richtete sich auf, als die zwei winzigen Vorderhufe nebeneinander auftauchten. »Legt einen Strick oder so etwas darum und zieht vorsichtig, wenn Afra presst.«

Minuten später leckte Afra mit neuer Energie ihr Fohlen trocken. Leopold verschwand in seiner kleinen Kammer und kam mit einer Schnapsflasche und drei Gläsern wieder. Er strahlte mit dem Verwalter und der Ärztin um die Wette. Hope stieß mit den beiden Männern an und kippte ihren Schnaps in einem einzigen Schluck herunter.

»Na also. Ist doch gut gelaufen!«, lachte Carl.

»In der Tat. Wie bei meinen Patientinnen. Nur ... größer«, erwiderte Hope trocken.

»Was zählt, ist das Ergebnis«, zuckte Carl mit den Schultern.

»Trotzdem – ich helfe lieber Menschen«, beharrte Hope.

Carl lächelte sie warm an. »Ach was. Geben Sie es ruhig zu – es hat Ihnen gefallen.«

In diesem Moment kam eine Schwester des Sanatoriums hereingerannt. Sie blinzelte in dem Halbdunkel des Stalles. »Frau Doktor? Sind Sie hier!«

Hope erhob sich aus dem Stroh und griff in dieser Sekunde hastig nach ihrer Bluse. Sie hatte ganz vergessen, dass sie immer noch das dünne Unterhemd trug. Sie bemühte sich um einen geschäftlichen Ton. »Was gibt es?«

Die Schwester sah mit großen Augen der Frau des Chefs zu, wie sie das Stroh aus dem Rock bürstete und hastig ihre Bluse wieder anzog. Noch überraschter war sie, als Carl neben Hope auftauchte. Sie räusperte sich und deutete nach draußen. »Sie haben Besuch. Von weit her, glaube ich. Aus Paris.«

»Clara ist endlich hier! Was für eine wunderbare Nachricht!« Hope nahm sich keine Zeit für Höflichkeiten. Ohne einen weiteren Gruß rannte sie aus der Tür und lief zum Haupthaus der Klinik. Schon von weit weg konnte sie zwei Jungen sehen, die ausgelassen über eine Wiese tollten. Der Kutscher machte sich eben daran, die Koffer abzuladen. Clara versuchte, den Dienst abzuwehren. »Lassen Sie mal, das kann ich schon selber!«

Hope umarmte ihre Freundin von hinten. »Du bist da! Endlich!«

Clara drehte sich um. »Hope! Das hier ist das Ende der Welt! Ich war ewig unterwegs! Ewig!«

Hope strahlte Clara an. »Wie geht es dir? Was macht Paris? Du musst mir alles erzählen! Hat sich viel verändert?«

»Viel ist gar kein Ausdruck«, erklärte Clara. »Die Welt ist im Umbruch, mein Schatz. Auch wenn man das im Schwarzwald nicht merkt.«

Carl Lehmann kam langsam den Weg zum Haus entlang. Clara sah ihm entgegen und grinste Hope an. »Wenn ich das richtig sehe, fehlt es dir hier oben nicht an Abwechslung ...«

Hope puffte ihr sanft in die Seite und wartete, bis Carl sie erreicht hatte. »Clara, das ist Carl Lehmann. Er arbeitet für uns. Er ist der Verwalter des Sanatoriums. Herr Lehmann, das ist ...«

Er streckte bereits seine Hand aus. »... Clara Zetkin. Natürlich. Es ist mir eine Ehre.«

Die beiden sahen sich intensiv an. Beunruhigt sah Hope, dass ihre Freundin doch tatsächlich mit Lehmann flirtete. Oder was war das zwischen den beiden? Noch bevor sie weiter darüber nachdenken konnte, kam der ältere der beiden Jungen heulend um die Ecke. »Kostja hat mir eine Kopfnuss gegeben!«

Der Kleinere kam ohne Spur von Schuldbewusstsein hinterher. »Er hat angefangen!«

Clara rollte die Augen. »Maxim! Kostja! Kommt sofort hierher und hört auf, euch zu prügeln!«

Die beiden Jungen kamen zögernd näher. Vor allem in Maxim sah Hope den dunklen Ossip Zetkin, den sie vor Jahren bei ihrer Hochzeit mit Otto kennengelernt hatte. Die gleichen braunen Augen und der trotzige Mund – nur bei einem sechsjährigen Kind. Clara deutete auf Hope. »Das ist Tante Hope, von der ich euch schon so viel erzählt habe. Sie wird sich um euch kümmern, während ich in Paris bin. Verstanden?«

Maxim nickte ernst, während Kostja wieder in Tränen ausbrach. Hope versuchte ein beruhigendes Lächeln, während sie Clara am Arm nahm. »Jetzt musst du hier erst einmal gesund werden! Bis dahin ist Paris für dich tabu. Und die Revolution muss erst einmal warten, bis du wieder gesund wirst …!«

»Aber dafür habe ich doch keine Zeit«, protestierte Clara.

»Keine Widerrede! In ein paar Wochen sehen wir weiter! Der Erste Internationale Arbeiterkongress in Paris ist doch schon vorbei, sie werden doch wenigstens einen Herbst auch ohne dich die Welt verändern.«

»Du machst dich schon wieder lustig über uns«, stellte Clara fest.

Hope widersprach nicht. »Jetzt freue ich mich erst einmal auf ein Abendessen. Bis dahin zeigt dir Herr Lehmann sicher, in welches Häuschen wir dich einquartieren.« Sie wandte sich an Lehmann. »Sie kommen doch auch heute Abend?«

»Es ist mir eine Ehre«, erklärte Lehmann mit einer angedeuteten Verbeugung.

»Noch einen Wein?« Otto sah fragend in die Runde. Auf dem Tisch standen bereits drei leere Flaschen, doch Carl Lehmann und Clara nickten nur und wedelten auffordernd mit ihren leeren Gläsern, ohne ihre Diskussion zu unterbrechen.

»Der alte Bismarck ist doch längst gebrochen«, erklärte Clara. »Bei jeder Wahl gewinnen die Sozialdemokraten an Stimmen!«

Lehmann schüttelte seine rote Mähne. »Aber sie gewinnen Stimmen in einem System, das sie ablehnen! Es muss mehr geschehen!«

»Revolution ist nicht die Antwort auf alles«, mahnte Hope.

»Wieso nicht?« Lehmann sah sie kampfeslustig an. »Strebt Ihr Herz nicht nach Veränderung?«

Otto, der gerade die Weinflasche entkorkte, schaltete sich

ein. »Sicher, es gibt viel zu tun, und den Armen müsste geholfen werden …«

Jetzt war Clara in ihrem Element. »Müsste geholfen werden? Otto, die Armen sind keine Tiere, denen man ein Stück Brot hinwirft! Die Hand, die füttert, darf nicht die Hand sein, die knechtet! Das Proletariat muss sich selber helfen, darum geht es!«

»Dafür ist Gelegenheit in Paris. Wie nennt ihr eure Versammlung gleich?« Hope sah Clara fragend an.

»Die Zweite Internationale. Freiheit und Sozialismus für alle, jederzeit und überall.« Unverkennbar klang Stolz aus ihrer Stimme.

Lehmann hob sein Glas, das ihm Otto gerade gefüllt hatte. »Auf die Zweite Internationale!«

Hope und Clara stießen mit ihm an. Mit einiger Verzögerung tat Otto es ihnen gleich. Hope seufzte. »Ich wünschte, ich könnte dabei sein. Wenigstens ein bisschen.«

»Wenn das rauskäme, dann könnten wir das Sanatorium gleich schließen«, ermahnte Otto sie. »Unsere zahlende Kundschaft schätzt die Sozialdemokratie nicht.« Er sah demonstrativ auf seine Uhr. »Ich denke, der Abend war lang genug.« Er erhob sich. »Hope?«

Hope zögerte. Zu gerne hätte sie noch mit Clara und Lehmann diskutiert. Sie fühlte sich so lebendig wie seit ihrer Studienzeit nicht mehr. Andererseits ahnte sie, welche Szene ihr drohte, wenn sie jetzt sitzen bleiben würde. Widerwillig erhob sie sich. »Ja. Natürlich. Es ist spät. Morgen ist schließlich auch noch ein Tag.« Mit einem Nicken verabschiedete sie sich von ihren Gästen und folgte Otto. Clara sah ihr enttäuscht hinterher, bis Lehmann neugierig fragte: »Wer kommt denn? Engels?«

Clara schüttelte den Kopf. »Zu krank. Er sendet eine Ansprache aus London. Liebknecht ist vor Ort. Wir erwarten Hunderte von Delegierten.«

»Es wird mehr als eine Konferenz! Es wird ein Signal ausgehen von Paris!« Seine Augen leuchteten. »Was rede ich? Ein Fanal wird es sein …«

Widerwillig schlug Hope ihre Augen auf. Das letzte Glas Wein war gestern zu viel gewesen. Dazu kam, dass sie seit Wochen keinen Tropfen Alkohol getrunken hatte. Wenn sie die Abende alleine mit Otto verbrachte, öffneten sie nur selten eine Flasche Wein. Schade eigentlich, dachte Hope, während sie sich gähnend im Bett aufrichtete. Wann hatten sie nur aufgehört, Spaß an ihrem Leben zu haben? Wahrscheinlich während ihrer Krankheit. Schwindsucht und Lebensfreude waren keine Gesellen.

Im Salon traf sie nur auf Otto, der sich gerade den letzten Bissen von seinem Frühstücksei in den Mund schob. Hope umarmte ihn. »Du bist schon länger wach?«

Otto nickte. »Lehmann hat mich früh mit einem Ansinnen geweckt.«

»Was wollte er denn?«

»Er hat sich eine Woche freigeben lassen. Um mit Clara nach Paris zu fahren. Die Revolution ruft ...«

Hope war entsetzt. »Clara muss sich doch erst einmal ausruhen! Sie weiß doch, dass sie gesund werden muss, bevor sie für eine bessere Welt kämpfen darf!«

»Die Kutsche ist vor einer Stunde abgefahren. Sie wollten dich nicht wecken.« Enttäuscht ließ Hope sich auf einen Stuhl fallen. Gestern hatte sie sich so lebendig wie lange nicht gefühlt. Und jetzt war ihre Freundin schon wieder weg. Noch dazu mit Lehmann, der sie mit seinem Widerspruch und seinen Ideen immer wieder dazu brachte, über ihr Leben nachzudenken.

Ihre Gedanken wurden von lautem Kindergeschrei unterbrochen. Vor dem Haus tobten Maxim, Kostja und Heinz. Mara versuchte, mit ihren kurzen Beinen Schritt zu halten. Natürlich gelang ihr das nicht, und sie heulte vor sich hin. Otto seufzte. »Ihre Rangen hat sie uns dagelassen. Leider ist Alexandra heute in Offenburg. Siehst du nach den Kindern?«

Gedankenverloren sah Hope den Kindern zu. »Ja, natürlich.« Sie trank einen letzten Schluck Tee und stand auf. In der Tür beobachtete sie kurz die vier Kinder. Die drei Jungen schienen ihren Spaß zu haben, Mara sah ihnen jetzt mit großen Augen zu und lutschte dabei an ihrem Zeigefinger. Entschlossen machte

Hope sich auf den Weg zu Lehmanns Haus. Sie war nicht überrascht, dass es nicht abgeschlossen war – Lehmann wirkte nicht wie jemand, der sich groß um Sicherheit kümmerte. Sie zögerte nicht lange, sondern schloss die Tür hinter sich und öffnete den Schrank, in den Carl ein paar Wochen vorher die Zeitschriften gepackt hatte. Wie erwartet, waren es in der Zwischenzeit noch sehr viel mehr geworden. Hope ging mit einigen der Kampfblätter an das Fenster, um besser lesen zu können. Die Texte handelten von großen Ideen, von Weltpolitik und dem Aufstand des Proletariats …

Wehmütig vertiefte sie sich in die Texte. Sie erinnerte sich noch daran, wie sie mit Clara, Marie, Otto und den anderen einst die Nächte durchdiskutiert hatte. Sicher, Clara war ihren Idealen treu geblieben. Aber von Marie hatte sie seit Jahren nichts mehr gehört, und Otto … Otto kümmerte sich lieber um die Erträge des Sanatoriums als um die große Revolution. Und wie stand es um sie selbst? In Frankfurt hatte Hope noch für die Armen gekämpft, aber hier in Nordrach heilte sie zum größten Teil begüterte Lungenkranke von ihrer schweren Krankheit. Sicher, das war ehrenhaft – aber war das ihr Ziel? Sollte Nordrach das Ende ihrer Reise sein – ein Leben mit Otto, den Kindern und einem ordentlichen Einkommen? Wehmütig las sie weiter.

Erst als Mara hysterisch nach ihr brüllte, legte sie die Schriften zur Seite.

Der Husten nahm Clara den Atem. Als der Krampf nachließ, schnappte sie nach Luft. Es half nichts, dachte sie bei sich. Sie musste sich wirklich auskurieren. Mit ein bisschen Glück würde sie dann nächstes Frühjahr wieder in die Politik eingreifen können. Sie sah lächelnd aus dem Zugfenster auf die Landschaft, die vorüberzog. Nicht mehr lange, und der Zug würde in Offenburg einlaufen. Die Reise hatte ihr den letzten Rest Gesundheit abgetrotzt – und doch hatte Paris sich gelohnt. All die Gedanken, dieser Geschmack nach Aufbruch, nach dem Beginn einer neuen Zeit. Wer konnte schon von sich behaupten, bei einem entscheidenden Moment der Geschichte anwesend zu sein?

Mit kreischenden Bremsen hielt die Lokomotive. Clara griff nach ihrer Tasche und sprang auf den Bahnsteig. Suchend sah sie sich um – immerhin hatte Otto ihr versprochen, dass er jemanden schicken würde, der sie abholen und nach Nordrach bringen würde. Sie lächelte, als sie erkannte, dass Hope es sich nicht hatte nehmen lassen, selber diesen Dienst zu übernehmen. Sie stand direkt an der Treppe und sah sich um. Für einen unbeteiligten Beobachter nur eine zierliche Frau mit zu weiten Kleidern und zu kurzen Haaren. Für Clara ein Abbild der Hoffnung. Eine Frau wie Hope zeigte, was Frauen eigentlich erreichen konnten. An jeder Hand hielt Hope einen von Claras Söhnen, die in dieser Sekunde ihre Mutter entdeckten und johlend über den Bahnsteig gerannt kamen. Hope folgte ihnen lächelnd. Die Freundinnen fielen sich in die Arme. Hope sah Clara prüfend an und legte kurz ihre kühlen Finger auf Claras Stirn. Dann runzelte sie die Stirn. »Egal, was du vorhast: Ich lasse dich erst einmal nicht mehr aus unserem Sanatorium fort. Und wenn ich dich in den Zwinger sperren muss!«, sagte sie schließlich.

»Was für eine Begrüßung!«, lachte Clara. »Willst du mir Angst machen?«

»Wenn es nötig ist, dann mache ich das!«, sagte Hope entschlossen. »Schwindsucht ist kein Schnupfen! Die Krankheit ist die häufigste Todesursache unserer Zeit, und du benimmst dich einfach so, als wärest du bei bester Gesundheit …« Sie sah sich suchend um.

»Vermisst du deinen Verwalter?«, fragte Clara. »Dann wirst du kein Glück haben. Aber ich soll dir ausrichten, dass er noch ein paar Genossen in München besucht und erst nächste Woche nach Nordrach zurückkehrt.« Sie beugte sich zu ihren Kindern herunter. »Maxim! Kostja! Ich glaube fast, ihr seid in den wenigen Tagen gewachsen! Die Landluft tut euch gut! Seid ihr brav gewesen?«

Die beiden Jungen nickten mit einem ängstlichen Seitenblick auf Hope. »Sie waren wie die Engel!«, bestätigte sie.

Clara zog die Augenbrauen in die Höhe. »Das würde ich nicht einmal glauben, wenn ich katholisch wäre. Ich kenne meine Rabauken!«

Hope fing an zu lachen. »In Nordrach haben sie mehr Platz für ihren Unfug als bei euch in Paris. Aber du musst mir unbedingt erzählen, wie es war. Ich will alles wissen. Alles, hörst du?«

Erst nach dem Abendessen fanden sie eine Möglichkeit, ungestört miteinander zu reden. Otto hatte deutlich gemacht, dass ihn die Ereignisse von Paris weniger interessierten, als das Ausbleiben seines Verwalters. Hope und Clara traten in den kühlen Herbstabend vor das Haus. Clara zog einen dünnen Stängel aus ihrer Tasche und entzündete ihn.

»Es ist eine Cigarette. Viel einfacher als Pfeife und Zigarre. Und viel gesünder!«

Sie reichte den glimmenden Tabak weiter an Hope. Die nahm vorsichtig einen Zug und fing an zu husten. Sie reichte die Cigarette zurück an Clara und keuchte: »Da bin ich mir nicht so sicher. Und ob es der Gesundheit deiner Lunge wirklich zuträglich ist, wage ich sehr zu bezweifeln.«

»Alles Gewöhnungssache«, behauptete Clara und nahm einen weiteren Zug.

Hope sah sie aufmerksam an. »Nun sag endlich: War Paris alles, was du dir erhofft hast?«

»Ich habe nicht mit ihm geschlafen!«, stellte Clara fest.

»Was?« Hope war fassungslos. »Mit wem?«

Clara nahm einen weiteren Zug von ihrer Cigarette. »Bitte, Hope. Lass doch diese bourgeoise Heuchelei. Jeder kann es sehen. Sogar Otto.«

»Da ist nichts zwischen Carl und mir«, wehrte Hope ab. »Das bildest du dir ein. Und deswegen kann Otto nichts gesehen haben.«

»Das hat er auch gesagt«, nickte Clara.

»Ihr habt über mich geredet?«, fragte Hope entgeistert nach.

»Was anderes wollte er ja nicht. Ständig wollte er wissen, wie du früher warst, was du heute denkst, wie deine Pläne aussehen …« Clara zuckte mit den Achseln. »Deine Sache, Hope. Aber glaube mir: Du wirst dich irgendwann entscheiden müssen.«

»Ich bin …«, setzte Hope an. Sie schluckte noch einmal, bevor sie weiterredete. »Ich bin verheiratet. Otto ist ein guter Mann. Und wir haben Kinder.«

»Die Ketten des Bürgertums. Ich habe es dir schon bei deiner Hochzeit gesagt.« Clara war jetzt ernst.

»Es kann nicht sein. Und es wird nicht sein. Ich weiß ja nicht einmal …« Hope brach ab, als Clara ihr mitleidig über die Wange strich. »Er liebt dich, Hope.«

»Hat er das gesagt?«

»Immer und immer wieder. Es tat ihm sichtlich gut, endlich davon sprechen zu dürfen.« Clara lächelte.

»Und – was hast du ihm gesagt?«, fragte Hope gespannt.

»Ich?« Das Lächeln wurde breiter. »Ich habe ihm versprochen, dir kein Sterbenswörtchen davon zu erzählen.« Damit wandte sie sich ab. »Ich muss in mein Bett. Dir eine gute Nacht.«

Damit verschwand Clara in der Dunkelheit. Hope lehnte sich überwältigt gegen die kühle Wand des Hauses. Bis jetzt hatte sie sich noch nicht einmal den Gedanken an Carl Lehmann gestattet. Wie sollte das auch gehen … es war nur eine alberne Schwärmerei, die vorübergehen würde. Aber so fühlte es sich nicht an. Ganz und gar nicht.

»Frau Doktor?« Carls breite Schultern versperrten die gesamte Tür. Hope bemühte sich, ihm keine besondere Beachtung zu schenken. Immerhin war er erst an diesem Morgen aus München zurückgekehrt. Eine Woche später als ursprünglich angekündigt, wie Otto nicht müde wurde zu betonen.

»Was gibt es?« Ihre Stimme klang kühl.

Carl reichte ihr eine abgegriffene Mappe. »Sie müssten die Order für die Betäubungsmittel gegenzeichnen.«

Konzentriert sah Hope die Bestelllisten durch. »Wir brauchen immer noch zu viel Morphium.«

»Es ist eine Gnade für die Sterbenden«, verteidigte er die Zahlen.

Hope unterschrieb die Order. »Und ein Fluch für jene, die gesund werden.« Ohne ihn anzuzusehen, gab sie ihm die Mappe zurück.

Carl zögerte, bevor er den Raum verließ. »Interessiert Sie denn nicht, was ich in Paris erlebt habe?« Er klang enttäuscht.

Zum ersten Mal sah Hope ihn an. »Was es zu berichten gab, hat Clara mir bereits erzählt.«

»Ich hätte Ihnen etwas mitgebracht. Doch war ich nicht sicher, was Ihnen gefallen würde.« Der große Mann wirkte plötzlich schüchtern.

»Es wäre auch im besten Falle unangemessen gewesen.« Hope hörte selber, wie unverbindlich sie klang. Carl nickte und verließ den Raum. Er wirkte enttäuscht. Plötzlich entdeckte Hope einen Umschlag auf ihrem Schreibtisch. Mit geschwungener Handschrift stand ihr Name darauf. Neugierig riss sie ihn auf. Hatte er ihr doch etwas mitgebracht? Eine Zeitschrift fiel heraus. Die neue Ausgabe des »Socialdemokrat«. Schnell sah sie sich um – aber zum Glück hatte niemand das »Geschenk« des Verwalters bemerkt. Erbost steckte sie die Zeitschrift wieder in den Umschlag. Wie konnte er es wagen, sie so zu kompromittieren? Wenn Otto das gesehen hätte, dann wäre sie ihm mehr als eine Erklärung schuldig …

Sie lief in das Büro des Verwalters und warf den Umschlag auf seinen Schreibtisch. »Was soll das? Ich habe mich doch das letzte Mal unmissverständlich ausgedrückt. Oder etwa nicht?«

Lehmann nahm den Umschlag mit einer bedächtigen Bewegung in seine Hände. »Ich dachte, das würde Sie interessieren.« Er nahm die Zeitschrift, öffnete sie und hielt sie vor Hopes Gesicht. »Statt vorschnell zu urteilen, hätten Sie vielleicht mal reinschauen sollen.«

Widerwillig warf Hope einen Blick auf den Artikel, den Lehmann ihr unter die Nase hielt. Er handelte von der neuen starken Frau der Sozialdemokratie – Clara Zetkin! Gegen ihren Willen war Hopes Neugierde geweckt. Aber Carl war noch nicht fertig. Seine Stimme klang wütend. »Clara meinte, ich sollte Sie ein wenig auf dem neuesten Stand halten. Wenn das ein Fehler war, dann entschuldige ich mich.«

»Nein, ich …« Hope brach ab und fing an, den Artikel zu lesen. Carl zupfte ihr die Zeitschrift aus den Händen und legte sie zur Seite. »Was ist denn nur los? Was habe ich Ihnen angetan? Seit meiner Rückkehr aus Paris sind Sie verändert.«

Hope schloss für einen Augenblick die Augen. »Ich möchte nicht darüber reden.«

Carl legte ihr die Hand auf den Arm. »Haben wir das denn jemals? Geredet, meine ich. Vielleicht ist es an der Zeit …«

»Bestimmt nicht.« Hope wand sich aus seinen Griff und verließ den Raum.

Clara betrachtete misstrauisch das Kleidungsstück, das Hope ihr auffordernd reichte. »Das soll ich anziehen? Ich weiß, es ist Winter, wir sind mitten im Schwarzwald, es wird uns keiner sehen. Und was ist, wenn es doch einer tut?«

»Dafür hast du den Rock«, erklärte Hope. »Ich zeige es dir!« Sie drehte sich und zeigte ihren weiten, fast bodenlangen Rock, den sie trug. Dann griff sie nach einer Knopfleiste, die sie mit wenigen Handgriffen öffnete. Darunter kamen Hosen aus dickem Stoff zum Vorschein. Hope machte stolz ein paar große Schritte. »Damit kann man bei einer Wanderung ausschreiten. Im Rock kann man sich nicht ordentlich bewegen. Große Schritte sind ein Ding der Unmöglichkeit …« Sie lachte über Claras Gesicht. »Stell dich nicht so an. Ich musste dem Schneider in Offenburg versprechen, dass ich nie verraten würde, wer mir diese Beinkleider geschneidert hat. Er möchte seinen guten Ruf nicht riskieren. Aber seit ich diese Hosen habe, möchte ich sie nicht mehr missen. Du wirst begreifen, warum Männer so etwas tragen – und uns diese Fußfesseln überlassen haben, die sie Röcke nennen …«

Zögernd zog Clara das ungewohnte Beinkleid an und knöpfte den Rock darüber. »Wenn du so begeistert bist – warum dann die Mühe mit dem Rock?«, wollte sie wissen.

»Eine kluge Frau muss wissen, wenn sie zu viel auf einmal erreichen will«, erklärte Hope mit einem schiefen Lächeln. »Ich will nicht riskieren, als letzte Hexe von Nordrach verbrannt zu werden … Und jetzt komm, um diese Jahreszeit sind die Tage kurz!«

Sie traten hinaus in einen glitzernden Wintertag. Der Schnee lag makellos weiß vor ihnen, zwischen den Häusern des Sanatoriums lagen schmale Pfade. Der tiefblaue Himmel und die dunklen Bäume machten das Bild vollkommen.

Hope ging voraus. Sie wählte einen leicht ansteigenden Weg. »Nur eine gute Stunde«, beruhigte sie ihre Freundin. »Ich möchte nur sehen, wie gut sich deine Lunge erholt hat.«

Clara folgte ihrer Freundin. »Wenn wir schon einmal unter uns sind – was ist eigentlich aus Carl und dir geworden?«

»Lehmann?« Hope zuckte mit den Schultern. »Ich habe seit eurer Rückkehr aus Paris fast nicht mit ihm gesprochen. Wie ich dir schon gesagt habe: Ich bin verheiratet. Es mag dir bürgerlich erscheinen, aber ich habe nicht vor, meinen Treueschwur zu brechen.«

»Aber wenn du doch unglücklich mit Otto bist!?«, beharrte Clara.

»Es geht nicht nur um mein Glück. Es geht um die Kinder. Um das Sanatorium.« Hope bog in einen schmalen Pfad ein, der direkt in den Schatten des Waldes führte. Clara spürte die Ruhe, die hier herrschte, fast körperlich. Sie fröstelte. »Auf Dauer ist dieses Landleben nichts für mich. Zu viel Stille. In Paris war es nie ruhig. Weder am Tag noch in der Nacht.«

»Dafür hast du hier mehr Freiheiten!«, entgegnete Hope. »Jetzt werden wir kaum noch jemanden sehen, wir können die Röcke abnehmen.« Sie zeigte Clara noch einmal die Knopfleiste, und Sekunden später standen beide Frauen in Hosen da. »Den Rock kannst du als eine Art Cape überwerfen«, erklärte Hope. »So hält er dich auch noch warm.«

Ein paar Schritte legten sie schweigend zurück. »Das hätte ich früher ausprobieren sollen«, stellte Clara anerkennend fest. »Ich hätte wissen müssen, dass Männer sich keine unpraktischen Kleider aussuchen. Und uns lassen sie also seit Jahrhunderten über Rocksäume stolpern …«

Noch bevor Hope ihr antworten konnte, hörten sie Schritte, die ihnen schnell entgegenkamen. Einen Augenblick später bog eine große Gestalt um die nächste Wegbiegung. Lehmann sah die beiden Frauen. Sein Blick fiel auf ihre Beine, und er hob fragend die Augenbrauen. »Revolutionäre Kleidung, liebe Genossinnen. Hat der Stoff nicht mehr für einen Rock gereicht?«

»Von wegen«, erklärte Hope. »Hier in den Bergen sind Hosen ungleich praktischer. Warum sollten wir den Männern alles überlassen, was das Leben annehmlich macht?«

Carl fing laut an zu lachen. »Immer, wenn ich glaube, ich durchschaue Sie, liebe Frau Doktor, dann schaffen Sie es wieder, mich zu überraschen. Hosen?« Er sah kopfschüttelnd auf ihre Beine. »Weiß Doktor Walther das?«

»Gott bewahre, nein!« Hope hob ihre Hände. »Ich wäre Ihnen sehr verbunden, wenn Sie ihm nichts sagen. Er fürchtet um den Ruf seines Sanatoriums. Aber er macht nur dann Spaziergänge, wenn unsere reichen Patienten ihn um Begleitung bitten. Das ist im Winter selten der Fall.«

»Ich werde kein Wort sagen«, erklärte er und wurde unvermittelt ernst. »Aber es kommt mir sehr zupass, dass ich Sie hier treffe. Ich werde die Klinik verlassen. Ich gehe nach Straßburg.« Lehmann sah Hope direkt in die Augen.

Sie verlor für einen Moment die Fassung. »Straßburg? Aber warum wollen Sie weg von uns?«

»Ich kann es nicht ertragen, Sie jeden Tag zu sehen und Ihnen doch nicht nahe zu sein. Ich brauche ein wenig Abstand. Straßburg ist nicht so weit ... wenn Sie mich also sehen wollen, dann müssen Sie mir nur einen Brief schreiben.«

»Was haben Sie denn dort vor?«, fragte Hope.

»Medizin studieren. Sie haben mich überzeugt: Als Mediziner kann man viel bewegen. Es hilft nicht, nur von den Proletariern und ihren Lebensumständen zu reden.«

Clara hatte dem Wortwechsel aufmerksam zugehört. Erst jetzt schaltete sie sich ein. »Wir verlieren einen weiteren Kämpfer an die Medizin?«

Carl schüttelte den Kopf. »Ihr gewinnt einen Mediziner bei den Sozialdemokraten! Ich werde weiter für die Sache kämpfen. Für den Augenblick ist es aber am besten, wenn ich studiere. Bliebe ich hier, würde mir Hopes Anblick das Herz brechen.« Er sah sie noch einmal an und fing an zu lachen. »Sogar in Hosen ...«

Damit verschwand er Richtung Klinik. Die Freundinnen sahen ihm hinterher, bis er hinter einer Biegung verschwand. Schließlich brach Clara das Schweigen. »Er liebt dich, keine Frage. Wie ist es aber um dich bestellt?«

Schweigend wandte Hope sich ab und ging voraus durch den winterlichen Wald. Clara folgte ihr. Sie hatten fast den Gipfel erreicht, als Hope sich endlich umwandte. »Ich habe Otto meine Treue geschworen. Als ich krank wurde, hat er für mich seine ererbte Praxis aufgegeben … da kann ich doch nicht einfach einem Gefühl nachgeben.« Sie zögerte. »Und doch. Carl ist so lebendig, während Otto immer mehr versteinert. Otto fürchtet um seine gesicherte Existenz, Carl wagt alles neu. Wenn ich mit ihm zusammen bin, dann fühle ich mich jung, alles ist wieder möglich …«

Clara nahm ihre Freundin in den Arm. »Ein Leben ohne die Ketten des Bürgertums!«

Ängstlich sah Hope sie an. »Mache ich mich lächerlich? Ich bin die Mutter zweier Kinder, verheiratet, respektiert – und gebe mein Herz einem Mann, der zehn Jahre jünger ist!«

»Liebe ist nie lächerlich. Warum soll es in Ordnung sein, wenn ein alter Mann sich eine junge Frau zur Gattin nimmt – aber eine Frau nicht einen jüngeren Mann als Gefährten erwählen darf. Hier sollte wohl gleiches Recht für alle gelten!« Claras Stimme bekam einen vertrauten, kämpferischen Unterton, der verriet, dass ihr dieses Thema sehr am Herzen lag.

»Er hat recht. Vielleicht tut es uns gut, wenn er in Straßburg studiert. Wenn ich ihn nicht mehr jeden Tag sehe, mag sich meine Neigung zu ihm als eine närrische Schwärmerei erweisen …« Sie merkte, dass sie von ihren eigenen Worten nicht überzeugt war. Entschlossen drehte sie sich um. »Lass uns zurück zur Klinik gehen. Es wird bald dunkel.«

Carl Lehmann stapfte gedankenverloren durch den Wald. Er musste mit Otto sprechen. Sofort. Ihm mitteilen, dass er die Stelle als Verwalter der Klinik nicht länger ausfüllen konnte. Entschlossen lief er zum Verwaltungsgebäude und platzte in das Büro. »Doktor Walther? Wir müssen reden!« Noch bevor er weiterreden konnte, nickte der Arzt. »Das scheint mir auch. Morgen? Wir können in aller Früh zu einer Wanderung aufbrechen. Das ruhige Wetter soll nicht mehr lange halten, aber vielleicht haben wir Glück ...«

Überrascht sah Carl seinen Widersacher an. Dann nickte er langsam. »Morgen früh also. Ich werde pünktlich sein.«

Die Hügelkette zeichnete sich noch dunkel gegen den Nachthimmel ab, als die beiden Männer sich trafen. Carl Lehmann schnürte die Schnürsenkel seiner Wanderstiefel fester. »Früh für eine Wanderung. Nicht mal der Hahn kräht.«

Otto nickte. »Die beste Zeit. Kein Grund, die anderen zu stören.«

Schweigend machten die Männer sich auf den Weg. Sie sahen nicht, dass Hope an ihrem Fenster stand und ihnen besorgt nachsah. Ihr Blick ging immer wieder zum Himmel. Noch war er wolkenlos, aber um diese Jahreszeit konnte jederzeit ein Wetterumschwung über die Berge kommen.

Sie wagten sich in steiles Gelände, gefährlich mit den eisigen Schluchten und verschneiten Hängen. Lehmann folgte Otto verbissen und ließ sich die Anstrengung nicht anmerken. Auf einem engen Pfad blieb er schließlich keuchend stehen. »Hier ist es so gut wie anderswo!« Er sah Otto Walther herausfordernd an.

Der schien nicht zu verstehen. »Wofür?«

Lehmann deutete in die Schlucht. »Nun – dafür zu sorgen, dass Sie allein ins Tal zurückkehren. Nach einem ›furchtbaren Unglück‹!«

Otto machte einen Schritt auf Lehmann zu. Er blieb Zentimeter vor ihm stehen. »Das Unglück ist bereits geschehen!«, presste er hervor.

»Nichts ist geschehen, Doktor Walther. Auf meine Ehre.« Er sah seinem Gegenüber ohne Scheu ins Gesicht. Rechtfertigung war nicht sein Anliegen für diesen Tag.

Otto nickte langsam. Plötzlich wirkte er unendlich müde. »Nicht in Taten. Und nicht in Worten, so viel ich weiß. Doch in Gedanken. Und dort umso klarer.«

»Ich würde Ihnen gerne widersprechen. Ich kann nicht.« Verlegen hob Lehmann seine Hände und versuchte ein schiefes Grinsen.

Urplötzlich griff Otto ihn mit ungeahnter Kraft am Kragen und schüttelte ihn. »Dann tun Sie es! Oder versprechen Sie mir, zu verschwinden. Gleich morgen, ohne ein Wort. Lassen Sie uns weiter in Frieden – wir haben ihn uns mühselig erarbeitet. Und wir haben ihn verdient!«

Lehmann nickte. »Ihre Frau nicht mehr lieben? Das könnte ich nicht. Aber ich werde morgen gehen. Nach Straßburg. Ich muss weg von Nordrach.«

»Nicht weit genug entfernt, scheint mir«, knurrte Otto. »Und Sie müssen verstehen: Ich kann Ihnen nicht geben, ohne das ich nicht leben kann.«

Carl Lehmann sah ins Tal, als er leise antwortete. »Sie können nicht geben, was zu geben Ihnen nicht zusteht. Es ist alleine Hopes Entscheidung. Das zu akzeptieren, fällt uns beiden schwer.«

»Sie ist meine Frau!« Ottos Stimme klang gepresst.

»Mit ein wenig Glück auf meiner Seite gilt das nicht mehr für ihr Herz!«, sagte Carl.

»Es ist kein Hirngespinst«, schrie Otto, »kein Hirngespinst, dass ich Hope liebe! Dass Hope mich liebt!«

»Wäre es so – was fürchten Sie?« Carl Lehmann sah seinen Widersacher immer noch nicht an.

Langsam öffnete Otto seine geballten Fäuste. »Ich würde für sie töten!« Sein Geständnis hallte in der kalten Luft wider. Erst jetzt wandte Carl seinen Kopf und starrte Otto an. Es verging eine lange Zeit, bevor er leise antwortete. »Und ich würde für sie sterben.«

Längst war es Abend geworden. Immer häufiger sah Hope zum Fenster hin. Sie hatte keine Ahnung, wohin die Männer so früh am Morgen gewandert waren. Auf jeden Fall sollten sie längst wieder zu Hause sein. Sie hatte die Haushälterin angewiesen, eine heiße Brühe bereitzuhalten – und sie war sich nicht sicher, ob sie auf einen Sieg Lehmanns bei diesem Männergespräch hoffen durfte. Sie kniff die Augen zusammen, als sie eine Bewegung am Waldrand sah. Eine dunkle Gestalt schälte sich aus dem Schwarz des Waldes und trat auf die hellere Schneedecke. Hope versuchte zu erahnen, welcher der beiden Männer da alleine zurückkehrte. Die Gestalt war nicht sehr groß, etwas gedrungen – ganz offensichtlich ihr angetrauter Ehemann. Zu ihrer Überraschung spürte sie eine Enttäuschung. Hatte Carl aufgegeben? Oder – war ihm gar etwas in dem unwegsamen Gelände passiert? Die Angst schnürte ihr den Atem ab.

Plötzlich war sie sich sicher: sie wollte ohne die Begeisterung und den Enthusiasmus von Carl Lehmann nicht mehr sein. Schon der langsame und bedächtige Gang von Otto, der über das Schneefeld auf das Haus zukam, war ihr von einer Sekunde auf die andere zuwider. Sie wollte nicht mehr über jede Idee und jede Tat hundertmal nachdenken. Sie wollte wieder ein spontanes Leben führen! Aber wenn sie Pech hatte, dann war der Mann, der ihr ein größeres Leben ermöglicht hätte, jetzt nicht mehr für sie da. Wie sehr hatte sie sich in den letzten Monaten daran gewöhnt, dass Carl irgendwo auf dem Gelände des Sanatoriums herumlief. Dass sie ein paar belanglose Sätze austauschen konnte oder eine ernsthafte politische Diskussion anfing. Sie biss sich auf die Lippen. Otto kam immer näher, aber sie hatte nur Augen für den Waldrand.

Ihre Augen brannten vor Anstrengung, als sich endlich die Büsche am Waldrand ein weiteres Mal teilten und ein großer Mann etwa zweihundert Meter hinter Otto auf die Schneefläche trat. Hope atmete tief aus. Was immer die Männer besprochen hatten – sie hatte in den letzten Minuten eine Entscheidung gefällt. Sie wollte keine Bedenken mehr haben, sie wollte das volle, pulsierende Leben. Mit Carl Lehmann. Für das Sanatorium, ihre Ehe und ihre Kinder würde sie eine Lösung finden.

Otto kam herein, sah sie finster an und verschwand ohne ein Wort in die Küche. Hope lief ihm nicht hinterher. Stattdessen griff sie nach einem warmen Schal und lief Carl entgegen. Die letzten Schritte rannte sie und fiel ihm schließlich in die Arme. Carl umfing sie liebevoll. Er sah sie prüfend an, als Hope leise fragte: »Was soll jetzt werden?«

»Was jetzt wird?« Ein warmes Lächeln breitete sich auf seinem Gesicht aus. »Liebe wird – endlich Liebe!« Er küsste sie mit Lippen, die von dem langen Tag in der Kälte und der Sonne rau und rissig waren. Aber dieser Kuss kam Hope wie der erste richtige Kuss seit einer Ewigkeit vor. Sie schloss die Augen und ließ sich ganz in dieses Gefühl fallen. Es fühlte sich richtig und voller Leben an. Und sie wollte nie wieder darauf verzichten …

Der Gegensatz konnte größer nicht sein. Während vor dem Fenster die ersten Sommernächte warm und erdig nach Leben und Zukunft rochen, war die Atmosphäre im Schlafzimmer der Walthers dumpf und drückend. Längst hatten sie ihre Betten an verschiedene Wände geschoben, Hope ertrug nicht einmal mehr eine zufällige Berührung. Sie verkehrten höflich miteinander, besprachen sachlich alles Berufliche und wahrten den perfekten Schein. Wie es hinter den Kulissen aussah, wussten nur wenige. Hope erzählte es Carl, wenn sie sich in Straßburg oder in einem der Orte zwischen Straßburg und Nordrach trafen. Sie hatte keine Ahnung, bei wem Otto sein Herz ausschüttete. Sie wünschte ihm ehrlich, dass er jemanden hätte. Aber jetzt starrte sie nur in das Dunkel des Schlafzimmers und lauschte auf die Grillen, die vor dem Fenster zirpten.

»Otto? Ich …«, fing sie vorsichtig an. Er rührte sich nicht. Sie versuchte es etwas lauter. »Es war nie mein Gedanke, dass …« Wieder nur Schweigen. Dabei merkte sie seinem Atem an, dass er nicht schlief. Sie räusperte sich leise. »Ich würde dich um Verständnis bitten, wenn es zu verstehen wäre.«

»Macht es denn einen Unterschied?« Ottos Stimme klang zornig in der Dunkelheit.

Aber sie hatte sich fest vorgenommen, jetzt endlich ein paar Dinge auszusprechen, die schon lange hätten gesagt werden müssen. »Es macht allen Unterschied der Welt. Ich liebe Carl nicht, um dich leiden zu sehen.«

»Doch ändern wird es deine Entscheidung nicht.« Keine Frage, sondern eine Feststellung.

Obwohl er es nicht sehen konnte, schüttelte Hope den Kopf. »Nicht meine Entscheidung. Mein Herz kann sich nicht ändern.

Aber dies hier ist kein Raum der Ehe mehr, unser Bett kein Bett eines Paares. Du musst es nicht mehr mit mir teilen.«

»Wir teilen es schon lange nicht mehr.« Seine Stimme klang plötzlich enttäuscht. »Willst du zu ihm?«

»Nein, das ist es nicht. Aber wie können wir …«

»Ich werde nicht an seine Tür klopfen, wenn ich meine Gattin sehen will! Das wäre der Farce wirklich zu viel. Solange Nordrach unser Heim ist, bist du meine Frau. Diskretion ist das Mindeste, was ich erwarte. Was ihr in Straßburg treibt, will ich nicht wissen und mag ich mir nicht vorstellen.«

Hope nickte. Sie wusste nicht mehr weiter. Eine Trennung schien für Otto nicht vorstellbar. Vorsichtig fragte sie noch einmal nach. »Was, wenn mein Heim nicht mehr Nordrach wäre?«

Sie hörte, wie Otto tief Luft holte. Als er anfing zu reden, klang seine Stimme streng, jede Zärtlichkeit war daraus verschwunden. »Ich brauche dich hier in meinem Sanatorium, Hope. Du bist meine Gattin, du wirst mich hier nicht im Stich lassen. Diesen Gehorsam verlange ich von dir als meiner Ehefrau. Wenn ich einen Ersatz für dich finde, dann werde ich dich freigeben. Keinen Tag früher.« Seine Stimme wurde lauter. »Und bis zu diesem Moment möchte ich nicht, dass Heinz oder Mara unter diesen Umständen leiden müssen. Sie sollen nichts erfahren. Verstehst du mich?«

Hope spürte, wie eine Träne ihre Wange hinunterlief. »Ich werde dafür Sorge tragen«, flüsterte sie. »Verlass dich drauf.«

Schönwald, 1895

Die Wassermassen stürzten aus über hundert Metern in Kaskaden in die Tiefe. Hope lehnte sich an Carl und genoss den Anblick. »Warum kann es nicht immer so sein?«, flüsterte sie leise.

Carl sah lächelnd auf sie herunter. »Weil wir nicht immer in Urlaub sein können – und nur hier, wo uns niemand kennt, können wir einfach als Herr und Frau Lehmann ein Zimmer in einer Pension buchen.«

Hope nickte. Sie kannte die Antwort. Seit fünf Jahren lebte sie diese Farce mit Otto. Wann immer sie in Nordrach war, spielte sie die brave Ehefrau, kümmerte sich voll Hingabe um ihre Patienten und die Kinder. Carl mied das Sanatorium, er kam nur selten vorbei und verschwand, lange bevor es dunkel wurde.

Hope musste sich die freien Tage mühselig erkämpfen. Die Tage, an denen sie in Straßburg an Carls Seite über Politik diskutierte und ihre Liebe in seinem engen Zimmer größer wurde. Alle paar Monate verreisten sie für ein paar Tage und genossen die geraubten Augenblicke als glückliches Ehepaar ohne irgendwelche Verpflichtungen. So wie jetzt in Schönwald. Nur wenige Kilometer von Nordrach entfernt, aber in einer ganz anderen Welt. Hier redete niemand von Schwindsucht, an Hopes Rockzipfel hingen keine vier Kinder. Längst waren Claras Jungen von Gästen zu Bewohnern des Sanatoriums geworden. Seitdem Bismarck vor fünf Jahren die Sozialistengesetze nicht mehr verlängert hatte, war ihre Mutter nur noch im Namen der Revolution unterwegs. Was hatten sie damals gefeiert, als Sozialdemokratie plötzlich nicht mehr direkt in das Gefängnis führte. Als bei den Reichstagswahlen die Sozialdemokraten mit 22,3 Prozent die meisten Stimmen hatten – was ihnen bei dem geltenden Wahlrecht wenig brachte, sie hatten trotzdem nur die viertgrößte Fraktion. Und was war seitdem nicht alles geschehen: Sonntagsarbeit war verboten, ebenso Kinderarbeit. Es gab Kranken- und Rentenversicherungen. Nein, es war noch lange nicht gut. Aber es war besser. Besser für fast alle. Aber nicht für uns, dachte Hope. Otto sprach mit ihr nur die notwendigsten Sätze. Wenn Heinz oder Mara aufsässig waren, dann war regelmäßig sie daran schuld. Und er schien nicht ernsthaft nach einer Lösung zu suchen, die es ihm erlaubte, Nordrach ohne Hopes Hilfe zu führen.

Sie seufzte. »Dann müssen wir weiter nur den Augenblick leben. Das Heute so genießen, als ob es nie ein Morgen geben würde …«

»Irgendwann wird das besser, dann leben wir zusammen!«, versprach ihr Carl. »Jetzt bin ich approbierter Arzt, ich kann mich im gesamten Reich niederlassen. Wir können dann eine Praxis führen. Gemeinsam. Irgendwann wird die Zeit kommen, da Otto dich endlich loslässt.«

»Wenn es nicht das Sanatorium gäbe, dann hätte er keinen Bedarf an meiner Gegenwart«, erklärte Hope. »Er denkt, ich würde nicht erkennen, dass seine Freundschaft für Fräulein Alexandra weit mehr als nur Kameraderie ist – dabei ist es offensichtlich. Aber unser Kindermädchen kann mich trotzdem nicht in der Klinik ersetzen. Es ist bitter für uns, dass er sich nicht in eine Ärztin verliebt hat …«

Carl fing an zu lachen. »Du kannst ihm nicht zum Vorwurf machen, dass es keine Ärztinnen gibt. Otto mag an Vielem die Schuld tragen – daran nicht.« Er schloss sie in seine Arme und drückte seine Lippen ungestüm auf ihren Mund. »Hab noch ein wenig Geduld. Ich weiß es: Otto wird uns nicht ewig im Weg stehen.«

Hope erwiderte seinen Kuss mit geschlossenen Augen. Wenn Carl sich etwas vornahm, dann klang es einfach. Selbst die Jahre des Wartens waren für ihn nur ein Spiel, das Medizinstudium ein Spaziergang. Seine Kräfte schienen nie zu erlahmen.

Nordrach, 1896

Gewissenhaft lauschte Hope noch einmal in ihr Stethoskop. Die greise Patientin schien die Untersuchung kaum wahrzunehmen – aber die Geräusche in der Lunge waren geringer geworden. Hope gab ihrer Stimme einen Schwung, den sie nicht verspürte. »Frau Schüberl, das sieht doch gar nicht schlecht aus. Wenn wir jetzt noch Ihren Hunger ein wenig stärken können …«

Hinter ihr flog die Tür auf. Carl kam mit einer Zeitung in der Hand hereingestürmt. Hope warf ihm einen warnenden Blick zu. Sie hatte keine Ahnung, was die alte Frau mitkriegte – aber sie wollte nicht riskieren, dass sie sich bei der nächsten Visite bei Otto verplapperte. Carl lies sich nicht bremsen: »Hope!« Er warf einen Blick auf die Patientin. »Frau Dr. Walther!«

Frau Schüberl sah Carl mit weit geöffneten Augen an. Ebenso weit geöffnet war ihr Mund. Ein Speichelfaden tropfte auf ihren Kragen. Vielleicht war ihr Verständnis von der Welt ja doch schon etwas lückenhaft. Carl warf Hope einen verschwörerischen Blick zu und drehte kurzerhand den Rollstuhl von Frau Schüberl so um, dass sie aus dem Fenster sah. Hope schüttelte den Kopf, konnte aber ein leises Lächeln nicht verbergen. »Carl ... ich arbeite! Was machst du hier überhaupt?«

Er küsste sie leidenschaftlich auf den Mund. »Gute Neuigkeiten, mein Engel! Hast du schon Zeitung gelesen?«

Hope drückte ihn beiseite. »Nein. Beherrsche dich. Was, wenn Otto kommt. Oder Heinz. Oder Mara. Oder eine der Schwestern ...«

»So wie es jetzt aussieht, werden all diese Schwestern und auch Otto bald nach einem anderen Fachgebiet suchen müssen.« Carl deutete auf die Überschrift: »Medikament gegen Tuberkulose«.

Hope griff nach der Zeitung und überflog den Artikel. Dann sah sie Carl an. »Wenn das alles wahr ist, dann hat Robert Koch dafür gesorgt, dass wir künftig kein Nordrach mehr benötigen! Das ist unglaublich! So eine gute Nachricht – auch für alle Leidenden.«

»Die Schwindsucht ist besiegt!« Carl küsste Hope erneut. »Unser Leben beginnt. Endlich! Lass uns ein neues Leben anfangen. In München!«

»In München?« Hope sah ihn verblüfft an. »Was willst du denn in München?«

»Nicht ich, Hope – wir! Was hält uns denn hier? Lass uns endlich leben!«

»Wir? Du redest von uns beiden?«, fragte Hope noch einmal nach. Sie wollte sichergehen, sich nicht verhört zu haben.

»Bitte? Selbstverständlich wir beide. Was soll ich in der Welt denn ohne dich?« Er strahlte sie an, griff nach ihren Händen und küsste sie. In diesem Moment bewegte sich Frau Schüberl und versuchte sich umzudrehen. »Frau Doktor? Was ist denn jetzt?«

Mit einer schnellen Bewegung zog Hope Carl in das Vorzimmer und küsste ihn mit aller Leidenschaft, zu der sie fähig war. Die Meldung in der Zeitung schenkte ihr die Freiheit!

Sie hörte nicht, wie die Tür nach draußen leise aufging. Durch den schmalen Spalt sah Mara herein. Ihre Augen weiteten sich, als sie erkannte, was da vor sich ging. Mit einem erstickten Schrei ließ sie die Tür wieder los und rannte davon. Hope hörte die Tür erst, als sie mit einem schweren Schlag ins Schloss fiel. Sie machte zwei Schritte quer durch den Raum und riss die Tür wieder auf – um nur noch Maras Rücken zu sehen. Das Mädchen rannte schluchzend davon. Hope lief ihr nach und erwischte Mara schon nach wenigen Metern am Ärmel. »Lass mich!« Mara bemühte sich verzweifelt, sich aus dem starken Griff ihrer Mutter zu winden.

»Bitte, Mara. Hör mir doch zu.« Hope hörte selber, dass ihre Stimme flehend klang.

»Ich will aber nicht!« Mara versuchte mit der ganzen Kraft einer Neunjährigen, nach ihrer Mutter zu treten. »Ich hasse dich! Ich hasse dich!« Sie fing an zu schluchzen.

Hope strich über das tränenüberströmte Gesicht ihrer Tochter. »Ich würde es dir so gerne erklären!«, flüsterte sie.

Mara lehnte sich zurück und sah ihre Mutter plötzlich ganz ruhig an. »Ja? Wie willst du das nur erklären?«

Hope nahm ihre Tochter in den Arm und suchte nach einer Erklärung, die in den Ohren ihrer Tochter vernünftig klang. Oder wenigstens für ein bisschen Verständnis sorgte. Aber egal wie sie es auch versuchte – es gab keine Erklärung, die Maras Welt wieder heil machen konnte. Ihr blieben nur noch die gemeinsamen Tränen mit ihrer Tochter.

Sie hasste das unendlich eintönige Ticken der Wanduhr. Seit Minuten das einzige Geräusch im Esszimmer. Otto beschäftigte sich mit seinem Braten, ohne auch nur ein einziges Mal die Augen zu heben. Hatte er ihr überhaupt zugehört?

Endlich antwortete er. »Scheidung?«

Hope nickte. Sie wollte sich zu keiner Gefühlsregung hinreißen lassen. »Ich nehme alle Schuld auf mich. Keinen Pfennig wird es dich kosten, keinen Unterhalt. Gib mich einfach frei ...«

»Das Sanatorium?« Er sah sie immer noch nicht an.

»Das wird nach der Erfindung von Dr. Koch sicher keinen zweiten Arzt mehr benötigen. Wir werden uns bestimmt einigen. Für eine Übergangszeit …«

Otto schob ein weiteres Stück Fleisch in seinen Mund und sah sie endlich an. »Es gehört mir.«

»Wie?« Hope war sich nicht sicher, ob sie sich verhört hatte.

»Es wurde mit meinem Geld erbaut, und mein Name steht in Stein gemeißelt. Wenn du gehst, nimmst du nichts mit. Nichts, hörst du?« Seine Stimme war leise, drohend.

»Was ist mit den Kindern?« Hope wagte fast nicht zu fragen, so sehr fürchtete sie die herzlose Antwort ihres Mannes.

»Du hast sie doch nicht gewollt – warum willst du sie jetzt?« Otto sah sie ohne eine Gefühlsregung an. »Also?«

Sie sah ihn entgeistert an. »Denkst du das wirklich? Otto, ich wollte vielleicht nicht schwanger werden – aber seit die beiden auf der Welt sind, liebe ich sie mit jedem Atemzug, den ich tue. Nicht einmal du kannst daran zweifeln!«

Er sah sie schweigend an. Hope schloss die Augen und holte tief Luft. Sie würde nicht um dieses Sanatorium kämpfen. Aber ihre Kinder gab sie ganz sicher nicht ohne Kampf her.

»Mach die beiden nicht zur Waffe gegen mich, darum bitte ich dich.«

Otto zeigte zum ersten Mal Gefühle. Er zog seine Mundwinkel verächtlich nach unten. »Was willst du den beiden denn bieten?«

»Ich weiß es nicht«, gab Hope zu. »Ich weiß ja noch nicht einmal, wo wir in München wohnen werden.«

»Mara und Heinz lieben Nordrach. Hier ist es gut für sie«, stellte Otto sachlich fest.

»Und dich lieben sie auch.« Hope biss sich auf die Unterlippe, als ihr klar wurde, dass es keine Lösung gab, bei der nicht irgendjemand verletzt wurde. Leise redete sie weiter. »Ich wünschte, ich könnte bleiben *und* gehen.«

»Wir werden die Kinder nicht trennen!« Ottos Stimme duldete keinen Widerspruch.

Ganz allmählich kam Hope eine Idee. Zögernd antwortet sie

ihm. »Aber vielleicht können wir ja die Fürsorge für die beiden teilen? Es könnte doch möglich sein, dass wir kein Paar mehr sind, aber immer noch Eltern, die sich gemeinsam um ihre Kinder sorgen?«

»Wie stellst du dir das vor?« Seine Stimme klang weiter ablehnend, aber Hope hörte Neugierde. Er wusste, dass Hope zu ungewöhnlichen Lösungen neigte. Sie versuchte ein Lächeln.

»Sie könnten doch bei einem von uns in die Schule gehen und bei dem anderen ihre Ferien verbringen. Große Entscheidungen fällen wir gemeinsam – immerhin gibt es doch Briefe. So würden wir auch nicht den Kontakt verlieren.« Sie suchte seinen Blick. »Das sind wir doch der Liebe, die wir einst füreinander empfanden – und den Kindern, die wir gemeinsam in die Welt gesetzt haben – schuldig.«

Ganz langsam wich die Härte aus Ottos Gesicht. »Du schaffst es immer wieder, mich zu überraschen, Hope Bridges. Ich muss dir recht geben. Es könnte ein Weg sein, den wir gehen können. Zum Wohl der Kinder.«

»Dann lass uns um einen Termin beim Notar bitten«, bekräftigte Hope das Ergebnis. Und Otto nickte nur. »Ich kümmere mich darum.«

Hope bemühte sich um Haltung und starrte die geschnitzten Beine des Schreibtischs an. Mit leiernder Stimme verlas der Notar ihre Scheidungsurkunde. Dürre Sätze, denen ihr Gehirn keine Bedeutung zumessen wollte. Vor ihrem inneren Auge flogen die letzten Jahre vorbei. Die Zeit als Studenten in Leipzig, die gemeinsamen Monate in London und die Praxis in Frankfurt. Wie sehr hatten sie doch an die Zukunft geglaubt, als sie die Behandlungszimmer einrichteten! Und dann die Kinder. Sie erinnerte sich an den Blick, den Otto ihr nach der Geburt von Heinz geschenkt hatte. So viel Liebe, Stolz und Freude. Und jetzt … Der Notar hob seinen Blick von der Urkunde und sah sie eindringlich an. »Ich weise noch mal darauf hin, Frau Walther, dass Sie mit diesen Dokumenten jeden Anspruch auf Unterhalt verlieren. Gerade angesichts der ungewöhnlichen Regelung, was Ihre Kinder betrifft …«

»Was ich meinen Kindern gebe, werde ich selbst verdienen«, unterbrach Hope ihn. »Ich wünsche es so. Aber vielen Dank für Ihre Ratschläge.«

Der Notar schob ihr die Dokumente zur Unterschrift zu. Sie setzte ein letztes Mal den Namen Walther unter ein Schreiben und gab es weiter an Otto. Der sah nicht einmal mehr hin. Er schrieb seinen Namen achtlos nieder und erhob sich. Mit einem bemühten Lächeln reichte Hope ihm die Hand. »Nun gehört alles dir!«

»Gar nichts gehört mir«, erwiderte er bitter. »Nichts von Wert.« Er reichte ihr die Hand. »Frau Bridges.«

Von widersprüchlichen Gefühlen übermannt, warf Hope ihre Arme um ihren Mann. Sicher, sie war glücklich, endlich frei für Carl zu sein. Aber gleichzeitig war ein Teil ihres Lebens damit zu Ende. Unwiderruflich. Sie drückte Otto an sich. »Mach nicht schlecht, was so lange gut gewesen ist«, murmelte sie.

Kurz spürte sie, wie Otto sich gegen die Umarmung sträubte. Dann gab er nach und klopfte ihr unbeholfen auf den Rücken. In seinen Augen standen Tränen, als sie endlich voneinander lassen konnten. Zum ersten Mal seit langer Zeit fühlte Hope sich ihm wieder nahe und verbunden. Was für eine Ironie des Schicksals, dass es für dieses Gefühl zu ihrer Scheidung kommen musste. Ein letztes Mal strich sie über Ottos Rücken, dann richtete sie sich auf und verließ den stickigen Raum des Notars. Auf sie wartete ein neues Leben.

Carl musterte Hope. Er kannte sie nun seit so vielen Jahren – aber so bedrückt hatte er sie noch nie erlebt. Sie sah schweigend aus dem Zugfenster, aber er war sich nicht sicher, ob sie überhaupt etwas von der Landschaft wahrnahm. Wahrscheinlich sah sie nur die letzten Momente in Nordrach vor sich. Heinz, der verzweifelt versuchte, seine Tränen nicht zu zeigen. Otto, der ihr sehr förmlich die Hand reichte. Und Mara … Mara, die sich in ihrem Zimmer eingesperrt hatte. Das Mädchen war vielleicht erst zehn – aber sie wusste genau, was sie wollte. Ihre Mutter wollte sie nicht mehr sehen. Carl legte Hope die Hand auf den Arm. »Nun schau nicht so trüb! München!«

Mit einem angestrengten Lächeln wandte Hope sich ihm zu. »Ich weiß. Aber …« Traurig schüttelte sie den Kopf.

»Sie werden darüber hinwegkommen«, sagte Carl ohne große Überzeugung.

»Heinz – das mag sein. Aber Mara? Wie kann sie sich in ihrem Zimmer einschließen, nur um mich nicht mehr zu sehen?« Hope biss sich auf die Lippen, um die Tränen zurückzuhalten. Der Trotz des Mädchens brach ihr fast das Herz.

»Sie wird sich beruhigen. Sie braucht Zeit für ihre Wunden. So wie du. Und wie Otto.«

Hope sah Carl zweifelnd an. »Was ist, wenn sie mir nie verzeiht?«

»Sie werden immer bei uns sein, außer in den Ferien. Das ist ausreichend Gelegenheit für Mutter und Tochter, sich wieder zu versöhnen. Und sie ist noch klein. Sie wird sich an ihr neues Leben schnell gewöhnen.« Carl bemühte sich sehr darum, Sicherheit auszustrahlen. Aber wenn er ehrlich war, dann beschlichen auch ihn Zweifel, ob sich das trotzige kleine Mädchen wieder beruhigen würde.

»Ich wünsche es mir so«, murmelte Hope. »Das Kind soll mir nicht fremd werden.«

»Aber nie im Leben!«, sagte Carl. »Alle beide nicht! Vergiss nicht: In Nordrach hat Otto auch keine Zeit für sie. Seit dem Scheitern von Robert Kochs Therapie …«

»… kommen mehr Patienten als jemals zuvor. Und jetzt ist Otto der einzige Arzt, er kann nicht mehr die Hälfte der Kranken zu mir schicken. Ich weiß.« Hope sah Carl in die Augen und hob entschuldigend die Hände. »Es tut mir leid, dass ich nicht so voller Vorfreude sein kann wie du. Aber ich brauche noch ein paar Tage, bis ich Nordrach ganz hinter mir gelassen habe. Und erst wenn Heinz und Mara bei uns sind, habe ich das Gefühl, dass unser gemeinsames Leben wirklich beginnt.«

»Wenn es nur deine beiden wären«, knurrte Carl mit gespieltem Zorn. »Wenn ich das richtig verstanden habe, dann werden Maxim und Kostja auch bei uns einziehen. Ich werde vierfacher Vater, ohne ein Kind gezeugt zu haben. Wo steckt eigentlich Clara?«

»Sie ist immer noch in Stuttgart. In ihrem letzten Brief hat sie mir von ihrer Zeitschrift erzählt. ›Die Gleichheit‹ tritt dafür ein, dass Frauen im Kapitalismus niemals eine Gleichberechtigung erreichen können – es muss eine neue Gesellschaftsform her.« Zum ersten Mal an diesem Tag musste Hope lachen. »Es hat sich also nichts geändert. Clara reicht das Frauenwahlrecht nicht. Die Welt muss sich auch noch verändern. Um so Kleinigkeiten wie neue Hosen für ihre Söhne müssen wir uns kümmern … Außerdem hat sie sich verliebt.«

Carl hob fragend die Augenbrauen. Hope bemühte sich, ernst zu bleiben. »Er ist 21 Jahre alt, heißt Friedrich und ist wahnsinnig reif und tiefsinnig für sein Alter. Er ist Maler – und unglaublich talentiert. Schreibt sie. Auf jeden Fall sind die beiden der Skandal von Sillenbuch. Kannst du dir das vorstellen? Das tiefe Schwabenland und eine 39-Jährige mit einem 21-Jährigen?«

Carl stimmte in ihr Lachen ein. Einer Laune folgend, sprang er auf und riss das Zugfenster auf. Begeistert drehte er sich zu Hope um. »Ich kann sie schon sehen! Die Frauenkirche!« Er lehnte sich weit aus dem Fenster und brüllte begeistert: »München! München! München!«

Die Reisenden im Zug sahen peinlich berührt zu dem großen rothaarigen Mann hin, der laut aus dem Fenster rief. Hope lächelte entschuldigend in die Runde, während sie Carl an seinen Hosenträgern wieder in das Abteil zurückzog. »Wirst du wohl Vernunft annehmen?« Aber sie konnte Carl nicht böse sein. Stattdessen ließ sie sich endlich von seiner guten Laune anstecken und strahlte ihn an.

Er ergriff ihre Hände und sah ihr fest in die Augen. »Ein neues Leben, Hope. Für uns beide. Für immer. Alles wird gut!«

Sie konnte nur nicken. »Ich will dir glauben. Aus tiefstem Herzen.«

Unwirsch setzte der Makler seinen Hut wieder auf. »Das hätten Sie mir sagen müssen. Unter diesen … diesen Umständen kann ich den Vermieter durchaus verstehen.« Er musterte das Paar, das vor ihm stand. Ein rothaariger Hüne und eine schmale, zierliche Frau. Eigentlich sahen sie seriös aus, aber offensichtlich waren diese beiden Doktoren nicht verheiratet. Und damit waren ihnen die schönen Wohnungen in guter Lage verwehrt.

Die Frau sah ihn fassungslos an. »Wenn unsere Bonität nicht infrage steht und die Wohnung leer steht – was ist denn dann das Problem?«

Wie naiv war diese Frau eigentlich? Er holte tief Luft, um noch einmal zu erklären, warum sie keine Wohnung bekommen konnten. »Frau Bridges, allein das Geld macht keinen guten Mieter. Der Ruf des Hauses ...«

Jetzt mischte sich der Riese auch noch ein. Und zwar alles andere als leise. »Der Ruf des Hauses? Hinter den geschlossenen Türen hat doch jeder seine Schweinereien zu verstecken!«

Hope stieß ihn mahnend an. Vorsichtshalber wandte der Makler sich nur an sie. »Es tut mir leid. Aber für ein unverheiratetes Paar wird sich in den besseren Lagen wohl nichts finden lassen. Sie könnten es vielleicht in Giesing versuchen. Ich wünsche Ihnen Glück.«

Damit tippte er sich noch einmal an den Hut und verschwand. Hope und Carl sahen ihm unsicher hinterher. Dann zuckte Carl mit den Schultern. »Soll er doch dumm reden!«

»Es ist die vierte Wohnung, die uns deswegen verweigert wurde«, gab Hope zu bedenken.

»Dann suchen wir eben weiter.« Carls Stimme klang trotzig.

»Carl ...« Plötzlich unsicher rang Hope um Worte. »Wäre es nicht leichter ... ich meine, sollten wir nicht ... vielleicht ...« Carl sah sie fragend an. »Was stammelst du denn so? Was meinst du?«

Sie holte tief Luft. »Carl Lehmann, möchtest du mich zu deiner Frau nehmen?«

»Du machst mir einen Antrag?« Carl glaubte, sich verhört zu haben. »Hier auf der Straße? Jetzt?«

Ironisch hob Hope eine Augenbraue. »Hängt deine Antwort etwa von Ort und Zeit ab?«

»Nein«, wehrte Carl ab. »Ich meine nur ... Es ist doch kaum üblich, dass man einfach so ...«

Hope fing an zu lächeln. »Stimmt. Entschuldige …« Ohne Vorwarnung sank sie vor ihm auf die Knie. »Carl Lehmann, erweist du mir die Ehre, mich zu deiner Frau zu nehmen?!«

Carl sah aus dem Augenwinkel, wie Passanten stehen blieben und auf die Szene deuteten. Einige fingen an zu lachen. Schnell griff er nach Hopes Händen und zog sie auf die Füße. Gleichzeitig zog er sie an sich heran und schloss sie in seine Arme – ihm war egal, was die Zuschauer über seinen Sinn für Anstand und Würde dachten. Ohne ein Wort zu sagen, sah er ihr in die Augen und griff schließlich nach ihrer Hand. »Komm!«

Sie war verwirrt. »Was hast du vor? Wohin gehen wir?«

»Ich weiß nicht, wie lange das Amt offen hat.« Mit seinen langen Beinen stürmte er so schnell es ging voran. Hope musste fast rennen, um mit ihm Schritt halten zu können.

»Welches Amt?«, keuchte sie.

Carl drehte sich lachend zu ihr um und nahm ihr Gesicht in seine beiden Hände. »Na, du willst doch heiraten, oder? Also gehen wir heiraten!«

Hope schüttelte den Kopf. »Aber dafür braucht man doch sicher Papiere! Und das Aufgebot! Das muss man doch Wochen vorher bestellen! So gerne ich sofort deine Frau werden würde …«

»Alles schon bereit!«, versicherte Carl ihr. »Das Aufgebot habe ich schon vor Wochen bestellt.«

Jetzt war es an Hope, verwirrt zu sein. »Vor Wochen? Ohne mir etwas zu sagen? Woher konntest du wissen …?«

»Es war unvermeidlich. Und ich wollte doch vorbereitet sein, wenn du Ja sagst. Oder ich, in diesem Falle.« Er strahlte sie an. »Was nun? Kneifst du?«

Hope beugte sich vor und küsste ihn auf die Lippen. »Und was ist mit den Trauzeugen?«

Carl richtete sich auf und sah suchend die Straße entlang. Sein Blick fiel auf zwei Dienstmädchen. Mit zwei schnellen Schritten ging er zu ihnen. »Junge Damen! Regt frisches Glück Ihre Herzen?«

Die Jüngere der beiden sah ihn verwirrt an. »Wie bitte?«

Carl deutete auf Hope, die sich lachend an die Hauswand

lehnte. »Ich möchte diese wunderbarste aller Frauen heiraten. Allein – es fehlt mir an Trauzeugen!«

Die beiden jungen Frauen steckten ihre Köpfe zusammen und kicherten. Die Jüngere war offensichtlich die Mutigere. Sie sah Carl herausfordernd an. »Das geht doch nicht!«

»Und ob das geht!« Carl griff nach seiner Börse. »Und es soll euer Schaden nicht sein!«

Hope sah lächelnd zu – als ihr plötzlich etwas einfiel. Sie sah Carl bittend an. »Ich muss vorher in die Pension! Bitte!«

»Um dich umzuziehen? Das musst du nicht, du bist wunderschön!« Er schenkte ihr sein breites, unverschämtes Lächeln.

»Ich muss.« Hopes Stimme ließ keinen Widerspruch zu. »Lass die Papiere vorbereiten, sprich mit dem Beamten – ich bin wieder da, so schnell mich meine Füße tragen!«

Ohne auf seine Antwort zu warten, rannte sie davon. Die beiden Dienstmädchen fingen an zu kichern. Carl feixte. »Sie kommt wieder. Gleich.« Nach einer kurzen, dramatischen Pause hängte er noch ein einziges Wort an: »Hoffentlich!«

Hope stürzte in den Amtssaal, lange bevor der Standesbeamte ungeduldig wurde. Carl sah sie neugierig an. Ihre Kleidung war unverändert – was hatte sie in aller Welt unbedingt in der Pension gesucht? Er vertagte die Frage auf später und freute sich auf den Moment, in dem der Beamte die entscheidende Frage stellte und er mit voller Überzeugung antworten konnte: »Ich will!« Und wirklich: Noch nie hatte er in seinem Leben etwas so sehr gewollt …

Der Beamte ließ sich von der Euphorie nicht anstecken. Er beendete die Zeremonie mit einem Handschlag. »Das wäre dann so weit alles. Sie müssen nur noch die Gebühren bei der Amtskasse zahlen.« Er nickte ihnen zu. »Herr Doktor Lehmann. Frau Lehmann.« Damit ließ er sie stehen.

Hope strahlte ihren frisch gebackenen Ehemann an. »Weißt du, was das bedeutet?«

»Dass wir eine Wohnung bekommen?« Carl amüsierte sich über ihren offensichtlichen Eifer.

»Blödsinn.« Sie zog eine kleine Schachtel aus ihrer Tasche. Vorsichtig öffnete sie den Verschluss und ließ eine Taschenuhr in ihre Hand gleiten. Behutsam streichelte sie mit dem Daumen über die Perle, die in den Deckel eingelassen war. »Meine Mutter gab sie mir als Erbe meines Vaters. Für den Tag, an dem ich meinen Tropfen im Meer finde. Sie wird mich umbringen, dass sie diesen Moment versäumt.« Sie drückte die Uhr fest in Carls Hand. »Du bist mein Tropfen, nach dem ich so lange gesucht habe, Carl. Mein Leben.«

Behutsam schloss Carl sie in die Arme. Er drückte seine Lippen in ihr Haar, als er antwortete. »Mein Leben.«

Sorgfältig befestigte der Arbeiter die letzte Schraube und wischte noch einmal mit einem weichen Lappen über das Schild. In Messing graviert stand darauf:

Dr. Hope Bridges Lehmann
Dr. Carl Lehmann
Sprechstunden nach Vereinbarung

Carl legte den Arm um Hope. »Zufrieden, Frau Doktor Lehmann?«

»Sehr.« Sie hakte sich zufrieden bei ihm ein.

Zwei schwitzende Arbeiter schleppten ein schweres Ledersofa an ihnen vorbei. »Wohin?«, keuchte einer der beiden.

»Zweiter Raum rechts«, rief Carl.

»Ich weiß ja immer noch nicht, ob das eine gute Idee ist – Praxis und Wohnung auf einem einzigen Stockwerk«, sagte Hope.

»Das ist ideal«, beruhigte Carl sie. »Wir sparen Fahrzeiten, und ich kann mich nebenher noch im Arbeitszimmer um die Politik kümmern. Außerdem ist die Wohnung riesig: 260 Quadratmeter würden wir ohne die Praxis kaum mit Leben füllen können!«

»Mutest du dir nicht zu viel zu?« Ihre Stimme klang besorgt.

Er lachte. »Traust du mir vielleicht ein bisschen wenig zu?« Sie lachten und gingen die Treppe nach oben, um ihre erste gemeinsame Wohnung und Praxis genauer in Augenschein zu nehmen. Die Arbeiter trugen die Gerätschaften und Kisten in die einzelnen Zimmer. Überrascht sah Hope, wie ein Stuhl von Carl in einem Zimmer verschwand.

»Du nimmst das kleinere Zimmer?«

»Ja«, nickte Carl. »Ich werde oft unterwegs sein, da steht dir der Platz zu.« Er sah sie fragend an. »Wirst du dich denn hier wohlfühlen?«

»Es ist wunderschön!«, beruhigte sie ihn.

In dem Moment klopfte ein junger Mann an der offen stehenden Wohnungstür. Er sah unsicher das Paar im Flur an. »Die Doktoren Lehmann?«

»Leider haben wir noch nicht geöffnet ...«, fing Carl gerade an, als der Besucher einen Brief aus seiner Jackentasche nestelte. »Ich habe eine Nachricht für Frau Doktor Lehmann ...«

»Das bin ich!« Hope streckte ihm ihre Hand entgegen, nahm den Brief und riss ihn ungeduldig auf. Überrascht las sie die wenigen Zeilen, dann sah sie ungläubig Carl an. »Es ist von von Winckel. Ich habe dir von ihm erzählt – er hat mir das Studium und den Abschluss in Leipzig erst ermöglicht! Und stell dir vor: Jetzt ist er in München! Er arbeitet an der Universitätsklinik!« Sie dachte nach. »Vielleicht kann er mir ja helfen ...«

Sie sah wieder auf den Brief. »Er lädt uns zu einem Salon ein. Am nächsten Wochenende.« Sie strahlte Carl an. »Es sieht so aus, als ob München uns willkommen heißt!«

Suchend sah Hope sich in dem Raum um. Bestimmt dreißig oder mehr gut gekleidete Menschen standen in Gruppen beieinander, diskutierten, tranken und tauschten immer wieder den Platz, um sich dem Gespräch einer anderen Gruppe anzuschließen. Langsam ging sie durch den Raum und nippte an ihrem eigenen Glas. Die Rede war vom Verhältnis zwischen Deutschland und Frankreich, von Amerika, Röntgenstrahlen und ihrer Bedeutung, Bismarck und dem jungen Kaiser ... Sie fühlte sich so wohl wie lange nicht mehr. Neben diesen Gesprächen herrschte in Nordrach wirklich intellektuelle Ödnis! Von Winckel führte sie zu einer Gruppe und lachte ihr verschmitzt zu. »Diesen Gast werden Sie schätzen, liebe Hope!«

Zu ihrer großen Überraschung stand Hope vor August Bebel.

Sichtlich älter geworden, aber immer noch unglaublich lebhaft. Bebels Gesicht leuchtete auf. »Gute Hope, ich habe Sie ewig nicht gesehen. Seit Frankfurt nicht.« Erklärend fügte er für die anderen, die bei ihm standen, hinzu: »Frau Walther war so gut, mein Buch in das Englische zu übertragen!«

Carl legte stolz seinen Arm um Hopes Taille. »Bebel, eines hat sich geändert: Aus Frau Walther wurde Frau Lehmann. Frau Doktor Lehmann, um genau zu sein.«

Bebel lachte Carl an. »Dann muss ich wohl gratulieren. Eine ungewöhnliche Frau haben Sie sich erwählt, lieber Carl. Aber gewöhnlich ist bei Ihnen ja noch niemals etwas gewesen.«

Neugierig sah er Hope wieder an. »Haben Sie mir damals nicht erzählt, Sie seien mit Clara Zetkin bekannt?«

Hope nickte. »Eine liebe Bekannte.«

»Dann müssen Sie doch zufrieden sein, wie sich die Sache der Frauen weiterentwickelt hat!«

Hope zögerte. »Es ist ein Fortschritt für die Frauen.«

Bebel legte seinen Kopf schräg. »Sie sprechen keine Kritik aus, und doch höre ich sie.«

»Das wäre vermessen«, wehrte Hope ab.

»Unsinn!«, polterte Bebel. »Das freie Wort ist uns lange genug vorenthalten worden. Sprechen Sie frei heraus.«

»Nun«, fing Hope zögernd an, »es muss doch etwas grundlegender gedacht werden, als Sie es getan haben. Es hilft den Frauen nicht, wenn sie gleichberechtigt in den Fabriken stehen. Die Männer sollten auch gleichberechtigt an den Wickeltischen stehen – dann könnten wir von Gerechtigkeit reden.«

»Aber es ist doch meist der Mann, der das Geld mühsam verdient«, widersprach Bebel.

»Weil der Frau nur der Haushalt bleibt. Es ist doch ein Skandal, dass die gehobene Bildung immer noch eine Domäne der Männer ist. Dabei verwaltet häufig die Frau das Geld der Familie – ihr Verständnis für die größeren Zusammenhänge ist also wichtig.«

Bebel hob die Hände. »Sie argumentieren so klug, liebe Hope, dass ich mir töricht vorkäme, wenn ich zu widersprechen wagte.« Er lächelte Hope an. »Sie sollten Ihre Zeit aber nicht mit kranken Menschen verschwenden, sondern mit der kranken Gesellschaft. Warum nur gehen Sie nicht in die Politik?«

Hope hob abwehrend die Schultern. »Weil ich weiß, wo meine Berufung liegt …«

Die Straße lag leer und verlassen, als Carl und Hope später nach Hause gingen. Sie hatten zu den letzten Gästen gezählt, die sich auf den Heimweg gemacht haben. Hope hakte sich immer noch beschwingt bei Carl ein. »Es war einfach wunderbar. Wie sehr habe ich solche Diskussionen doch vermisst!«

»Und das war erst der Anfang. Es brodelt in München, Reformen auf allen Gebieten liegen in der Luft.« Er strahlte Hope an. »Und wir sind dabei!«

Ein merkwürdiges Geräusch drang an Hopes Ohr. Weit entfernt – und doch klang es vertraut. Sie hob die Hand und bedeutete Carl, leise zu sein. Wieder erklang ein Schrei.

»Verdrischt da ein Wüterich seine Frau?«, fragte Carl verwundert.

»Nein, das klingt anders«, erklärte Hope. »Diese Frau bekommt ein Kind, wenn ich mich nicht täusche.«

Carl hob eine Augenbraue. »Willst du etwa gratulieren gehen?« Ein müder Scherz, der durch einen langen, schmerzhaften Schrei unterbrochen wurde.

Hope lauschte, runzelte die Stirn. »Da stimmt etwas nicht.«

Entschlossen ging sie in Richtung der Schreie. Carl folgte ihr zögernd. Er wusste, dass er Hope jetzt nicht mehr bremsen konnte – aber er ahnte den drohenden Ärger. Sie gelangten in einen engen Hinterhof. Unter dem Dach brannte hinter einem Fenster noch eine Lampe – dorther kamen die Schreie. Entschlossen öffnete Hope die Tür zum Treppenhaus, raffte mit einer Hand ihre Röcke und erklomm die Stiegen bis zu der Wohnung der armen Frau. Die Wohnungstür war angelehnt, durch den Spalt drang Licht auf den finsteren Flur. Hope drückte die Tür entschlossen auf – und damit fanden sie und Carl sich direkt in dem Wohn- und Schlafzimmer einer Familie. Auf dem Bett lag eine wimmernde Frau, das schweißnasse Haar klebte an ihrem Kopf, und zwischen den Beinen waren die Laken blutgetränkt. Eine ältere Frau drückte hektisch am riesigen Bauch der Gebärenden herum und rief immer wieder panisch: »Jetzt pressen! Pressen! Pressen!«

Mit einem Blick erkannte Hope, dass diese Geburt ganz und gar nicht nach Plan verlief. Sie richtete sich auf. »Ich bin Ärztin. Was geht hier vor?«

»Das Kind …«, keuchte die Frau. »Es scheint schief zu liegen. Und die Nabelschnur …«

Hope wartete den gesamten Bericht nicht ab. In einem Becken wusch sie sich notdürftig die Hände. »Lassen Sie mich mal sehen.«

Mit einem Schlag war die ältere Frau plötzlich wieder Herr der Lage. Sie sah Hope drohend an. »Ich bin Hebamme, das hier ist mein Gebiet – und ich habe keinen Arzt gerufen. Ich bringe diese Geburt alleine zu Ende!«

Hope zögerte und musterte die wimmernde Frau. »Sie bringen diese Frau vermutlich alleine unter die Erde! Warum um Himmels willen soll ich denn nicht mit meinem Wissen helfen?«

»Ich weiß, was ich tue! Ich rette das Kind!« Die Hebamme wandte sich wieder der leidenden Frau zu, die in dieser Sekunde in einer neuen Wehe anfing zu stöhnen.

Hope legte alle Autorität, die sie besaß, in ihre Stimme. »Die Mutter wird verbluten!«

Plötzlich schlug die Gebärende ihre Augen auf und sah sich um. »Emil?«

Ihr Mann, der in einer Ecke auf einem Stuhl saß und starr der Geburt zusah, stand auf und nahm ihre Hand. »Röschen …«

»Warten Sie draußen. Oder gehen Sie wieder in die Ecke. Aber stören Sie mich nicht bei der Arbeit.« Die Hebamme drückte ihn mit ihrer gewaltigen Leibesfülle vom Bett weg.

Der Mann trat schüchtern zur Seite. Hope sah ihn anklagend an. »Wie können Sie das nur zulassen.«

Er deutete auf die Hebamme, die wieder an dem geschwollenen Bauch der Frau herumdrückte. »Sie sagte, es ginge nicht anders.«

Kurz entschlossen nahm Hope die Tasche der Hebamme und wühlte darin herum. Sie fand, was sie suchte: Ein einfaches

Operationsbesteck. Kritisch sah sie die Klinge an – und wandte sich dann wieder an den Ehemann. »Haben Sie einen Klaren? Damit könnte ich den Schmutz der letzten Geburten von dieser Klinge entfernen!«

Gehorsam nickte der Mann und machte sich an einer der Schubladen zu schaffen. Die Hebamme funkelte Hope an. »Lassen Sie das – oder ich rufe die Polizei!«

Hope warf Carl einen Hilfe suchenden Blick zu. Er verstand sie auch ohne Worte. Er nickte und packte die Hebamme mit beiden Händen von hinten und zog sie von dem Bett der Frau weg. Die wehrte sich. »Lassen Sie mich los«, kreischte sie – aber gegen die Kraft von Carl hatte sie keine Chance.

So schnell es ging, untersuchte Hope die leidende Frau. »Sie heißen Röschen?«, fragte sie beruhigend. »Mein Name ist Hope. Ich bin Ärztin. Ich will Ihnen helfen.«

Röschen nickte zum Zeichen, dass sie verstanden hatte – aber im gleichen Moment wurde ihr Körper von einer erneuten Wehe geschüttelt. Die Untersuchung dauerte nur wenige Sekunden. Dann wandte Hope sich an die Hebamme. »Das Kind sitzt quer. Das kommt nicht auf die Welt. Nicht so. Warum haben Sie keinen Kaiserschnitt versucht?«

»Das Kind ist doch schon viel zu weit unten«, verteidigte die Hebamme sich. »Da geht nix mehr, wenn Sie die Frau aufschneiden.«

»Natürlich geht das«, widersprach Hope. »Bei der Pfannenstiel-Methode setzen wir den Schnitt weit genug unten an.«

»Ich glaube nicht an die Pfannenstiel-Methode!«, erklärte die Hebamme.

Hope musterte die Frau mit hochgezogenen Augenbrauen. »Sie glauben nicht an die Methode? Kann es nicht vielmehr sein, dass Sie die Methode nicht kennen?« Sie sah Carl an. »Carl, tu mir den Gefallen und schaff mir diese Ignorantin aus den Augen!«

Wieder wimmerte die Frau. »Es ... es tut so weh!«

Herrisch winkte Hope den Ehemann wieder herbei. »Besorgen Sie mir noch mehr frische Tücher. Und heißes Wasser.«

»Hier ist der Klare«, schüchtern reichte er ihr den Schnaps, den Hope großzügig über das Skalpell laufen ließ. »Vielleicht reinigt das ja ein bisschen«, murmelte sie.

»Können Sie denn mein Röschen retten?«, fragte der Mann.

Hope musterte die blutende, verschwitzte Frau auf dem Bett. »Das weiß ich nicht. Aber ich kann Ihnen versprechen, dass ich mein Bestes tue. Und jetzt verlassen Sie besser den Raum. Halten Sie die Hebamme draußen – und schicken Sie meinen Mann zu mir.«

Sie machte sich an die Arbeit. Nach wenigen Augenblicken sah sie Carl an. »Sie hat zu viel Blut verloren – sie stirbt uns unter den Händen weg. Wenn diese Hebamme nur ein bisschen früher nach einem Arzt geschickt hätte ...«

Mit einem letzten Seufzen ließ plötzlich die Spannung in Röschens Körper nach. Carl legte seine Finger an ihre Halsschlagader, sah Hope an und schüttelte den Kopf. Sie griff zum Skalpell. »Dann wollen wir wenigstens den Säugling retten!«

Nur ein paar Minuten später öffnete Hope die Tür und sah sich suchend nach dem Mann um. In ihrem Arm trug sie ein kleines krähendes Bündel, das sie ihm vorsichtig in den Arm legte. Dazu schüttelte sie traurig ihren Kopf. »Ein Junge. Es tut mir leid – aber für Ihre Frau kam meine Hilfe zu spät. Wenn ich nur ein wenig früher ... aber so?« Sie deutete auf die Hebamme, die sich mit trotziger Miene an die Wand lehnte und der Szene schweigend zusah. »Bedanken Sie sich bei dieser Hebamme, die ihre Fähigkeiten überschätzte.«

Er nahm das Kind und sah es an, während ihm die Tränen über das Gesicht liefen. »Röschen hätte sich so über den Jungen gefreut. Was soll ich jetzt ohne sie mit ihm machen? Ich kann mir keine Amme leisten!«

Hope legte ihm die Hand auf den Rücken. »Sie schaffen das. Und wenn Sie gar keinen Ausweg wissen, dann kommen Sie bei mir in der Praxis vorbei. Das ist in der Gabelsbergerstraße. Bei mir müssen Sie sich erst einmal keine Gedanken über das Geld machen.«

Er nickte und wiegte den winzigen Säugling. »Er soll Maximilian heißen!«, beschloss er. Das Baby fing an, an seiner kleinen Faust zu saugen, und quengelte leise. Sein Vater sah sich suchend um. »Ich glaube, er will trinken. Was kann ich ihm zu trinken geben?«

»Sie besorgen sich Kuhmilch – und zwar möglichst hochwertige. Die kochen Sie in einem Emailtopf mit ein wenig Hafer- oder Reismehl. Dazu ein wenig Mehlabkochung und ein Esslöffel Milchzucker …« Sie sah in sein Gesicht, das zunehmend verzweifelt war. Die Hebamme sah Hope kopfschüttelnd an. »Geben Sie dem Jungen Mehlbrei, guter Mann. Damit werden die meisten Kinder groß und stark. Die Sache mit der Kuhmilch und dem Hafermehl ist nur etwas für Ärzte und so.«

Er wandte sich begierig an sie. »Können Sie mir das genauer erklären? Mehl haben wir wohl hier irgendwo in der Wohnung. Röschen hat so gern gebacken …«

Hope wandte sich ab. Sie war zu müde für einen Kampf gegen Mehlbrei, der nur fett machte, ohne dem Kind das zu geben, was es benötigte. Sie ging wieder in die kleine Wohnung und lehnte sich für einen Moment an Carl an. Er nahm sie in die Arme. »Du hast es immerhin versucht«, murmelte er.

»Sie hatte einfach zu viel Blut verloren. Viel zu viel«, wiederholte Hope noch einmal.

»Das Kind lebt«, versuchte Carl sie zu trösten. »Und daran hätte keiner mehr geglaubt.«

»Aber es hat keine Mutter«, murmelte Hope.

»Manchmal ist ein halber Sieg besser als keiner«, versuchte Carl sie zu beruhigen.

Die Hebamme kam in die Wohnung gestapft und schmiss immer noch wütend ihre Werkzeuge in ihre Tasche. Mit angewidertem Gesicht sah sie das blutige Operationsbesteck an, das Hope auf dem Bett hatte liegen lassen. »Das wird ein Nachspiel haben, darauf können Sie sich verlassen!«, knurrte sie, bevor sie wieder verschwand.

Hope sah ihr hinterher. »Wie kann ein Mensch nur so sein?«

»Mit Hausgeburten verdienen die Hebammen ihr Geld. Die sind hier in München eine Macht für sich. Da bist du als Arzt nur im Wege.«

»Aber sie hat weder die Fachkenntnis noch die Instrumente, falls Komplikationen eintreten. Hast du dieses Operationsbesteck gesehen? Die Skalpelle waren so stumpf wie unsere Buttermesser! Gut, dass die arme Frau tot war, als ich sie aufgeschnitten habe …« Hope schüttelte empört den Kopf.

»Aber so ist es nun einmal«, versuchte Carl sie zu beruhigen. Ohne Erfolg. Hope ballte entschlossen die Fäuste.

»Aber so muss es nicht bleiben. So darf es nicht bleiben!«

»Dann mach dich auf einen langen Kampf gefasst, mein Schatz.« Carl legte seinen Arm um sie. »Und ich denke, diese Hebamme werden wir sicher wiedersehen.«

Die Prophezeiung wurde schneller wahr, als Hope je vermutet hätte. Nur zwei Tage später kümmerte sie sich gerade um eine magere, hustende Arbeiterin, als sie im Wartezimmer eine lautstarke Frauenstimme hörte.

»Und ob ich das kann! Ich gehe zur Frau Doktor! Jetzt!« Noch bevor Hope nach dem Rechten sehen konnte, flog die Tür auf. Eine kräftige Frau kam selbstbewusst in das Behandlungszimmer gestapft und sah sich herausfordernd um.

Hope versuchte, den Eindringling wieder hinauszuschicken. »Ich bin Barbara Rauhenzahner!«, verkündete sie und hob kampfeslustig ihr kantiges Kinn. Sie machte keine Anstalten, den Raum wieder zu verlassen.

Hope war verwirrt. »Guten Tag, Frau … Rauhenzahner?«

»Ich bin die Vorsitzende der hiesigen Hebammen-Vereinigung!«, erklärte die Dame mit Würde. Allmählich wurde Hope klar, um was es hier eigentlich ging. Sie bemühte sich um einen verbindlichen Ton.

»Das trifft sich gut. Ich wollte mich schon an Sie wenden. Wir sollten uns unterhalten.«

Das Gesicht blieb abweisend. »Ein Gespräch ist nicht nötig.« Sie reichte Hope einen verschlossenen Umschlag. »Hier habe ich die Abrechnung der Hebamme Irmlind Richter für Sie. Für die Entbindung bei Familie Emil Wrontschek.«

»Und was soll ich damit?« Sie sah auf den Brief in ihren Händen.

»Nachdem Sie sich unaufgefordert in die Geburt eingemischt haben, weigert sich der Ehemann zu bezahlen. Wir erwarten, dass Sie die Kosten übernehmen.« Barbara Rauhenzahner fühlte sich offensichtlich im Recht.

Langsam stieg in Hope wieder der Zorn hoch. »Frau Richter hätte sowohl Mutter als auch Kind sterben lassen. Das konnte ich kaum mit meinem Eid als Ärztin vereinbaren.«

»Das zu beurteilen, steht Ihnen nicht zu. Für Heimgeburten sind Hebammen zuständig«, beharrte die ungebetene Besucherin.

»Nicht nur zuständig, sondern auch verantwortlich«, gab Hope scharf zurück.

Der Hebammen-Vorsitzenden schienen die Argumente auszugehen. Sie sah Hope lauernd an. »Sie werden also nicht zahlen?«

»Unter Garantie nicht!« Die Antwort kam schnell und ohne Nachdenken.

»Ich kann Sie nur warnen …«, begann die Hebamme und machte einen drohenden Schritt auf Hope zu. Deren Geduld war zu Ende.

»Sie wollen mich warnen? Frau Rauhenzahner, ich rate Ihnen dringlich, meine Praxis zu verlassen. Und zwar auf direktem Wege!«

»Sie werden noch …«, fing sie an zu keifen.

»Gehen Sie. Sofort!« Hope schrie fast.

Mit offenem Mund sah die Hebamme sie an. Dann drehte sie sich auf dem Absatz um und rauschte aus dem Zimmer. Hope sah auf den Brief, den sie in der Hand hielt. Langsam zerknüllte sie das Schreiben in ihrer Faust. Wenn diese Frauen Krieg wollten – dann würden sie einen Krieg bekommen.

Leise räusperte sich ihre Patientin. »Soll ich mich jetzt wieder anziehen, Frau Doktor?«

Hope zwang sich zu einem Lächeln. »Nein, nein. Ich muss Sie noch fertig untersuchen.« Doch sie war kaum bei der Sache, während sie weiter nach Lungengeräuschen fahndete.

Erst abends kam sie dazu, Carl von den Ereignissen des Tages zu erzählen. Er nickte nur, als sie ihm vom Auftauchen der Hebamme erzählte. »Ich hatte befürchtet, dass so etwas passiert. Die Heilkunde ist völlig überlaufen, jede Konkurrenz wird da gleich zur Existenzfrage. Es gibt über 270 Hebammen in München – die prügeln sich um jede Schwangere.«

»Das gibt ihnen aber keine Hoheit über das Leben – weder über das Geborene noch über das Ungeborene!«, erklärte Hope.

»Das habe ich nicht gesagt. Ich wollte nur erklären, warum sie mit solcher Vehemenz auf dein Auftauchen reagieren.«

Hope starrte nachdenklich auf ihre Hände. »Möchtest du, dass ich dem Konflikt ausweiche? Um der Praxis nicht zu schaden?«

Carl sah seine Frau überrascht an, lehnte sich vor und küsste sie auf den Mund. »Bist du närrisch? Als ob wir uns so etwas gefallen lassen würden! Wir prangern das an, bis sie uns mit Mistgabeln aus der Stadt jagen!«

Hope erwiderte seinen Kuss und sah ihn strahlend an. »Ich glaube, das ist einer der Gründe, warum ich dich liebe. Du gibst nie auf, oder?«

»Niemals«, bestätigte Carl. »Ich könnte ein paar Freunde bei der Stadtverwaltung fragen, ob sie uns Unterlagen über die Hebammen zukommen lassen können. Dann hätten wir vielleicht etwas in der Hand.«

Statt einer Antwort beugte sich Hope zu Carl hin und küsste ihn voller Leidenschaft.

Karwendel, 1897

»Es mag praktisch sein – richtig gewöhnen werde ich mich nie daran!« Clara betrachtete ihre Bundhosen, die sie am Morgen angezogen hatte.

»Wenigstens sparen wir uns das Versteckspiel mit dem Rock, den wir in Nordrach noch getragen haben.« Hope sah sich um. Der Himmel spannte sich leuchtend blau über eine der schönsten Landschaften der Alpen. Sie wanderten durch das Karwendel, eine wilde Landschaft aus schroffen Türmen und Wänden mit Blick auf grüne Täler, die weit unten lagen. »Außerdem bin ich inzwischen fest überzeugt, dass Röcke schon lange verboten wären, wenn Männer sie tragen müssten. Wir haben einen zweigeteilten Körper – wir sollten also auch ein zweigeteiltes Beinkleid haben!«

»Jawoll!«, lachte Clara. »Ewig schade, dass du dich für die Politik nicht so einsetzt wie für deine Ideen von Kleidung, Hygiene, ärztlicher Versorgung – oder was auch immer.«

»Irgendeiner muss sich doch darum kümmern.« Hope wischte sich die Stirn ab. Der Aufstieg war anstrengend in der Spätsommersonne, die immer noch kräftig vom Himmel brannte.

»Habe ich dir schon von meiner neuen Idee erzählt? Dem Frauenheim?«

Clara schüttelte den Kopf. »Warum ein Heim nur für Frauen? Das Leben wäre doch trist ohne Männer …«

»Da spricht die Frau, die doch tatsächlich eine Hochzeit plant …«, grinste Hope. »Und natürlich ist das Frauenheim etwas ganz anderes: Ich dachte an ein Haus, in dem Frauen mit ärztlicher Betreuung ihre Kinder bekommen können. Die Männer dürfen bei der Geburt dabei sein, nach der Geburt können die Frauen sich ein paar Tage lang erholen. In kleinen Räumen. Ich denke an Einzel- bis Vierbettzimmer. Es soll Räume geben, in denen man lesen kann, Veranden, auf denen die Frauen frische Luft genießen können.« Hope geriet ins Schwärmen. »In meinem Heim dürfen Arbeiterinnen den gleichen Luxus wie die Damen im Wochenbett genießen. Ein wenig Zeit für sich, die Säuglinge werden ihnen nur zum Stillen gebracht, die müden Körper können sich von den Strapazen der Geburt und der Schwangerschaft erholen …«

Clara sah ihre Freundin zweifelnd an. »Und wer soll dein Paradies für Arbeiterinnen bezahlen?«

»Ich denke an einen Förderverein. In München gibt es viele, die wie wir denken.«

Clara hielt inne und stützte sich auf ihren Wanderstab auf. Sie hielt sich die Hand über die Augen. »Wo stecken nur Maxim und Kostja?«

»Die sind wahrscheinlich schon mit Carl bei der Jausenstation. Er nimmt sie häufig mit auf seine Bergtouren. Sie bewegen sich in den Alpen so sicher wie Bergziegen«, beruhigte Hope sie.

»Heinz ist sicher bei ihnen.« Sie drehte sich um und sah einige hundert Meter hinter ihnen eine zierliche Gestalt, die missmutig ab und an einen Stein aus dem Weg kickte. »Die Jungen genießen die Freiheit hier oben. Mara sieht in den Ausflügen eher einen weiteren Angriff auf ihre Person.« Hope sah Clara ratlos an. »Ich habe keine Ahnung, was Mara glücklich machen würde.«

»Das wird sich schon wieder finden. Spätestens wenn sie erwachsen ist, wird sie dir deinen Carl verzeihen. Ich bin allerdings froh, dass ich nur zwei Jungen habe«, gab Clara zu. Kopfschüttelnd lief sie weiter. »Was findet Carl denn an diesem Alpenverein? Das ist doch ein durch und durch bourgeoiser Haufen!«

»Das ist wahr!«, bestätigte Hope. »Aber sie alle lieben das Wandern hier in den Alpen – und das sorgt für die wunderlichsten Freundschaften. Stell dir vor: sie suchen nach einer Möglichkeit, um eine Hütte am Lamsenjoch zu bauen. Das Benediktinerkloster in Fiecht besitzt da den Klosterwald – und Carl hat sich mit Pater Leo angefreundet, der nichts gegen eine Hütte hätte. Kannst du dir das vorstellen? Ein Sozialdemokrat und ein Kleriker bauen gemeinsam eine Hütte für die Naturfreunde? Aber tatsächlich bin ich froh, dass Carl so eine gute Möglichkeit hat, seinem Wandertrieb nachzugehen. Ein Leben nur in München wäre nichts für ihn.«

Clara griff wieder nach ihrem Stock. »Das klingt mir wie eine Idylle nach den Streitigkeiten in der Partei. Dennoch habe ich eine Frau kennengelernt, von der man in Zukunft sicher hören wird: Rosa Luxemburg. Noch keine dreißig, aber so kämpferisch, als ob sie seit Jahrzehnten die Sache der Revolution betreibt. Ich denke, mit ihr werde ich noch so einiges zu streiten und zu richten haben. Aber jetzt lass uns erst einmal die Politik vergessen. Erzähle mir mehr von dir – bist du glücklich mit deinem Carl?«

Um diese Antwort war Hope keine Sekunde verlegen. »Wenn ich mit diesem Mann nicht glücklich wäre, dann müsste ich fürchten, dass ich niemals glücklich werden kann!«

»Dann halte ihn fest«, lächelte Clara. Als der Weg steiler

wurde, gingen sie schweigend nebeneinanderher. Und Hope merkte, dass sie mit keinem Menschen so frei sprechen konnte wie mit dieser Freundin. Oder schweigen.

München, 1899

Schützend legte Marianne Horn die Hand auf ihren Bauch. Sie war schwanger, da war sie sich ganz sicher. Ebenso sicher war sie sich, dass sie krank war. Eine Freundin hatte sie zu dieser englischen Ärztin geschickt. Und jetzt saß diese zierliche Frau ihr gegenüber am Schreibtisch, sah sie sorgenvoll an und erklärte schließlich: »Sie leiden an einer Herzinsuffizienz!«

Marianne nickte. »Mir geht es auch nicht so gut.«

»Kein Wunder«, nickte die Engländerin, die merkwürdigerweise überhaupt keinen Akzent hatte. »Die Schwangerschaft ist eine der schwersten Belastungen, der ein Körper überhaupt ausgesetzt sein kann. Was hat denn Ihr bisheriger Arzt gesagt?«

»Dass ich gut essen soll. Und nicht schwer heben.« Marianne verschwieg lieber, dass sie wegen dieses Ratschlags hierhergeschickt worden war. Ihre Freundin hatte ihr erklärt, dass ihr Arzt sie wohl umbringen wollte.

Diese Doktor Lehmann sah das nicht anders. »Essen? Heben? Frau Horn, in Ihrem Zustand werden Sie die Geburt nicht überleben – wenn Sie es überhaupt dahin schaffen!«

»Doktor Löffler meinte, das Kind würde gesund, und das ginge vor.« Sie sah Hope verzweifelt an. »Was soll ich denn machen?«

Schweigen breitete sich in dem hellen, freundlichen Behandlungszimmer aus. Hope hasste diese Entscheidungen. Warum konnte dieser Doktor Löffler seiner Patientin nicht selber sagen, was doch so offensichtlich war? Weil er sich die Finger nicht schmutzig machen wollte? Sie seufzte. »Ich sage das nicht gerne, Frau Horn. Aber ich rate zu einem Abbruch. Dringlich.«

Unwillkürlich legte Marianne wieder die Hand auf ihren Bauch. »Der Doktor Löffler meinte aber, das sei Unrecht. Dafür komme ich in die Hölle.«

Hoffentlich kommt dieser Arzt dafür selber in die Hölle, dachte Hope. Für die arme Frau versuchte sie eine Erklärung. »Es geht um Ihr Leben, Frau Horn. Lassen Sie mal den lieben Gott außen vor. Sie allein treffen diese Entscheidung. Also – was wollen Sie?«

Die Schwangere zupfte am Nagel ihres Daumens herum. »Sterben ... sterben möchte ich nicht.« Sie fing leise an zu weinen. »Ich kenne das Kind da drin doch noch gar nicht. Es tut mir ja leid ... aber ich bin erst 22. Das ist jung, oder? Ich darf doch noch ein bisschen leben wollen?« Sie sah Hope aus geröteten Augen an. »Ich würd' gerne leben, bitteschön!«

Hope nickte. »Ich kümmere mich um einen Termin im Krankenhaus. Ist das Rotkreuz für Sie in Ordnung?«

Marianne nickte. »Wenn Sie das sagen.«

Es roch durchdringend nach Karbol in dem langen Gang. Hope warf Marianne einen aufmunternden Blick zu. »Ich kenne Herrn Professor Amann. Er wird sich um Sie kümmern!«

Marianne nickte unsicher, als eine Schwester mit strengem Gesicht und gestärkter Tracht näher kam. Hope deutete auf ihre Patientin. »Bringen Sie Frau Horn bitte in die Aufnahme? Ich werde den Fall noch mit dem Professor besprechen!«

Die Schwester nickte. Wenige Minuten später saß Hope dem Klinikleiter gegenüber. Sie reichte ihm die Unterlagen von Marianne Horn. »Sie hat eine Herzinsuffizienz, die Schwangerschaft wird sie wahrscheinlich umbringen. Und wenn es nicht die Schwangerschaft ist, dann die Geburt.«

Amann sah Hopes Aufzeichnungen konzentriert durch. Dann nickte er und schlug die Mappe zu. Er sah Hope unter seinen buschigen Augenbrauen an. »Ich denke, in diesem Fall stimme ich Ihnen zu, verehrte Kollegin.«

»Danke«, lächelte Hope. Sie griff nach den Unterlagen und wollte sich schon erheben, als Amann weiterredete. »Es wird jedoch schwierig sein, einen Kollegen zu finden, der diesen Eingriff vornimmt.«

»Wieso das?« Hope ließ sich wieder auf den Stuhl sinken. »Es liegt doch unbestreitbar im Wohl der Patientin?«

Amann zuckte mit den Achseln. »Wir sind ein christliches Haus. Der Abort eines gesunden Fötus stößt da so manchem der Kollegen bitter auf. Auch dann, wenn die Chancen für eine gesunde Geburt so schlecht wie in diesem Fall liegen. Sie wollen nicht zum Richter über Leben und Tod werden ...«

»... und lassen lieber die Natur ihr quälend grausames Werk vollenden«, beendete Hope seinen Satz. »Dafür bin ich nicht Ärztin geworden. Ich würde den Eingriff auch selber vornehmen.«

Amann schüttelte den Kopf. »Das ist leider nicht möglich. Es sei denn ...« Er musterte sie, als ob er sie das erste Mal sehen würde. »Haben Sie schon einmal darüber nachgedacht, bei uns im Krankenhaus um Belegbetten nachzusuchen?«

»Ginge das?« Sie spürte echte Begeisterung in sich aufsteigen. »Ich meine, das wäre phantastisch. Dann könnte ich meine schwereren Fälle auch betreuen, nachdem ich sie hierher überwiesen habe!«

Amann erhob sich und schloss die Tür zu seinem Zimmer. Dann senkte er seine Stimme. »Lassen Sie mich offen sprechen, Frau Doktor. Wir verweisen schwangere Frauen an Hebammen, die sie uns bei Problemen erst dann zurückschicken, wenn es zu spät ist. Die wenigsten Mediziner wollen sich daran die Finger verbrennen. Eine Ärztin, deren Urteil wir vertrauen können, käme uns sehr entgegen. Sie verstehen, was ich meine? Ich möchte die Hebammen aber nicht gegen uns aufbringen. Sie sind mächtig ...«

Trotz dieser unverhüllten Warnung nickte Hope. Sie streckte Amann ihre Hand entgegen. »Sie haben meinen Antrag gleich morgen auf dem Schreibtisch. Das verspreche ich Ihnen!«

In der ersten Reihe drängten sich Arbeiter und Intellektuelle Seite an Seite. Sogar ein paar Frauen konnte Hope darunter erkennen. In dem Raum war es brütend heiß, obwohl draußen auf den Straßen noch der strenge Münchner Winter herrschte. So floss das Bier in Strömen, bis der Hauptredner des Abends die Bühne betrat: Carl Lehmann! Hope sprang auf und applaudierte, als er an das Rednerpult trat.

Ihre Augen trafen sich kurz, und Hope nickte Carl noch einmal unmerklich zu, als er anfing zu reden. Sie wusste, dass er die Politik so dringend zum Leben benötigte wie die Luft zum Atmen – schon allein deswegen unterstützte sie seine Kandidatur. Er ließ seinen Blick über seine Zuschauer schweifen und zwang sie damit zur Ruhe, bevor er zu reden begann.

»Der Münchner fährt nicht gerne aufs Land, weil es ihm an Schönheit in der Stadt mangelt – Nein! Er fährt, weil seine Lungen den Gestank der Fabriken nicht ertragen.« Applaus brandete auf. »Achtzig Nebeltage im Jahr – sind wir denn in London? Wer heute in Garching aus der Isar trinkt, der hat morgen die flotte Scheißerei! Dem Dreck der Industrie gehört ein Riegel vorgeschoben! Das ist die Aufgabe des Stadtrates! Dafür kandidiere ich, dafür stehe ich!«

Jubelrufe wurden laut, als Carl von der Bühne sprang. Er strahlte Hope an, umarmte sie und fragte dabei besorgt: »Hat es dir denn gefallen?«

»Ich würde dich immer wieder erwählen – ob als Stadtrat oder als Mann!« Sie strahlte ihren Mann an.

Ein Genosse, dessen Name Hope sich nicht merken konnte, klopfte Carl auf die Schultern. »Komm doch noch mit uns zum Paulaner – dort wird fleißig auf dich getrunken!«

Carl machte eine abwehrende Handbewegung. »Sonst immer gerne – aber heute habe ich noch eine Verabredung.« Er zog seine Taschenuhr hervor, warf einen Blick darauf und nahm Hope an die Hand. »Komm, wir müssen nach Hause. Ich habe ein Geschenk für dich – es müsste in diesen Minuten angekommen sein!«

Neugierig folgte Hope ihm durch die dunklen Straßen nach Hause. Sie versuchte ihrem Mann sein Geheimnis zu entreißen. »Wer liefert denn noch zu so später Stunde?«

»Ich habe den Spediteur mit einer guten Mark bestochen!«

Sie betraten die dunkle Wohnung. Carl zog sie sofort in ihr Behandlungszimmer und schaltete das Licht ein. In der Mitte des Raumes stand ein wahres Ungetüm – sorgfältig verdeckt von ein paar weißen Laken.

Sie runzelte die Stirn. »Was soll das denn …«

Breit grinsend zog Carl an der Verhüllung. Zum Vorschein kam ein brandneuer Stuhl für Gynäkologen. Die beiden Bügel für die Füße waren aus blitzendem Stahl, der Ledersitz sah bequem aus. Eine einfache Hydraulik machte es möglich, den Stuhl nach hinten zu kippen, eine Klappe auf der Sitzfläche ermöglichte eine genauere Untersuchung der Geschlechtsteile. Begeistert strich Hope über das neue Leder. »Das ist ja ...«

»Man versicherte mir, dass sich Schwangere damit viel besser untersuchen lassen«, erklärte Carl. »Wo du dich doch jetzt spezialisieren willst und die Belegbetten am Rotkreuzkrankenhaus bewilligt bekommen hast, habe ich mir gedacht ...«

Hope fiel ihm um den Hals. »Womit habe ich das nur verdient?«

»Dieselbe Frage stelle ich mir täglich«, lächelte Carl. »Mit dem Stuhl kommt allerdings auch eine Bitte.«

Hope ließ sich auf den Stuhl fallen und lächelte. »Du wolltest dir meine Zustimmung erkaufen? Nur zu, jetzt hast du einiges gut bei mir! Was es sei, die Bitte ist dir gewährt.«

»Ich muss für zwei Monate nach Russland reisen«, erklärte er. »Nach Nowgorod.«

Überrascht sah Hope ihn an. »Nowgorod? Warum denn?«

»Ich soll über die Zustände in den dortigen Hungergebieten berichten. Parvus hat mich gebeten, mit ihm zu reisen. Die Politik des Zaren ist entscheidend für den Frieden in Europa. Von Russland hängt die Zukunft der europäischen Industrie ab. Wir wollen einen Beitrag zur Klarlegung der Umstände liefern!«

»Und dein Wahlkampf hier in München?« Hope war überrascht, auch wenn ihr die Reisefreude ihres Gatten nichts Neues war.

Der zuckte mit den Achseln. »Meine Plakate muss ich kaum selber kleistern – und bis es richtig losgeht, bin ich ja schon wieder hier.«

Sie versuchte ein Lächeln. »München kann also auf dich verzichten, mir fällt das schon um einiges schwerer.«

Carl nahm sie in seine Arme und drückte ihr einen Kuss auf die Lippen. Sie schmeckte noch das Bier aus dem Veranstaltungskeller, aus dem sie eben erst gekommen waren. »Statt meine Abwesenheit zu beweinen, könntest du dich auf meine Rückkehr freuen!«

Sie erwiderte seinen Kuss. Sie liebte seine Lebensfreude – und dazu gehörte seine unbändige Neugier auf alles Unbekannte und seine Liebe für Gefahr und Risiko. Aber sie hasste jetzt schon die Stunden und Tage, die sie ohne ihn sein musste.

München, 1899

Mit einer einzigen Bewegung ließ Hope den neuen Stuhl wieder nach unten gleiten. Die verhärmte Patientin, die darauf Platz genommen hatte, ließ die Bewegung mit geschlossenen Augen über sich ergehen. Aus den Unterlagen wusste Hope, dass Hermine Brugger erst 38 war. Wenn sie der Frau ins Gesicht sah, schätzte sie sie gut und gerne zehn Jahre älter. Sie nickte ihr aufmunternd zu. »Sie sind in der Tat schwanger!«

Auf dem Gesicht mit den tiefen Falten machte sich keine Überraschung breit. »Das hab ich gewusst. Das spürt man, wenn man schon so viele wie ich gehabt hat.«

Hope sah in ihre Akte. Hermine Brugger hatte zwölf Kindern das Leben geschenkt. Vorsichtig fragte sie nach. »Wie viele haben Sie denn zu Hause?«

»Sieben sind mir geblieben. Der Schorsch ist aber ein bisschen dumm im Kopf. Der ist bei der Geburt zu lange stecken geblieben. Habe schon gedacht, dass mein letztes Stündlein geschlagen hätte. Aber dann ist er doch gekommen. Mit dem Hinterteil vorneweg.«

Sie nickte. »Ich vermute, dass bei dieser Geburt die Gebärmutter verletzt wurde. Das erklärt jetzt die Blutungen und die leichten Wehen, die Sie ständig haben.«

»Ich möchte auch keines mehr«, erklärte die Frau ohne Umschweife, während sie sich wieder anzog. »Wirklich nicht. Wir kommen schon jetzt mit dem bisschen, was mein Franz nach Hause bringt, nicht klar.«

Von so viel Offenheit überrascht, fragte Hope genauer nach. »Sieht das Ihr Franz denn auch so?«

Hermine Brugger machte eine verächtliche Handbewegung. »Den darf ich doch gar nicht fragen. Der redet dann immer gleich von der Sünde und vom Fegefeuer. Als ob es keine Sünde wäre, dass meine anderen Kinder Hunger leiden müssen. Wenn die armen Würmer weinen, dann flieht der Franz immer zum Stammtisch.«

»Der Hunger ist keine ausreichende Indikation für einen Abbruch«, begann Hope zögernd. »Aber die Gebärmutter-Probleme lassen einen Abort trotzdem angeraten sein. Ich werde Sie in das Rotkreuz überweisen.«

Frau Brugger sah ängstlich zur Tür und fragte dann flüsternd: »Können wir das über den Tag machen? So, dass der Franz nichts merkt? Und wenn Sie schon dabei sind: Können Sie machen, dass ich kein Kleines mehr kriege?«

»Da sollte Ihr Mann aber schon mitreden dürfen«, gab Hope zu bedenken. »Und nach einer solchen Operation habe ich kein gutes Gefühl, wenn ich Sie gleich wieder nach Hause schicke …«

»Bitte – der Franz soll glauben, dass ich keine Kinder mehr kriegen kann. Der muss doch nicht alles wissen! Und mit der Operation – ich bin doch kräftig, das geht schon. Meine Schwester kann mir helfen, dann merkt der Franz nichts.«

Hope sah in die müden Augen der Frau. Sie seufzte. »Ich werde schauen, was ich machen kann.«

»Vergelt's Gott! Der Herrgott braucht nicht noch mehr Engel von mir!« Hermine Brugger standen die Tränen in den Augen, als sie mit beiden Händen nach Hopes Händen griff.

Nur zwei Tage später lag die Frau im Rotkreuzkrankenhaus auf dem Operationstisch. Hope wusch sich gründlich am Waschbecken, als der junge Dr. Hengge neben ihr auftauchte. Er sah kurz auf den Operationsplan und runzelte die Stirn.

»Heute schon wieder raus? Damit tut sie sich keinen Gefallen!«

»Ich weiß«, gab Hope zu. »Aber sie hat darum gebeten. Sie ist von kräftiger Statur und bei guter Gesundheit – wenn sie sich ein bisschen schont, dann könnte es gut gehen.« Sie lächelte den dunkelhaarigen Arzt an. »Ich weiß Ihre Unterstützung wirklich zu schätzen, Dr. Hengge. Die Kollegen haben sich nicht gerade darum gerissen …«

»Ich habe vier ältere Schwestern«, lachte Hengge. »Da kennt man sich mit gynäkologischen Problemen zwangsläufig ein bisschen aus. Viele Ärzte betrachten ja die weiblichen Geschlechtsorgane als Teufelswerk, von dem man besser die Finger lassen sollte.«

»Außer im Dunkel des Schlafzimmers«, scherzte Hope.

Hengge fing an zu lachen. »Ganz genau!«

Sie operierten wie ein eingespieltes Team. Schon nach einer knappen halben Stunde richtete Hope sich auf. »Das war's. Immer wieder überraschend, wie schnell das geht …«

»Ja«, sagte Hengge. »Lief doch gut. In spätestens einer Stunde wird sie wieder aufwachen.«

Sie ließen die Frau in der Obhut einer Schwester, zogen sich um und gingen auf den Flur. Plötzlich tauchte hinter Hope ein magerer Mann auf. Seine abgetragene Kleidung und die tiefen Augenringe sorgten dafür, dass er krank und alt aussah. Seine Stimme klang allerdings hellwach. »Doktor Lehmann?«

»Ja, bitte?« Hope drehte sich neugierig um. Ohne Vorwarnung holte der Mann weit aus und versetzte ihr eine schallende Ohrfeige. Mit einem Schmerzensschrei taumelte Hope gegen die Wand. Dem Angreifer reichte das nicht. Ohne zu zögern stürzte er sich auf sie und fing an, sie zu würgen. Dazu schrie er:

»Was haben Sie mit meiner Frau gemacht? Und mit meinem Kind?«

Seine Finger schlossen sich mit ungeahnter Kraft um Hopes Kehle. Sie versuchte verzweifelt, sich aus dem eisernen Griff zu entwinden – aber ihre Kräfte schwanden schnell. Allmählich wurde ihr schwarz vor Augen. Sie hörte, wie Hengge lautstark nach Hilfe rief – während der Mann weiter »Mörderin!« brüllte. Mit schwindenden Sinnen sah sie zwei Pfleger, die den Mann von ihr fortzerrten. Hengge half ihr vorsichtig auf die Füße. Er sah sie besorgt an. »Geht es Ihnen gut?«

Hope fasste sich an die schmerzende Kehle. »Ich denke, es geht schon … Gehe ich recht in der Annahme, dass das Herr Brugger war?«

Hengge sah dem tobenden Mann, der von Pflegern weggeführt wurde, hinterher. »Wahrscheinlich hat eine Nachbarin ihm etwas gesteckt.«

»Unglaublich«, murmelte Hope immer noch fassungslos.

Hengge musterte Hope. »Sie sollten nach Hause gehen und sich erholen. Ich bin ja hier, wenn die Patientin erwacht.«

»Das werde ich tun. Danke!«, sagte Hope.

»Wollen Sie Anzeige erstatten?«, fragte Hengge neugierig.

»Wie?« Hope sah ihn verblüfft an. »Nein, nein, das ist schon in Ordnung. Ist ja auch kaum etwas passiert.«

Müde kam Hope nach Hause. Zum Glück waren die Kinder um diese Zeit noch in der Schule. Die große Wohnung wirkte kühl und leer. Nachdenklich stellte sie den alten Wasserkessel auf den Herd und holte die große, silberne Teekanne aus dem Schrank. Es gab Augenblicke, die konnte man nur mit einer großen Tasse Tee bewältigen. Wenige Minuten später legte sie ihre Hände um ihre Tasse. Der dunkle Tee roch vertraut nach ihrer Kindheit in England. Für einen Moment schloss sie die Augen. Damals war alles einfach … Ein Weilchen blieb sie mit geschlossenen Augen sitzen.

Die vielen Frauen, denen sie helfen wollte, hatten keine Ahnung, wie sie sich um ihre Gesundheit kümmern konnten. Nicht einmal das einfachste Verständnis von Hygiene und Ernährung oder die Behandlung simpler Krankheiten war ihnen klar. Hope öffnete die Augen. Was, wenn die Frauen ein Handbuch bekamen? Ein Buch, in dem sie über all die alltäglichen Probleme und ihre Lösung nachlesen konnten? Sie griff zu ihrem Füllfederhalter und schraubte ihn auf. Während Carl in Russland war, erschienen ihr die Abende ohnehin zu lang. Vielleicht konnte sie ja etwas Sinnvolles tun … Sie griff zu einem leeren Blatt und fing an zu schreiben.

»Liebe Leserin! Sie sind wahrscheinlich krank, sonst würden Sie dieses Buch nicht aufgeschlagen haben. Denn man pflegt meistens nicht eher an seine Gesundheit zu denken, als bis man sie verloren hat. Nun ist das Buch wohl für kranke Frauen geschrieben. In erster Linie ist es aber für gesunde Frauen geschrieben, und sein Hauptzweck ist, Ihnen zu zeigen, wie man gesund bleibt. Denn Krankheiten verhüten ist viel wichtiger und viel leichter als Krankheiten heilen …«

In den nächsten Wochen war sie mit einem Feuereifer bei der Sache. Sicher, sie hatte schon zum Thema Gesundheit veröffentlicht. Aber mit diesem Buch wollte sie endlich all die Unwissenden aufklären über ihren Körper – und das in möglichst einfachen Worten. Was scherte es sie, dass sie zu wenig Schlaf bekam? Ihr ging es darum, endlich ein Buch zu verfassen, das keine falsche Scham kannte.

Carl erreichte München nach über zwei Monaten in Russland spät in der Nacht. Für die letzte Strecke vom Bahnhof in die Gabelsbergerstraße fand er nicht einmal mehr eine Droschke. Mit einem leisen Fluch schulterte er den Sack mit seinen Habseligkeiten und machte sich auf den Weg. Eine knappe halbe Stunde später sah er zu seiner Überraschung, dass Licht im Arbeitszimmer seiner Frau brannte. Was konnte sie da nur wollen? Hatte womöglich so spät abends noch ein Notfall an die Tür geklopft? Hope war viel zu gewissenhaft, um so einen armen Tropf zurück in die Nacht zu schicken. Mit einem wissenden Lächeln auf den Lippen erklomm Carl die letzten Treppen zu seiner Wohnung. Vorsichtig drehte er den Schlüssel im Schloss – er wollte Hope schließlich überraschen. Der Seesack glitt aus seinen Händen auf den Boden, als er in ihr Arbeitszimmer ging. Auf der Schwelle hielt er inne. Ihr Kopf lag auf einem zur Hälfte beschriebenen Papier auf dem Schreibtisch, ihren Fingern war der Füllfederhalter entglitten und hatte einen hässlichen Fleck hinterlassen. Vorsichtig nahm er ihn und schraubte ihn zu. Dabei musterte er die Unterlagen auf dem Schreibtisch. Schematische Zeichnungen von Körperteilen, Querschnitte und Fachbücher – es sah fast so aus wie bei einem Studenten der Medizin. Hope bewegte sich ein wenig, ihre Lider flatterten. »Was … ich … Carl?« Sie richtete sich auf und lächelte ihn verschlafen an. »Du bist wieder da? Ich schreibe gerade … ein Buch.«

»Schhhh«, Carl beugte sich über sie und hob sie in seinen

Armen hoch. »Wir reden morgen. Ich bin ja wieder da.« Damit trug er sie liebevoll in das Schlafzimmer. Er hegte den leisen Verdacht, dass sie in den letzten Wochen viel zu selten den Weg dorthin gefunden hatte.

Am nächsten Morgen flutete die Frühlingssonne durch die Fensterscheiben. Carl konnte seine Augen nicht von Hope wenden. Ihre Augen leuchteten, als sie ihm von ihrem neuen Projekt erzählte. »... dann kam mir die Idee: Viele meiner Patientinnen wären gar nicht erst krank oder schwanger geworden, wenn sie ein paar einfache Regeln beachtet hätten!«
Er blätterte in dem Manuskript, stutzte – und las dann laut vor: »Es gibt nur einen Grund, der Mann und Frau zusammenführen darf: das gegenseitige Bedürfnis nach geschlechtlicher Vereinigung. Und ohne das ist eine Ehe bestenfalls ein Freundschaftsverhältnis auf unnatürlichen und schwankenden Füßen, schlimmstenfalls Prostitution und Notzucht. Bei dem jetzigen Bestreben, die Unschuld des Mädchens zu erhalten, erfährt es nichts über das, was das Leben der Männer zur Hälfte ausfüllt. Wie soll sie dem Mann das Verlangen entgegenbringen, das allein ihm das volle Eheglück eröffnen kann!« Er zögerte und sah Hope mit einem spöttischen Grinsen an. »Das dürfte so manchem braven Familienoberhaupt die Schamesröte ins Gesicht treiben, meinst du nicht?«

Gelassen zuckte Hope mit den Achseln. »Er hofft schließlich auf eine Ehefrau, die sich ihm gerne hingibt und die geschlechtliche Erregung kennt ...«

»Damit magst du recht haben«, gab Carl zu bedenken. »Aber das muss deine Leserschaft halt auch so sehen.«

»Das Buch soll schließlich nicht nur der Bildung, sondern auch der Erziehung dienen. Zu einem gesunderen, glücklicheren Leben! Erst wenn die Frau entscheiden kann, ob sie ein Kind will, verdient sie auch die Pflicht, es zu pflegen ...«

Schweigend lächelte Carl seine temperamentvolle Frau an. Sie runzelte unter seinem Blick die Stirn. »Was ist denn dagegen einzuwenden? Was lächelst du?«

»Gar nichts«, gab er zu. »Ich liebe es einfach, wenn die

Flamme der Revolution in dir brennt. Und sei es nur eine medizinische Revolution. An welchen Verlag hast du denn für dein Buch gedacht?«

»Darüber habe ich noch gar nicht nachgedacht«, gab sie zu. »Ich dachte an Fichte, vielleicht Kleinlosen …«

»Die werden sich hüten! Kein Fachverlag wird es wagen, ein so streitbares Werk zu veröffentlichen. Was du brauchst, ist einen politischen Verlag!«

»Und wo soll ich den hernehmen?«, fragte sie.

»Ich kenne da einen Verlag in Stuttgart, den werde ich mal fragen. Das Buch würde zu ihnen passen …«

Hope nickte und schlug dann die Hand vor den Mund. »Ich bin unmöglich. Da kommst du zurück von deiner langen Reise, und mir fällt nichts Besseres ein, als dir von meinem kleinen Buch zu erzählen. Wie war Russland? Erzähl!«

»Wo soll ich da nur anfangen? Russland ist … Russland. Es gibt so viel Armut, so viel Unrecht. Und doch, die Menschen dort müsstest du erleben. Selbst in der größten Not noch herzlich, von gutem Herzen und stark im Charakter. Ich habe einen Arbeiterführer namens Wladimir Iljitsch Uljanow kennengelernt. Ein ganz schlauer Kopf. Sitzt in der Verbannung fest. Aber er wird uns besuchen, sobald es möglich ist.«

»Und was macht die Revolution im großen Reich?«

Er zuckte mit den Achseln. »Der Zar unterdrückt sie mit aller Macht. Aber es ist wie mit jedem Widerstand – je mehr man ihn versucht zu unterdrücken, umso mehr Kraft gibt man ihm auch.«

Hopes Blick glitt an die Uhr an der Wand. »Wir sollten uns bereit machen – die Praxis muss geöffnet werden!«

»Bah«, winkte Carl ab. »Lass uns einen Tag schwänzen. Grete soll ein Schild raushängen – die Patienten mögen für diesen Tag zu Doktor Boll gehen!«

Hope hob eine Augenbraue. »Warum?«

Carl nahm sie in seinen Arm und drückte ihr einen herzhaften Kuss auf die Lippen. »Weil der heutige Tag bestimmt ist für mich und meine Frau, die ich zu lieben gedenke. Deinem Buch sollen schließlich Taten folgen …«

Sie strich ihm langsam über die Lippen. »Es war kein Leben ohne dich, das musst du mir glauben …«

Der Frühsommer brachte München zum Leuchten. Hand in Hand liefen Hope und Carl quer über den Marienplatz.

»Ich bin mir sicher, dass die Lentner'sche die ›Gesundheit im Haus‹ haben muss!«, erklärte Hope. Sie konnte sich nur schwer beherrschen, um nicht loszurennen. »Hoffentlich präsentiert sie es ordentlich!«

Endlich waren sie vor dem Schaufenster angelangt. Mit zusammengekniffenen Augenbrauen suchte Hope die Auslage ab – bis Carl in die Ecke deutete. »Da! Nicht der auffallendste Ort – aber immerhin haben sie es im Schaufenster! Das wäre also geschafft, jetzt kann man also Hope Bridges Lehmann in Münchens ältester Buchhandlung kaufen.« Er lachte leise. »Ich weiß allerdings nicht, wie gut sich ein Buch verkauft, das du allenthalben verschenkst.«

Sie zuckte mit den Schultern. »Es ist für die Menschen, die sich keinen Arzt leisten können – wie sollen die sich da ein Buch leisten?« Sie nickte entschlossen. »Ich werde es auch den Krankenhäusern in München kostenfrei zur Verfügung stellen.«

»Gut.« Carl musterte Hope, die sich von dem Anblick ihres Buches im Schaufenster nicht losreißen konnte. »Und den Hebammen?«

Ohne eine Miene zu verziehen, starrte Hope weiter in das Schaufenster. Carl kannte sie zu gut, um zu glauben, dass sie ihn überhört hatte. Er legte seine Hand auf ihre. »Hope, es sind die Hebammen, die über Wohl und Wehe der Schwangerschaften und damit auch der Frauen bestimmen. Vor allem in den armen Familien. Sie auf deiner Seite zu haben …«

Brüsk schüttelte sie den Kopf. »Ich brauche sie nicht.«

»Du irrst dich«, versuchte Carl sie behutsam zu überzeugen. »Mit der Unterstützung des Verbandes käme dein Buch erheblich effektiver dorthin, wo es gebraucht wird.«

Lange sagte Hope kein Wort. Sie wandte sich von dem Schaufenster ab und sah dem Treiben auf der Straße ein Weilchen zu.

Wie wohl zu jeder Tages- und Nachtzeit kamen die Kutschen dicht an dicht, dazwischen die rufenden Fußgänger und die hetzenden Dienstboten. Als Hope schließlich sprach, konnte er sie kaum verstehen, so leise redete sie. »Du hast recht. Es gefällt mir nicht, keine Sekunde. Doch du hast recht.«

Genüsslich streckte Hope ihr Gesicht in die Sonne. Der Englische Garten war im Sommer wunderbar. Seufzend öffnete sie nach ein paar Augenblicken die Augen. Sie war nicht hier, um den Sommer zu genießen. Sie musste sich mit Barbara Rauhenzahner treffen. Sie erinnerte sich an ihre einzige Begegnung vor knapp drei Jahren. Das hatte damals kaum nach dem Beginn einer Freundschaft ausgesehen. Sie erinnerte sich an den Blick, den die Hebammen-Vorsitzende ihr zugeworfen hatte, als sie der Praxis verwiesen wurde. Unversöhnlich und voller Hass. Überraschend genug, dass sie jetzt der Bitte um ein Treffen nachgekommen war. Suchend sah Hope sich um – und sie erkannte die kräftige Frau mit dem auffallenden Kinn sofort. Sie bemühte sich um ein Lächeln.

»Frau Rauhenzahner, es freut mich, dass Sie kommen konnten.«

Die schmalen Lippen verzogen sich kaum. »Ich habe viel Arbeit. Was wünschen Sie?« Höflichkeit war nicht die Sache der Hebamme, dachte Hope. Doch die hatte sich fest vorgenommen, sich zu keiner unbedachten Bemerkung provozieren zu lassen. »Gehen wir doch ein Stück«, schlug sie vor.

Schweigend legten Sie ein paar Meter zurück. Belanglosigkeiten waren in diesem Fall wohl nicht gefragt, deswegen entschied Hope sich, direkt ihr Anliegen vorzubringen. »Ich habe ein Buch geschrieben – würden Sie es wohl lesen?«

»Nicht in tausend Jahren«, spuckte die Hebamme aus. Nein, diese Frau war nicht auf Versöhnung aus. Hope atmete tief durch.

»Frau Rauhenzahner, ich bin Ärztin, Sie sind Hebamme – eint uns denn nicht die Sorge um das Wohl der Frauen? Sollten wir nicht an einem Strang ziehen?«

Frau Rauhenzahner musterte Hope und schüttelte energisch

den Kopf. »Sie sagen es doch schon: Ich bin Hebamme, Sie sind Ärztin. Sie heilen, ich helfe.«

»Aber wie wollen Sie denn das eine vom anderen trennen? Sollten wir nicht Hand in Hand arbeiten? Uns ergänzen, wo unterschiedliche Erfahrung und Ausbildung uns trennen? Wie oft bringt unser Streit denn nicht Unglück über die Schwächsten – über die Schwangeren?«

»Frau Doktor Lehmann«, begann die Hebamme mit tadelndem Ton. »Ich weiß sehr wohl, dass Ihnen weder die Heiligkeit der Ehe noch die Pflichten einer Mutter viel bedeuten …«

Hope verschlug es bei dieser Anschuldigung fast den Atem. »Wie können Sie es wagen …«

Aber jetzt war die kräftige Frau in ihrem Element. Sie war einen halben Kopf größer als Hope und sah sie von oben herab an. »Geschieden sind Sie und Ihre Kinder sind den ganzen Sommer fern ihrer Mutter, ohne dass Sie darunter leiden. Kein Wunder, dass Sie den Frauen ihre Kinder nicht gönnen.«

Unbeherrscht hob Hope ihre Hand und konnte sich nur in letzter Sekunde bremsen. Sie würde sich jetzt nicht die Blöße geben und diese Frau ohrfeigen – auch wenn sie es sich redlich verdient hätte. Frau Rauhenzahner sah die erhobene Hand. Leise und drohend redete sie weiter. »Das werden Sie bereuen. Meine Hebammen sammeln seit Monaten Material gegen Sie. Jeden Tag wird es mehr, je länger Sie Ihr unheilvolles Werk tun.«

Zornig griff Hope in ihre Tasche, nahm ihr Buch heraus und streckte es der Hebamme hin. »Wenn Sie schon Ihr Werk ohne meine Hilfe weiter tun wollen, dann lesen Sie wenigstens mein Buch. Es steht alles drin, was es zu wissen gibt – dann machen Sie vielleicht nicht mehr so viele Fehler, die ich dann auf meinem Operationstisch richten muss!«

Barbara Rauhenzahner sah das Buch mit angeekelter Miene an. »So einen Schweinkram rühre ich gar nicht erst an!«, sagte sie schließlich und schlug Hope mit einer schnellen Bewegung das Buch aus der Hand, drehte sich um und verschwand grußlos durch den sonnigen Park.

Langsam bückte Hope sich und griff nach dem dicken Band. Liebevoll strich sie ein paar zerknitterte Seiten glatt und schüttelte den Staub ab. Sie biss die Lippen zusammen. Immerhin hatte sie es versucht – aber sie hatte das Gefühl, als sei jetzt alles noch viel schlimmer als vor dem Treffen. Sie hängte sich ihre Tasche über die Schulter und machte sich auf zum Universitätsklinikum. Ein Besuch bei ihrem alten Professor von Winckel war bestimmt schöner als der Streit mit dieser verbiesterten Hebamme. Und der Sommertag lud geradezu dazu ein, einen Spaziergang zu machen. Für ihren Geschmack erreichte sie den Empfang des Krankenhauses viel zu früh. Eine junge Schwester saß in der Aufnahme und sah ihr freundlich lächelnd entgegen. »Kann ich Ihnen helfen?«

»Mein Name ist Doktor Hope Lehmann«, erklärte sie. »Ich habe ein Buch …«

Das Gesicht der Schwester leuchtete auf. »Sie sind die Frau Doktor mit dem Gesundheitsbuch? Das haben wir alle im Schwesternheim gelesen! Eine ganz großartige Sache, endlich werden ein paar Sachen erklärt, die den Ärzten zu peinlich sind.«

Hope entspannte sich ein wenig. Wenigstens galt sie nicht überall als Hexe. »Das freut mich zu hören. Ich wollte dem Krankenhaus ein paar Exemplare schenken. Vielleicht für die gynäkologische Abteilung?«

»Die werden sich furchtbar freuen. Sie müssen das halt mit dem Klinikchef besprechen …«

»Da wollte ich auch hin!«, erklärte Hope. »Professor von Winckel kennt mich schon lange, er war einst mein Lehrer in Leipzig.«

»Dann bringe ich Sie doch eben zu ihm«, sagte die Schwester und erhob sich hilfsbereit.

Kurz darauf stand sie ihrem alten Mentor gegenüber. Von Winckel schüttelte ihre Hand und sah sie warmherzig an. »Sie haben ein Buch geschrieben, wie ich höre.«

Sie kramte ein Exemplar aus ihrer Tasche – es sah nach dem Angriff der Hebamme ein wenig angeschlagen aus. »Ich würde mich freuen, wenn ich dem Krankenhaus ein paar Exemplare schenken könnte … Kennen Sie es denn schon?«

Von Winckel nahm das Buch und nickte. »Sicher. Ich habe es

mir am Tag seines Erscheinens gekauft. Ich bin doch viel zu neugierig auf das, was Sie da wieder verzapft haben, liebe Hope.« Er lachte freundlich, wurde dann aber ernst. »Ich finde es wunderbar, sehr verständlich auch für die einfache Frau. Wir stellen es gerne in unseren Lesesaal.« Er zögerte kurz, bevor er weitersprach. »Aber sehen Sie sich vor, liebe Hope. Es gibt Gruppen in dieser schönen Stadt, die Ihnen nicht wohlgesinnt sind. Ein so freizügiges Buch bestärkt sie in ihrer Meinung.«

Hope nickte. »Danke für die Warnung. Ich hoffe doch, dass sich die Vernunft gegen die Ignoranz durchsetzt.«

Von Winckel strich sich über sein schütteres Haar. »Das hoffen wir alle. Allein, die Erfahrung lehrt, dass die Vernunft nur eine schwache Stimme hat.«

Nachdenklich verabschiedete Hope sich von ihrem alten Professor. Wenn sie die Frauen nicht über ein Buch erreichen konnte – dann musste ihr etwas Stärkeres einfallen. Ihre alte Idee von einem Frauenheim fiel ihr wieder ein. In den letzten Jahren war so viel Neues passiert, dass sie die Sache verdrängt hatte. Nicht einmal sie und Carl konnten alle Kämpfe auf einmal fechten. Aber wenn die Notwendigkeit für dieses Heim gegeben war, dann mussten sie es eben in Angriff nehmen. Ob es wohl dieses Grundstück in der Nähe des kleinen Kanals in Nymphenburg noch gab? Entschlossen machte sie sich auf den Weg nach Hause. Es wurde höchste Zeit, dass sie Carl erklärte, dass es jetzt an der Zeit für das Frauenheim war ...

Noch am gleichen Abend gingen sie gemeinsam spazieren. Hope lenkte unauffällig ihre Schritte in Richtung des kleinen Kanals. »Was nützt es mir, auf dem rechten Weg zu sein, wenn täglich Frauen sterben, weil die Hebammen überfordert oder inkompetent sind. Wir müssen sie ihnen wegnehmen!«

Carl sah sie verwirrt an. »Wen willst du wem wegnehmen?«

»Die Frauen den Hebammen. Dann können die kein Unheil mehr anrichten!«

Carl lachte. »Du willst die Geburten der ganzen Stadt übernehmen? Liebe Hope, dafür reicht unsere Praxis nicht – und so viele Betten hat das Rotkreuz auch dann nicht, wenn du der einzige Belegarzt wärest!«

»Erinnerst du dich nicht an das Frauenheim? Es soll ein sicherer Ort für alle Schwangeren sein. Ein paar Jahre lang gab ich mich der Illusion hin, dass sich die Dinge zum Besseren ändern könnten. Meine Begegnung mit der Rauhenzahner hat mir die Augen geöffnet. Es gibt keine Zusammenarbeit mit den Hebammen – ich muss ihnen die Frauen wegnehmen. Mit einem eigenen Heim.« Sie zögerte und sah Carl dann bittend an. »Können wir das wohl schaffen?«

Carl kratzte sich am Kopf. »München ist eine reiche Stadt, mit vielen Bürgern, die gerne Geld für eine gute Sache geben. Oder für eine Eintrittskarte ins Himmelreich. Es kommt darauf an, wie überzeugend du sein kannst.«

In diesem Augenblick erreichten sie eine große, leere Wiese, die direkt am Kanal lag. Hope machte eine weit ausholende Bewegung. »Es ist Jahre her, dass ich diesen Ort durch einen Zufall gefunden habe. Hier ist die Luft gut – und die Innenstadt ist schnell zu erreichen. Der Grund ist erschwinglich, wir können großzügig planen.« Hope strahlte Carl an. »Und – wie überzeugend findest du mich?«

»Sehr.« Carl grinste seine Frau an. Sie standen inzwischen inmitten der Wiese, die in der Abendsonne golden leuchtete. Er drehte sich einmal um die eigene Achse und sah das Grundstück lange und genau an. »Hier soll das Frauenheim also entstehen? Warum eigentlich nicht ... nützlicher als der Eiffelturm ist es allemal!«

Hope ging auf ihn zu und umarmte ihn. »Glaube mir, wir werden alle von der Idee überzeugen! Ganz bestimmt!«

Er erwiderte die Umarmung und flüsterte leise in ihr Ohr: »Und ich werde das nächste Mal, wenn du nur einen Spaziergang vorschlägst, vorsichtiger sein ...«

Das Weihnachtsfest lag bereits hinter ihnen. Tief verschneit lag die Gabelsbergerstraße unter dem Sternenhimmel, kaum jemand war auf der Straße unterwegs. Carl legte seiner fröstelnden Frau ein Wollcape um die Schultern. »Du wirst dir den Tod holen! Warte lieber oben!«

Hope zog das Cape dankbar um ihre Schultern. »Nein, sie

kommen sicher gleich.« Es war erst zwei Wochen her, dass Mara und Heinz zu ihrem Vater aufgebrochen waren – aber dieses Mal kamen sie nicht alleine wieder. Zum ersten Mal hatte Otto zugestimmt, mit seiner neuen Familie nach München zu kommen, auch mit seiner neugeborenen Tochter Gerda. Sie trafen sich zum ersten Mal alle wieder, wollten gemeinsam in das neue Jahrhundert hineinfeiern.

Hope hoffte inständig, dass sie ein paar friedliche Tage verbringen würden. Endlich kam die Kutsche um die Ecke. Hope legte Carl ihre Hand auf den Arm. »Da sind sie ja!« Er sah sie überrascht an. »Du zitterst? Den Hebammen der Stadt bietest du die Stirn, der Kaiserin selbst stellst du dich in den Weg – aber jetzt zitterst du?«

»Ist nur die Kälte«, versuchte Hope abzulenken. Carl kannte sie gut genug, um zu wissen, dass sie nicht die Wahrheit sprach. Aber er beließ es bei ihrer Notlüge. Wenn es um ihre Kinder ging, war sie ihm gegenüber immer wieder befangen.

Die Kutsche hielt direkt vor ihnen, der Schlag schwang auf, ,und Otto kletterte als Erster heraus. Er sah älter und ernster aus. Förmlich streckte er Hope seine Hand entgegen. Sie beachtete sie nicht und schlang herzlich ihre Arme um seinen Hals. »Ich bin so froh, dass ihr kommen konntet!«

Otto zögerte und erwiderte dann die herzliche Begrüßung zurückhaltend. »Ich habe das Sanatorium über den Jahreswechsel geschlossen. Um die wenigen Dauergäste, die nicht reisen konnten, kümmern sich zwei Pfleger.« Er musterte Hope. »Schön, dich zu sehen, Hope.«

Er drehte sich um und half seiner neuen Frau aus der Kutsche. Hope lächelte ihr entgegen: es war ihr ehemaliges Kindermädchen Alexandra, die jetzt schützend ihre kleine Tochter im Arm trug. Alexandra reichte ihr die freie Hand und deutete einen Knicks an. »Frau Doktor Lehmann!«

Spontan umarmte Hope auch Alexandra. »Ach was! Du kannst mich doch schon lange Hope nennen!« Sie sah das Baby an und fing an zu lachen. »Unglaublich, wie die kleine Gerda Otto ähnelt! Keines unserer Kinder sah ihm so ähnlich wie sie …«

Sie spähte in die Kutsche. »Wo sind sie überhaupt?«

Heinz und Mara kletterten aus der Kutsche. Heinz umarmte sie heftig. Obwohl er bereits sechzehn Jahre alt war, konnte er seine Zuneigung noch so aufrichtig zeigen wie ein kleines Kind. Mara nickte ihrer Mutter dagegen nur zu und strebte mit schnellen Schritten der Haustür zu. Hope sah ihr entgeistert hinterher. »Du trägst ein Korsett?«, fragte sie.

Mara drehte sich in der Tür um und starrte ihre Mutter trotzig an. »Papa hat es mir gekauft!«, erklärte sie.

Hope holte tief Luft. »Weißt du, was du deinem Körper antust?«

»Das konnte ich wohl kaum vermeiden, so oft, wie du mich über dieses Thema belehrt hast! Aber die anderen Mädchen tragen auch ein Korsett, und sie machen Witze über meine weiten Kleider ...« Mara schob ihre Unterlippe vor. Eine Bewegung, die Hope nur zu gut kannte. Jetzt war ihre Tochter keinem vernünftigen Argument mehr zugänglich. Trotzdem beharrte Hope auf ihrem Standpunkt. »Die anderen Mädchen sollten dir egal sein. Sie haben keine Ahnung. Du kannst ganz alleine entscheiden, was gut für dich ist!«

Mara nickte. »Das habe ich. Für mich ist ein Korsett gut. Du sagst doch immer, dass ich in meinem Leben alles erreichen kann, ich muss es nur wollen. Ich habe mich entschieden: Jetzt will ich ein Korsett!«

Hope sah ihre Tochter fassungslos an. Sie musste ihr zugestehen, dass sie recht hatte. Wenn auch bei der falschen Sache. Und womöglich war jetzt der falsche Zeitpunkt, um über gesunde Kleidung zu diskutieren ... Sie nickte widerstrebend. »Ich wollte dir keinen Vorwurf machen.«

Kühl lächelte Mara. »Gut. Können wir dann reingehen? Mir ist kalt!« Damit verschwand sie im Treppenhaus. Zögernd folgte Hope ihrer Tochter.

Otto lehnte sich in dem gemütlichen Sessel zurück und ließ seinen Blick durch den Salon schweifen. Die ersten Gäste sollten jede Sekunde hier eintreffen. Auf dem Tisch standen die Sektkelche neben den geschliffenen Weiß- und Rotweingläsern. Die

Lehmanns hatten angesichts der großen Anzahl der Gäste auf ein gesetztes Dinner verzichtet. Stattdessen standen große Platten mit kleinen Häppchen bereit. Typisch Hope, sie hielt sich einfach nicht an das, was eine ordentliche Silvester-Einladung – noch dazu zur Jahrhundertwende – ausmachte.

Der Raum strahlte eine entspannte Grundhaltung aus, das musste Otto zugeben. Die verschiedenen Sitzgelegenheiten passten nicht alle zusammen, aber sie hatten alle eine Geschichte. Da war die Chaiselongue, die Hope als einziges Möbelstück aus Nordrach mitgenommen hatte. Daneben ein paar wuchtige, dunkle Möbel, die einst Carls Wohnung in Straßburg geschmückt hatten. An der Wand entdeckte er Fotos, die Carl in verschiedenen Ländern zeigten. Erst gestern hatte er die Gesellschaft mit seinen russischen Abenteuern unterhalten – und dabei angedeutet, dass er demnächst in Südamerika nach der großen Freiheit suche wollte.

Es läutete, und an der Tür wurde der erste Gast mit großem Hallo empfangen. Otto hörte die Stimme seiner ersten Frau, die ein paar warme Worte für einen Gast fand, der offensichtlich mit ihr zusammen im Krankenhaus arbeitete. Doch noch bevor sie ihm den jungen Arzt vorstellen konnte, schellte es ein weiteres Mal an der Tür. Otto lächelte. Hope hatte sich bemüht, an diesem Abend ihre halblangen Haare in eine Hochsteckfrisur zu bändigen – aber schon jetzt lösten sich die ersten Strähnen und umspielten ihr Gesicht. Es klingelte erneut, und zu seiner großen Überraschung betrat August Bebel den Raum, gemeinsam mit Clara Zetkin. Beide stürzten sich auf Carl, der sie mit einem gut eingeschenkten Glas Rotwein begrüßte. Otto lehnte sich etwas zurück. Es kam ihm länger als eine Lebensspanne vor, dass er sich intensiv mit der Politik beschäftigt hatte.

Seine junge Frau Alexandra kam herein. Sie sah unter all den politischen Frauen wie ein seltener Schmetterling aus. Ein wenig zu jung, ein wenig zu auffällig geschmückt mit der Halskette, die er ihr zur Geburt von Gerda geschenkt hatte. Er winkte ihr zu, und ihr Gesicht leuchtete auf. Sie setzte sich neben ihn und sah sich mit großen Augen um.

»Ich kann es kaum glauben, dass du früher mit Hope vermählt warst – und sie trotzdem so nett zu mir ist«, meinte sie schließlich.

Otto lächelte sie an. »Ich habe dir doch gesagt, dass sie damit zurechtkommen wird.«

Alexandra nickte. »Sie ist stärker als jede andere Frau, die ich kenne. Stärker als ich auf jeden Fall.« Sie lächelte Otto schüchtern-kokett an. »Ich könnte nicht freundlich zu einer Frau sein, die meinen Platz an deiner Seite übernommen hat.«

Otto lächelte nachsichtig. Er genoss die Vernarrtheit von Alexandra nach den Jahren des eiskalten Umgangs mit Hope. Dann fiel sein Blick auf seine Tochter Mara, die mit übellaunigem Gesicht auf einem Stuhl saß. »Amüsier dich doch ein wenig, mein Kind!«, ermahnte er sie. »Du wirst in deinem Leben nur eine einzige Jahrhundertwende erleben.«

Mara sah ihn mürrisch an. »Mit wem soll ich mich hier amüsieren? Es sind doch nur blöde Politiker und Ärzte hier!«

Otto schüttelte tadelnd den Kopf. »Danke für deine Einschätzung.«

Seine Aufmerksamkeit fiel auf einen dunklen Mann mit Spitzbart, der sich neben die Fenster positioniert hatte und sich mit Carl und ein paar Genossen mit ernstem Gesicht unterhielt.

Carl versicherte dem Fremden in diesem Moment seine Unterstützung. »Aber Wladimir ...« Der Mann hob abwehrend die Hand. »... nun gut: Lenin. Daran werde ich mich noch gewöhnen müssen, mein Freund. Trotzdem: Es wird ein Leichtes sein, Ihnen in dieser Stadt Unterkunft zu besorgen. Sie sind in München unter Freunden.«

Der Mann antwortete mit einem schweren russischen Akzent. »Unterschätzen Sie nicht die Geheimpolizei des Zaren, Carl.«

Otto runzelte sie Stirn. Typisch Carl, sich sogar an Silvester mit irgendeinem zwielichtigen Gast aus dem Zarenreich zu schmücken. Alles, was verboten war und irgendwie den Geruch von Freiheit und Revolution in sich barg, zog diesen Lehmann magisch an. Während die Uhr Richtung Mitternacht fortschritt, musste Otto sich immer mehr eingestehen, dass die Welt der politischen Diskussionen nicht mehr die seine war. Er kam sich vor wie zu Besuch in der eigenen Vergangenheit. Lächelnd sah er Hope an, die sich in diesem Augenblick von einem erregt diskutierenden Kreis abwandte und mit einer Gabel gegen ihr Sektglas klopfte. Ihre Wangen waren gerötet, ihre Augen leuchteten und sie sah so lebendig aus, wie sie es in Nordrach nie gewesen war. Er seufzte. Er hatte sie zu lange gefangen gehalten. Erst jetzt, in der Freiheit Münchens, war sie wieder zu der temperamentvollen, freiheitsliebenden Frau geworden, die er einst geheiratet hatte.

»Achtung!« Hopes Stimme drang durch das Stimmengewirr ihrer Gäste. »Die Uhr schlägt gleich zwölf! Nun kommt schon!« Allmählich wurde es leise, Hope räusperte sich theatralisch. »Mir wurde angetragen, zum neuen Jahr – zum neuen Jahrhundert! – ein paar warme Worte zu sprechen. Nun sind große Reden nicht meine Sache ...«

Ein paar Besucher fingen an zu lachen, Clara rief ein lautes »Hört! Hört!« in die Runde. Hope ließ sich davon nicht unterbrechen. Sie winkte ihrer Freundin entrüstet zu und redete weiter. »Die Zeit kommt nicht zu uns – wir marschieren in sie hinein. Sie zieht nicht an uns vorbei – wir lassen sie hinter uns auf dem Weg in die Zukunft. Sie bestimmt uns nicht – wir bestimmen sie. Jeder von uns ist ein Schöpfer dieser Welt. Und wenn es unser Wille ist, dann ist dem Geiste keine Grenze ...« Hinter ihr begann die große Standuhr zusammen mit den Kirchen Münchens zu schlagen. Hope schlug sich die Hand vor die Stirn. »Ach je! Es ist schon so weit!« Sie hob ihr Glas und sah in die Runde. »Alles wollen, alles schaffen, Glück auf Erden für jeden und so weiter. Auf uns!«

Alle stimmten in ihr Gelächter ein und stießen mit ihr auf das neue Jahr an. Hope fiel Carl in die Arme und genoss einen kurzen Moment der Zweisamkeit auf ihrem lauten Fest. Sie strahlte ihn an. »Frohes Neues Jahr! Mein Stadtrat!«

Er lächelte. »Frohes Neues Jahr, mein Leben.«

Hope sah sich suchend um und entdeckte ihre Mutter, die ein wenig abseits von dem Trubel zusammengesunken auf einem Stuhl saß. Sie eilte zu ihr hin und kniete sich vor sie. »Willkommen im neuen Jahrhundert, Mutter!«

»Was?« Ellen hob mühsam den Kopf. Mit Erschrecken erkannte Hope, dass ihre Mutter in den letzten Monaten sehr alt geworden war. Ihre Augen schienen starr durch ihre Tochter hindurchzusehen, ohne etwas wahrzunehmen. Erst langsam schien sie in die Gegenwart zurückzukehren. Sie hob ihr Glas. »Kindchen, alles Gute!« Dann hob sie lauschend den Kopf und neigte ihn ein wenig zur Seite. Hope musterte ihre Mutter. »Was ist?«

Ellen deutete zum Fenster. »Hörst du das nicht?«

»Den Lärm?« Hope sah Richtung Fenster. Der größte Teil der Gesellschaft war inzwischen auf der Straße und begrüßte das neue Jahrhundert mit lauten Hurra-Rufen.

Ellen schüttelte den Kopf. »Nicht den Lärm ... Es ist sicher nichts.« Sie sank wieder in sich zusammen. Hope verharrte noch kurz bei ihrer Mutter, dann erhob sie sich und legte zum Abschied liebevoll ihre Hand auf ihren gebeugten Rücken. Ellen machte Hope Sorgen. Sie schien immer mehr die reale Welt zu verlassen und sich in Sphären zurückzuziehen, die nur noch ihr zugänglich waren. Allmählich zog die Dunkelheit über ihrem Verstand auf – und das machte Hope mehr Angst, als sie es sich eingestehen wollte.

Sie sah sich suchend um und erspähte Otto und ihre beiden Kinder im Gang. Schnell eilte sie zu den Dreien und hob noch einmal ihr Glas. »Mit euch auf die Zukunft anstoßen zu können, darauf freue ich mich schon seit Wochen!« Sie entdeckte, dass Mara noch kein Glas in der Hand hatte, und drückte ihr schnell ihr eigenes in die Hand. Otto sah sie missbilligend an. »Kein Alkohol! Sie ist doch erst 14!«

Hope zuckte mit den Schultern, während sie ein verwaist herumstehendes Glas ergriff und mit Mara und Heinz anstieß. »Wir begrüßen das neue Jahrhundert nur ein einziges Mal – und dann richtig. Da ist Gänsewein wohl kaum das Richtige ...«

Mara hob zögernd ihr Glas, stieß mit ihrem Bruder und ihrer Mutter an. Für einen Augenblick schien sie dafür sogar ihren Zorn zu vergessen. Hope lächelte in die Runde und eilte dann, um mit Clara zu feiern. So entging ihr, dass Otto seiner Tochter das Glas sofort aus der Hand nahm. »Solange ich hier in München bin, gibt es keinen Alkohol für Kinder! Damit das klar ist!«, knurrte er dabei.

Heimlich dankte er den vielen Patienten, die in Nordrach warteten. So musste er morgen abreisen. Länger mit seiner ehemaligen Frau unter einem Dach zu leben, war ihm schlicht unmöglich. Er hatte für ihren Freigeist kein Verständnis mehr.

München, 1903

Zögernd trat Carl auf die Straße. Hope lief ihm voraus wie eine aufgeregte Sechsjährige. »Jetzt geh doch ein bisschen schneller! Du wirst es lieben!«

Er sah sie skeptisch an. »Was soll ich lieben? Willst du mir denn nicht endlich sagen, was deine große Überraschung ist?«

»Dummkopf«, schimpfte ihn Hope. »Dann wäre es ja keine mehr!«

Er lachte sie an. »Warum nur habe ich ein flaues Gefühl im Magen, wenn meine Frau von einer großen Überraschung spricht?«

Sie setzte ihre belehrende Miene auf. »Das Problem ist doch klar zu erkennen. Du hast selber gesagt, dass es Ewigkeiten verschwendet, zu Fuß oder mit der Kutsche von einem Patienten zum nächsten zu kommen, von einer Sitzung des Stadtrats zur nächsten.«

»Ja«, nickte Carl. »Aber das ist eine müßige Beschwerde. Was soll ich denn tun? Fliegen? Wir wohnen zentral, da werden wir wohl hin und wieder ...«

In dieser Sekunde bog er im Gefolge von Hope um die nächste Straßenecke. Vor ihm stand ein funkelnagelneues Automobil, das im Sonnenschein mattschwarz glänzte. Hope stellte sich daneben und legte mit Besitzerstolz ihre Hand auf die Motorhaube. Sie strahlte. »Fliegen kannst du nicht – aber das Nächstbeste! Fahren!«

Sie öffnete die Tür und machte eine einladende Bewegung. »Nimm doch Platz!« Carl rührte sich nicht vom Fleck und sah fassungslos das klobige Gefährt an. Zum ersten Mal in seinem Leben hatte ihm die Überraschung die Sprache verschlagen. Seine Frau schien es kaum zu bemerken. Sie lachte ihn immer noch an. »Wie gefällt es dir? Ich habe es Baby genannt!«

»Baby«, echote Carl dümmlich, während er langsam das Auto umkreiste.

»Ja«, bestätigte Hope und deutete noch einmal auf die offen stehende Tür. »Setz dich doch endlich!«

Carl kletterte auf die Bank und nahm probeweise das Lenkrad in die Hand, während seine Frau zu der Kurbel unter dem Kühler lief und mit aller Kraft kurbelte. Das Gefährt erwachte mit lautem Knattern zum Leben. »Geht doch!«, meinte Hope zufrieden. Sie lief zur Fahrertür und schubste Carl von seinem Platz hinter dem Lenkrad weg. »Rutsch rüber!«

Carl sah sie zweifelnd an. »Weißt du wirklich, was du da machst?«

Hope nickte. »Ich habe es mir genau erklären lassen.« Sie trat enthusiastisch auf das Gaspedal. Der Wagen machte einen Sprung nach vorne, um dann mit einem hässlichen Geräusch zu verstummen. Hope schien der Misserfolg nicht im Geringsten zu bremsen. Sie lief noch einmal zur Kurbel und rief dabei mit hochrotem Kopf: »Ist das nicht wunderbar? Was wir damit an Zeit sparen können! Und die vielen Ausflüge – denk dir nur!«

Carl schloss seine Augen, als Hope sich wieder neben ihn setzte und einen zweiten Versuch mit dem Gaspedal startete. »Wann wurde meine Frau nur durch eine Wahnsinnige ersetzt?«

Während das Gefährt sich in Bewegung setzte, schüttelte Hope energisch den Kopf. »Automobile sind die Zukunft, Carl. Ganz sicher!«

»Das glaube ich nie im Leben!« Carl sah misstrauisch aus dem Auto. Ein paar Kinder liefen laut schreiend nebenher. »Womit fährt das Ding denn?«

»Benzin«, erklärte Hope, während sie um die erste Ecke bog. »Das gibt es in jeder Apotheke!«

Sie legte ihm die Hand auf den Oberschenkel, während sie sich bemühte, mit der anderen zu steuern. »Freu dich doch! Wo wollen wir denn hin? Nach Dachau – zu Ludwig Thoma in den Biergarten? Ich wette, wir wären in einer Stunde da.«

»Als ob ich dich bremsen könnte«, sagte Carl. »Ich hoffe nur, dass auf dem Weg genügend Apotheken liegen … Und sollten wir nicht Heinz und Mara an diesem wunderbaren Tag mitnehmen?«

»Heinz ist mit Freunden unterwegs – aber du hast recht: Wir sollten Mara unser neues Fahrzeug vorführen.«

Tatsächlich fanden sie Ludwig Thoma und seine Freundin Marietta in ihrem Lieblingsbiergarten zwischen Dachau und München. Sie waren nicht alleine – ein paar Freunde genossen ebenfalls den hellen Sommertag, an dem es unter den breiten Blättern der Kastanien angenehm kühl war. Sie hoben begeistert ihre Krüge, als Carl, Hope und Mara zu ihnen stießen.

»Unsere Ärzte! Auf euer Wohl!«

Carl griff auf das Tablett einer Bedienung, die in diesem Moment vorbeikam. Er hielt die Maß an seine Lippen und trank wie ein Verdurstender. Dann setzte er ab und verkündete theatralisch: »Ich dachte, ich könnte nie mehr den Geschmack eines Münchener Bieres genießen! Meine Frau hat eine neue Leidenschaft …« Er sah bedeutungsschwanger in die Runde. »Ein Automobil!«

Ludwig sprang auf. »Wirklich? Das muss ich sehen! Komm mit, Carl!« Er rannte zum Eingang des Biergartens, gefolgt von Carl. »Er wird mir nie glauben, dass du gefahren bist!«, rief er Hope noch zu, dann waren die beiden Männer verschwunden.

Mara sah sich mit gelangweilter Miene um. »Kann ich ein wenig an der Amper spazieren gehen?«

»Ganz ohne Begleitung?« Hope war überrascht. Dann besann sie sich auf das, was sie gerade eben gesagt hatte. »Schrecklich – ich klinge ja schon wie meine eigene Mutter. Ich hoffte nur, du würdest in deinen letzten Ferien mehr Zeit mit mir verbringen wollen.«

Mara zuckte mit den Achseln. »Das können wir doch heute Abend noch. Und morgen Abend. Und die ganze nächste Woche.«

Marietta sah die hübsche 17-Jährige an. »Wir langweilen sie. Ich fürchte, ich kann das verstehen. Hin und wieder langweile ich mich selbst.«

Mara lächelte Marietta dankbar zu, deutete einen kleinen Knicks an und verschwand. Melancholisch sah Hope ihr nach, bis sie zwischen den dichten Büschen verschwunden war. »Sie wächst mir aus den Fingern. Kinder einer neuen Zeit. Ist alles nicht mehr wie früher.«

Ihre Stimmung sollte nicht lange andauern. Kurz darauf tauchten Ludwig und Carl wieder auf. Thoma war sichtlich enttäuscht. »Ich habe Carl um eine kleine Spritztour gebeten – und was antwortet er? Seine Frau habe ihm noch nicht die Bedienung erklärt! Eine fürwahr schräge Welt, in der wir leben.« Er legte seinen Arm um seine bildschöne philippinische Freundin. »Hin und wieder bin ich froh, dass du eine Tänzerin bist, mein Schatz.«

Sie wand sich aus seinem Griff und funkelte ihn an. »Willst du damit sagen, dass eine Tänzerin kein Automobil bedienen könnte?«

Thoma seufzte. »Nein, Liebling, ich weiß, dass du alles kannst …« Aber es war zu spät. Marietta überschüttete ihn mit Beschimpfungen in ihrer Heimatsprache.

Thoma ließ es über sich ergehen, bis sie endlich wieder ruhig wurde. Dann grinste er seine Freunde an. »Ich habe keine Ahnung, wie wir es als Ehepaar aushalten wollten. Aber bei einer Sache bin ich zuversichtlich: Uns beiden wird nicht langweilig.«

Alle lachten. Thoma wurde wieder ernst. »Ich muss allerdings anerkennen, liebe Frau Doktor Lehmann, dass Sie für die wahren Überraschungen sorgen. Wer hätte es je für möglich gehalten, dass in München die alten Knacker Geld für so etwas wie ein Frauenheim geben! Allmählich nimmt Ihr Plan Gestalt an!«

Hope winkte ab. »Es sind die Frauen hinter den alten Knackern, die hier die treibende Kraft sind. Doch stellen Sie Ihr Licht nicht unter den Scheffel, lieber Ludwig. Chefredaktion des Simplicissimus, dazu die Arbeit für das Theater und die geplante Hochzeit mit Ihrer schönen Freundin – das ist doch auch Grund für Stolz!«

Marietta verzog schon wieder ihr schönes Gesicht. »Wenn er nur an allem so fleißig wäre wie an seinem Schreibtisch!«

»Beschwer dich nicht, Weib. Jedes meiner Worte ist gute Reichsmark wert«, wehrte sich Thoma mit einem gutmütigen Lachen.

Hope sah die beiden nachdenklich an. Sie konnte sich nicht vorstellen, dass diese Ehe eine haltbare sein würde. Zu unterschiedlich schienen der bayerische Schriftsteller und die philippinische Tänzerin. Sie rief sich innerlich zur Ordnung. Diese Ehe ging sie ganz gewiss nichts an. Plötzlich hörte sie ein fernes Brummen. Aufgeregt bedeutete sie den anderen, still zu sein. Auch an den anderen Tischen wandten sich die Blicke nach oben, alle auf der Suche nach dem Urheber des Geräuschs. Schließlich tauchte zwischen den Bäumen ein kleines Flugzeug auf, das niedrig über den Baumkronen dahinschwebte. Der Pilot schien die aufwärts gewandten Gesichter in dem Biergarten zu sehen und winkte nach unten. Hope starrte ihm nach, bis es fast verschwunden war. Einem Impuls folgend, kletterte sie auf den Tisch, um es etwas länger zu sehen. Die anderen Besucher im Biergarten taten es ihr gleich, winkten und jubelten diesem Wunderwerk der Technik hinterher. Endlich verschwand das Flugzeug, und das Brummen wurde allmählich leiser und erstarb allmählich. Carl stieg von der Bank und sah Hope mit Begeisterung an. »Unglaublich! Ich habe davon gelesen – aber es mit eigenen Augen zu sehen ...«

Thoma klopfte ihm auf die Schulter. »Die neue Zeit, mein Guter, das ist die neue Zeit!« Seine Augen leuchteten.

Hope legte ihren Arm um ihren Mann und zog ihn an sich. »Sieh zum Himmel, Carl – und sag mir, dass wir alles erreichen können, wenn wir nur wollen!«

Er küsste sie.

Die Pläne an den Wänden zeigten das Frauenheim, wie es einst in voller Pracht aussehen würde. Die vielen Fenster, die Veranden und Gartenanlagen – alles sah auf dem Papier genauso aus, wie Hope es sich jetzt schon seit Jahren ausgemalt hatte. Sie löste sich seufzend vom Anblick der schönen Zukunft und sah sich in dem großen Rathaussaal um. Mehr als einhundert Gönner und Förderer saßen dicht gedrängt und lauschten den einführenden Worten des Oberbürgermeisters von Borscht. Er redete seit geraumer Zeit – und anregende Reden zählten nicht zu seinen großen Begabungen. Aber ihm war es zu verdanken, dass München mit dem Krankenhaus Rechts der Isar und dem Harlachinger Klinikum zwei hochmoderne Hospitäler hatte. Er setzte sich seit Jahren unermüdlich für die Gesundheitsversorgung der Stadt ein. Hope zwang sich, ihm wenigstens bis zum Ende der Rede zuzuhören.

»... und kaum jemand hat wohl so unermüdlich, so unerschrocken, so beherzt, mitunter so aufdringlich für eine gute Sache gekämpft. Dass wir heute hier sind, dass der Förderverein Frauenheim nach nur wenigen Jahren die finanzielle Ausstattung besitzt, um konkrete Pläne entstehen zu lassen, das verdanken wir nur einer Frau. Was sage ich – einer Kämpferin. Frau Doktor Hope Bridges Lehmann!«

Strahlend ging Hope zwischen den Stuhlreihen nach vorne und schüttelte dem Mann mit dem Ziegenbart die Hand. Sie nahm seinen Platz am Rednerpult ein.

»Danke, Herr Oberbürgermeister! Ich habe gelernt und gelehrt, dass Frauensache Menschensache ist, Frauenrecht immer auch Menschenrecht. Wenn wir nun auf die Pläne für das Frauenheim schauen, dann sehen wir auch den Dank der Gesellschaft an jene, ohne die sie nicht sein könnte. Wir sehen, wie die Starken und Reichen für die Schwachen eintreten, ihnen einen Ort des Schutzes und der Erholung geben. Das soll kein Geschenk sein! Denn die Frauen haben dieses Heim verdient. Was falsch war für Jahrhunderte, wird nun richtig sein. Was krank war, wird gesunden. Wir stehen an der Schwelle zu einer neuen Zeit, am Beginn eines neuen Jahrhunderts. Und das Frauenheim wird sein erstes Monument.«

Applaus brandete auf, einige der Förderer sprangen sogar auf, um zu jubeln. Hope lächelte Carl zu. Ihre Träume wurden wahr, sie lebten in der besten aller möglichen Welten. In diese

Gedanken versunken, hörte sie zunächst noch nicht, dass am hinteren Ende des Saales ein paar Frauen anfingen, laut zu rufen. Die ersten Gönner wandten sich um, und als alle verstummten, hörte man die Stimmen klar und deutlich: »Hört nicht auf die Mörderin!«

Fassungslos sah Hope zu der Gruppe der Frauen hin. Sie erkannte die Anführerin auf den ersten Blick. Barbara Rauhenzahner, die Vorsitzende der Münchener Hebammen. Ein paar der Frauen, die sie begleiteten, hielten jetzt Schilder hoch. Fassungslos las Hope die Inschriften. »Der Hebamme die Arbeit – der Hebamme die Ehre!« oder »Von Gott gewollt – die Hebamme!«

Jetzt skandierten die Frauen – es mochten etwa ein Dutzend sein – im Chor. »Mörderin! Mörderin! Mörderin!« Unwillkürlich machte Hope einen Schritt nach hinten und sah sich suchend um. Ihr Blick fiel auf den Oberbürgermeister, der unsicher den Damen zusah. Eine politische Demonstration konnte er sicher nicht brauchen. In dieser Sekunde griff Carl ein. Er erhob sich zu seiner vollen Größe und rief mit donnernder Stimme: »Saaldiener!«

Ein paar kräftige Männer eilten endlich herbei und drängten die Ruhestörerinnen nach draußen. Hope fing noch einen letzten hasserfüllten Blick von Barbara Rauhenzahner ein, dann kehrte Ruhe ein. Sie räusperte sich.

»Entschuldigen Sie den Zwischenfall, meine Damen und Herren. Wenn Sie …« Kurz versagte ihr die Stimme ob der Ungeheuerlichkeit der Vorwürfe dieser Hebammen. Sie zwang sich, weiterzureden. »Wenn Sie das bereitgelegte Material studieren, werden Sie sicher feststellen, dass es uns gerade darum geht, Mutter und Kind bestmöglich zu schützen.«

Sie lächelte gewinnend in den Saal. Aber die euphorische Stimmung, die noch vor dem Auftritt der Hebammen geherrscht hatte, war verflogen. Mit einem Mal sah sie Zweifel in den Blicken ihrer Zuhörer. Sie beendete ihre Rede nur mühsam und stellte sich dann neben Carl, um den Förderern Rede und Antwort zu stehen. Aber schon nach wenigen Minuten hatte sich die Versammlung aufgelöst. Offensichtlich verspürte niemand mehr große Lust auf eine Diskussion über die Zukunft des Frauenheimes.

Während die Münchner sich in Tracht warfen, um über das Oktoberfest zu flanieren und abends die bunten Lichter zu bewundern, brachten Hope und Carl ihren Gast zum Bahnhof. Lenin verabschiedete sich mit revolutionärer Geste.

»Die Regentschaft des Zaren Nikolaus wird nun in Monaten, nicht mehr in Jahren gezählt!«

Die Männer reichten sich ernst die Hände und murmelten Zustimmendes. Als Letzter nickte Carl dem Revolutionär zu. Er rang sich zu einem Lächeln durch. »Dr. Lehmann, verehrte Hope – ich danke Ihnen dafür, München zu einer Heimat meines Herzens gemacht zu haben. Wenn Russland frei ist, dann werde ich Ihnen Moskau zu Füßen legen!«

Carl bekam einen sehnsüchtigen Blick. »Ich wünschte nur, ich könnte mit Ihnen reisen!«

Einladend wies Lenin auf seinen Zug. »Kommen Sie! Es ist sicher noch Platz im Zug!«

Lachend griff Hope fest nach Carls Jacke. »Carl ist der Revolution im eigenen Land verpflichtet – und seiner Frau!«

Lenin zwinkerte ihr zu. »Einer guten Frau. Das sollte er nie vergessen.«

Entschlossen bestieg er sein Abteil, schlug die Tür zu und winkte aus dem Fenster. Ein letzter Pfiff hallte durch die Bahnhofshalle, dann setzte sich der Zug mit viel Dampf langsam in Bewegung. Hope und Carl winkten, bis er außer Sicht geriet. »Ein großer Mann«, meinte Carl nachdenklich.

»Ich bin gespannt, ob ihm gelingt, was er sich vorgenommen hat«, sagte Hope.

»Das hoffe ich doch – für uns alle.« Er legte seinen Arm um Hope. »Lass uns nach Hause fahren.«

»Ich habe eine bessere Idee«, lächelte Hope. »Lass uns noch einmal an den kleinen Kanal fahren. Ich würde zu gerne das Gelände für unser Frauenheim sehen.«

Carl schüttelte den Kopf und sah sie mit einem warmen Lächeln an. »Du kannst nicht davon lassen, oder?«

»Niemals!«, ahmte Hope den revolutionären Ton in Lenins Stimme nach. »Außerdem habe ich weitblickend ein leckeres Picknick einpacken lassen. Lass uns den lauen Abend genießen … nur wir beide.«

Wenig später lagen beide bäuchlings auf der fast verblühten Wiese. Die alten Bäume am kleinen Kanal spendeten Schatten, das Wasser floss mit einem leisen Rauschen schnell dahin. Hope kniff versonnen ihre Augen zusammen.

»Hin und wieder denke ich, ich kann es schon sehen. So, als stünde es schon da. Du auch?«

Carl sah in die gleiche Richtung und nickte ernsthaft. »Ja … ich … da ist es! Nein – das war nur ein Karnickel!«

Hope knuffte ihn lachend in die Seite. »Esel. Du machst dich lustig über mich!« Sie drehte sich auf den Rücken und sah Carl aufmerksam an. »Bist du mir böse? Manchmal?«

»Wieso?« Er erkannte den Ernst in ihrer Stimme.

»Weil ich zu alt bin für Kinder. Für unsere Kinder. Und die beiden, die du großziehst, sind nicht deine.« Plötzlich unsicher, sah sie ihn fragend an.

Sanft beugte Carl sich ein wenig vor und küsste sie. Dann sah er sie lange an und zeichnete mit seinem Zeigefinger den Schwung ihrer Lippen nach. »Du hast manchmal wirklich verrückte Gedanken.«

Ein wenig beruhigt lehnte Hope sich wieder zurück. Mit dem Blick folgte sie einer Schwalbe, die hoch oben am Himmel nach ein paar Mücken jagte. »Wird es immer so sein? So schön? So friedlich? Hin und wieder macht die Zukunft mir Angst …«

»Nein.« Carl legte sich neben sie auf die Decke und sah ebenfalls in den Himmel. »Es wird nicht immer so sein. Es wird noch besser. Es kommen glorreiche Zeiten!«

Glücklich sahen sie in den Himmel, bis er verblasste, allmählich eine grünliche Färbung bekam und schließlich dunkel wurde. Hope sah den ersten Stern am Abendhimmel und schloss ihre Augen. Wenn sie nur einen Wunsch im Leben frei hatte, dann wollte sie gerne, dass das Glück in ihrem Leben nicht abnehmen sollte. Am liebsten würde sie diesen Moment für immer festhalten.

München, 1904

Energisch klopfte Barbara Rauhenzahner an die Tür. Es wurde Zeit, dass sie endlich etwas gegen diese impertinente Engländerin unternahm. Egal wie oft sie diese Veranstaltungen für das Frauenheim mit ihren Damen störte – immer wieder schaffte es diese Hope Lehmann, die Menschen auf ihre Seite zu ziehen. Jetzt sollte die Staatsgewalt etwas gegen diese sogenannte Ärztin tun. Vom Inneren des Zimmers ertönte ein knappes »Herein!«

Barbara Rauhenzahner trat ein und setzte sich ohne Aufforderung auf den Stuhl gegenüber dem Schreibtisch. »Ich möchte Anzeige erstatten. Gegen Frau Hope Lehmann, wohnhaft in der Gabelsbergerstraße.«

Der Polizist sah sie verwirrt an. »Und Ihr Name ist …«

»Rauhenzahner. Barbara Rauhenzahner.«

Er nickte und notierte sich den Namen. »Und die Anzeige geht gegen … Frau Lehmann? Die Frau vom Stadtrat? Die Ärztin?«

»Genau die.« Sie nickte, um ihre Worte zu bekräftigen. »Eine Kurpfuscherin! Eine Engelmacherin! Und Ärztin ist sie auch nicht!«

Der Beamte zwirbelte seinen Bart. »Nun mal langsam. Kurpfuscherei ist eine schwere Anschuldigung.«

»Abtreiben tut sie – ständig. Wie in einer Fabrik tötet sie die kleinen armen Dinger. Der muss man einfach das Handwerk legen.« Vor Erregung zeigten sich rote Flecken auf ihren Wangen.

»Wir werden der Sache nachgehen«, versprach der Beamte und deutete in Richtung Tür. Seine ungebetene Besucherin machte keine Anstalten, ihren Platz zu räumen.

»Verhaften Sie diese Person, bevor sie weiteres Unheil anrichtet. Am besten sofort.«

»Nicht so schnell«, ermahnte sie der Beamte. »Sollte es sich tatsächlich um einen wiederholten Verstoß gegen Paragraph 219 handeln, wird es ein ordentliches Verfahren geben. Zuerst einmal werden wir die Approbation von Frau Lehmann überprüfen.«

»Hat sie doch gar nicht. Und Sie können jede meiner Hebammen befragen, was diese Person tut. Jede.«

Zum wiederholten Male seufzte der Polizist. Daran hatte er allerdings keine Zweifel …

Wütend wedelte Hope mit dem Schreiben, das der Postbote gebracht hatte. »Ich soll vor Gericht erscheinen, weil ich meinen Doktortitel unrechtmäßig führe! So eine Frechheit! Als ob ein Titel etwas mit meinen Fähigkeiten zu tun hätte!«

»Zeig doch mal her«, bat Carl und nahm ihr den Brief aus der Hand. Schweigend las er ihn durch. »Dann hast du ja kein Problem, oder? Deine rückwirkende Approbation wurde durch den Beschluss des Reichstages bestätigt.«

»Das hat die Rauhenzahner wohl nicht mitbekommen«, meinte Hope. »Aber eine Frechheit ist es trotzdem. Und ich habe die ernste Befürchtung, dass wir von dieser Frau noch einmal hören werden. Und wieder und wieder und wieder. Bis sie einen Grund findet, uns aus der Stadt zu jagen.«

Carl nahm sie in den Arm. »Jetzt sieh doch nicht so schwarz. Dein Auftritt vor Gericht wird jetzt ein Riesenspaß. Du legst dein Approbationsschreiben vor, lächelst in die Runde und gehst wieder. Du wirst schon sehen: Der Rauhenzahner hast du damit das Maul gestopft.«

Zum ersten Mal ließ Hope sich von seinem Optimismus nicht anstecken. Nachdenklich steckte sie den Brief in ihren Schreibtisch. Der Gegenwind wurde schärfer.

München, 1909

Die Schere schnitt das rote Band in der Mitte durch. Stolz lächelte Hope dem Dutzend Frauen zu, die zu dieser Eröffnung gekommen waren. »Ich freue mich, dass Sie sich entschieden haben, Ihre Kinder in den ersten zweisprachigen Kindergarten Münchens zu bringen. Sicher, es ist nur ein Versuchskindergarten, aber für Ihre Kinder wird es der einzige Ort sein, an den sie sich erinnern können, wenn sie an ihre frühe Kindheit denken. Ich bin mir sicher, die Welt wird ein friedlicherer Ort, wenn wir einander verstehen.«

Die Frauen applaudierten. »Und jetzt«, fuhr Hope fort, »jetzt darf ich Sie zu einem Glas Schaumwein einladen. Lassen Sie uns anstoßen auf eine Zeit, in der die Kinder selbstverständlich die Sprache der Feinde sprechen.«

Sie deutete auf eine blasse junge Frau, die schüchtern an der Seite stand. »Darf ich Ihnen Miriam Allison vorstellen? Sie ist unsere Kindergärtnerin. Mein Mann und ich sind eigens nach London gereist, um die perfekte Besetzung für unseren Kindergarten zu finden. Ich verspreche Ihnen: Bei Miriam werden Ihre Kinder in den besten Händen sein.«

Miriam lächelte verlegen und deutete einen kleinen Knicks an. Ihre helle Haut war vor Verlegenheit rosa, die Sommersprossen leuchteten. Sie strich sich das rotblonde Haar aus dem Gesicht. »Ich freue mich sehr auf meine Arbeit hier in München.« Einige der Frauen lächelten über ihren drolligen englischen Akzent. Während Miriam weiterredete, sah sich Hope die Zuhörer an.

Die Mütter kamen alle aus der Frauen- oder Friedensbewegung. Sie hatten die Idee dieses Kindergartens sofort verstanden. Im Hintergrund stand Heinz und musterte die Kindergärtnerin. Offensichtlich gefiel ihm diese blasse englische Rose. Hope lächelte. Er war ihr ganzer Stolz. Aus dem einstigen Wildfang war ein verantwortungsvoller junger Mann geworden, der noch in diesem Jahr sein Studium der Medizin beenden würde. Zielstrebig und ernst bewarb er sich bei verschiedenen Krankenhäusern.

Hopes Gedanken schweiften ab, als sie an Mara dachte. Für den unbeteiligten Beobachter war auch bei ihr alles im Lot. Mara hatte sich ebenfalls für die Medizin entschieden – sehr zur Überraschung von Hope. Sie hatte angenommen, dass ihre kleine Rebellin ein anderes Fach wählen würde. Trotzdem: Mara hatte es kategorisch abgelehnt, in München zu studieren. Sie bestand auf Berlin und war keinem Argument zugänglich, in München zu bleiben. Hope hatte schon damals den Eindruck, sie wollte der Aufsicht ihrer Mutter entfliehen. Dabei tat gerade diese Aufsicht bitter Not. Mara sah nicht so recht ein, dass zu einem Studium auch Fleiß gehörte. Leise seufzte Hope. Es änderte nichts an den Tatsachen: Mara war in die Hauptstadt gegangen und nur noch ein Gast in München. Und sogar das würde sich in den nächsten Wochen ändern. Mit ihren 23 Jahren hatte Mara beschlossen, dass sie einen Professor für Innere Medizin heiraten wollte – Dr. Angel Carlos Maggiolo. Unglücklicherweise war er nicht Professor in Berlin, sondern in Montevideo. Hope hatte keine Ahnung, wann Mara Dr. Maggiolo kennengelernt hatte, aber die Entscheidung für die Hochzeit war nach nicht mehr als ein paar Wochen gefallen – und Mara hatte nicht einmal daran gedacht, ihre Eltern um Erlaubnis zu fragen. Noch dieses Jahr sollte das Schiff nach Uruguay ablegen ... Hope zweifelte, dass sie Mara nach der Hochzeit noch einmal sehen würde. Fast zwei Jahrzehnte hatte sie nun um die Gunst ihrer Tochter gekämpft, jetzt musste sie einsehen, dass dieser Kampf verloren war.

Der Applaus nach der Rede von Miriam brachte Hope wieder in die Gegenwart zurück. Die Engländerin machte noch einmal einen kleinen Knicks und wies auf die bereitstehenden Getränke. »Lassen Sie uns anstoßen!«

Heinz trat näher zu seiner Mutter hin, während sich alle angeregt unterhielten. Er beugte sich ein wenig zu ihr hinunter – sie erschrak immer wieder, wie hoch er doch gewachsen war – und flüsterte in ihr Ohr. »Verehrte Mutter, deine Kindergärtnerin, die du aus London importiert hast – bist du im Bilde, wie es bei ihr privat steht?«

Hope zog eine Augenbraue nach oben und musterte Heinz spöttisch. »Steckt hinter deiner Frage etwa ein privates Interesse? Jammerst du nicht, dass junge Ärzte im Krankenhaus keine Freizeit haben?«

»Und wirst du nicht müde, mich daran zu erinnern, dass ich jung sei und deswegen auch noch reichlich Energie nach zwölf Stunden im Krankenhaus haben müsste?« Heinz lachte sie an. »Also, wie lautet die Antwort?«

»Miriams Herz ist noch nicht vergeben«, erklärte Hope. »Komm, ich stelle sie dir vor!«

Wenige Minuten später standen Miriam und Heinz in einer Ecke und unterhielten sich angeregt. Die Kindergärtnerin war erleichtert, endlich jemanden gefunden zu haben, mit dem sie auch auf Englisch reden konnte. Die beiden schienen sich gut zu verstehen, soweit Hope das ihrem Gelächter nach beurteilen konnte.

München, 1914

Die Vorsitzende der Versammlung des Hebammenwesens erhob sich etwas schwerfällig von ihrem Stuhl. Sie versah ihre Arbeit schon zu lange – aber sie war entschlossen, bei dieser Versammlung endlich ihre langjährige Widersacherin Dr. Lehmann zu vernichten. Behäbig erklomm Barbara Rauhenzahner die Bühne und stellte sich hinter das Rednerpult.

»Meine lieben Frauen, ihr lieben Hebammen! Die Zeiten werden rauer, das haben wir alle bemerkt. Die Feinde stellen sich hinter den Grenzen bereit, sie warten auf einen Grund, das Deutsche Reich anzugreifen. Eine Zeit, in der wir jeden Mann benötigen. Seit Jahren treibt eine Engländerin in unserer Stadt ihr Unwesen, ihr alle kennt ihren Namen: Dr. Lehmann. Sie kämpft gegen das ›Hebammenwesen‹, beansprucht ihren Verdienst für sich selber und mordet gleichzeitig die armen Kinder, die der Kaiser dringend in seinem Heer benötigen würde. Wir sollten dieser Frau das Handwerk legen. Jetzt ist die Zeit bereit dafür!«

Die Hebammen applaudierten, als Barbara Rauhenzahner ihre Rede beendete. Allein eine erhob sich, sah sich um und fing schließlich mit einer erstaunlich jungen Stimme an zu reden. »Ich möchte Frau Lehmann nicht verteidigen. Aber ist es nicht so, dass auch wir die Leibesfrucht bei ungünstigen Voraussetzungen entfernen? Was macht uns besser als diese Engländerin? Wir können ihr doch nur vorwerfen, dass sie diesen Dienst für etwa dreißig Mark anbietet – und noch dazu die Sauberkeit eines Krankenhauses. Bei uns kostet der gleiche Dienst hundert Mark – und wir arbeiten in Küchen und Schlafzimmern. Ist das nicht das Problem?«

»Das trifft doch nicht den Kern!«, keifte Barbara Rauhenzahner zurück. Sie stand an ihrem Platz und funkelte ihre Gegnerin an. »Der mutwillige Abbruch einer Schwangerschaft ist gesetzlich verboten. Ich soll morgen vor der Polizei erscheinen und mich für dieses Verbrechen rechtfertigen. Gleichzeitig kann die Ärztin aber ihrem Unwesen ungestraft nachgehen. Da wird mit zweierlei Maß gemessen, diese Ungerechtigkeit schreit zum Himmel!«

Die Begeisterung der Hebammen kannte bei dieser Entgegnung kein Halten mehr. Zwei erhoben sich. »Liebe Barbara! Wir begleiten dich morgen zur Polizei. Dieses Mal müssen sie uns glauben, dass die eigentliche Feindin eine Engländerin mit Blut an ihren Fingen ist …«

In der muffigen Amtsstube roch es nach Staub und verbrauchter Luft. Polizeimeister Thalmayr sah nachdenklich auf die Adresse, die er während des Verhörs der impertinenten Hebamme notiert hatte: »Dr. Hope Bridges Lehmann. Gabelsbergerstraße 20 a, München«. Eine angesehene Frau, gewiss. Aber ob an den Beschwerden, die ihm seit Jahren zu Ohren kamen, etwas dran war? Den Untertanen des englischen Königs Georg war nicht zu trauen …

Entschlossen griff er zu seiner Pickelhaube und machte sich auf den Weg. Es war an der Zeit, ein paar Menschen zu dieser Ärztin zu befragen. Sein erster Weg führte ins Rotkreuz-Krankenhaus. Die Hebamme hatte ihm erklärt, dass hier die Abtreibungen stattfanden. Wenn die Vorwürfe stimmten, eine geschickte Tarnung – niemand würde in einem katholischem Krankenhaus eine Ärztin vermuten, die Abtreibungen vornahm, um das deutsche Volk zu schwächen. Die Schwester am Empfang war durch den Anblick seiner Uniform sofort zu jeder Information bereit. »Die Dr. Lehmann? Ja, die ist jeden Tag hier. Zwei Vormittage in der Woche macht sie Operationen, an den anderen Tagen besucht sie ihre Patientinnen … Nein, ich kann leider nicht sagen, was sie da genau macht. Ihre Patientinnen sind fast ausschließlich junge Frauen.«

Misstrauisch geworden, fragte Thalmayr sich in die gynäkologische Abteilung des Hauses durch. Wohl fühlte er sich hier nicht. Von den Unterleibssachen der Frauen wollte er nichts wissen. Als eine Krankenschwester mit geschäftiger Miene an ihm vorüberrannte, stellte er sich ihr in den Weg. »Ich suche jemanden, der mir Auskunft über die Geschäfte der Frau Dr. Lehmann geben kann!«

Misstrauisch sah ihn die Krankenschwester an. »Warum?«

»Es geht um ihre Arbeit hier auf dieser Station«, erklärte er. Die Krankenschwester griff nach dem Kreuz, dass um ihren Hals baumelte. »Haben Sie je gesehen, wenn so ein kleines Ding in den Abfall geworfen wird?« Sie schüttelte den Kopf und bekreuzigte sich. »Das ist furchtbar, ganz furchtbar. Wenn eine wie die Lehmann eine Kirche betreten würde, dann würde sie direkt vom Blitz erschlagen werden. Aber so eine hat eine Kirche ja noch nie von innen gesehen …«

Thalmayr sah die Frau überrascht an. Sie stand kurz davor, in Tränen auszubrechen. Vorsichtig fragte er nach. »Verzeihen Sie die Frage – aber warum arbeiten Sie dann in diesem Haus?«

Sie sah ihn mit großen Augen an. »Als ich hier angefangen habe, da war es noch ein christliches Haus. Und ich versuche, an den Operationstagen von der Lehmann dem Operationssaal fernzubleiben.«

Thalmayr nickte. »Danke für die offenen Worte.«

Nachdenklich ging er den Gang weiter entlang. War es Zufall, dass gleich die erste Schwester so erbost über die Engländerin sprach? Er spähte in einen kleinen Raum. Ein junger Arzt sah neugierig auf. Als er die Uniform erkannte, lächelte er. »Womit kann ich Ihnen denn behilflich sein, Herr Wachtmeister?«

Thalmayr verkniff es sich, den Arzt über seinen Dienstgrad aufzuklären. »Eine Ärztin aus Ihrem Hause wurde angezeigt – wegen Verbrechen gegen das ungeborene Leben. Können Sie mir da Auskunft geben? Der Name der Ärztin ist Doktor Lehmann.«

Der Arzt nickte und streckte seine Hand aus. »Erlauben Sie, dass ich mich vorstelle. Mein Name ist Hengge. Ich arbeite oft mit Frau Doktor Lehmann zusammen. In der Tat hat sie einen überdurchschnittlichen Anteil an Schwangerschaftsabbrüchen vorgenommen. Das kann allerdings daran liegen, dass sie die einzige Ärztin ist. Einer Frau vertrauen sich andere Frauen lieber an als einem männlichen Arzt. Es ist bei ihr also eine Häufung der problematischen Schwangerschaften zu vermuten.« Hengge zögerte kurz, bevor er weitersprach. »Nur so viel noch: Ich kenne Frau Lehmann als eine überaus kompetente und fähige Kollegin. Soweit ich das bisher beurteilen konnte, schienen mir die Gründe für die Abbrüche jeweils medizinisch nachvollziehbar.«

Der Polizist sah den Arzt überrascht an. »Eine Krankenschwester hat mir vor einem Augenblick genau das Gegenteil gesagt.«

»Das Personal sieht hin und wieder nur das Opfer des ungeborenen Lebens«, erklärte Hengge. »Das ist immer schwer zu ertragen, besonders für die jungen Frauen aus einem Orden. Aber ihnen fehlt, mit Verlaub, das medizinische Wissen, um die Notwendigkeit eines Abbruchs beurteilen zu können.«

Thalmayr bedankte sich und verließ das Krankenhaus. Um eine weitere Meinung einzuholen, ging er dieses Mal zu dem Arzt seiner Frau. Er erklärte dem alten Arzt sein Anliegen, bevor er seine Frage stellte. »Haben Sie denn von Frau Lehmann gehört? Was halten Sie von ihrer Arbeit?«

Der dünne, weiße Schnauzer des alten Mediziners zitterte fast vor Erregung, als er antwortete. »Ich kenne diese Frau nicht. Meine Patientinnen haben mir von ihr erzählt. Was ich höre? Es ist kein Geheimnis, dass Frau Doktor Lehmanns Adresse unter jungen schwangeren Frauen, die kein Kind wollen, lebhaft gehandelt wird. Eine meiner Patientinnen ist zu ihr gegangen. Die hatte nur ein etwas schwaches Herz. Für die Lehmann Grund genug, das Kind zu entfernen.« Er kramte in einer Schublade. »Da ist es – die Adresse der Horns. Fragen Sie doch einmal den Herrn Horn, was er von der Frau Lehmann hält!«

Noch am gleichen Nachmittag fand Thalmayr sich in einer

schäbigen Küche wieder. Die Frau blieb schweigend im Hintergrund, während ihr Mann schon bei der Nennung des Namens der Ärztin zornig wurde. »Ein gesundes Kind abtreiben – wo gibt es denn so etwas? Nicht bei mir, das sag ich Ihnen! Aufgeknüpft gehört die …«

Es wurde Abend, bis der Polizist sich von seiner letzten Zeugin verabschiedete. Eine junge Frau, die leise von ihrer schweren letzten Geburt erzählte. Der Hebamme, die ihr erklärt hatte, dass sie nie wieder ein Kind bekommen sollte, wenn sie noch länger leben wollte. Wie sie doch wieder schwanger geworden war und die Hebamme ihr dann nicht helfen wollte. Und wie die Ärztin nach einer langen Untersuchung gesagt hätte, dass sie bei der Geburt sterben könnte. Und die Ärztin hätte ihr dann geholfen.

Thalmayr verstand, dass ein paar Gespräche mit Ärzten und Schwestern kaum Licht in das Dunkel bringen würden. Er musste diese Untersuchung größer anfangen. Einen Durchsuchungsbefehl bekommen, auch wenn das länger dauern konnte. Bis er die Unterschrift des Richters unter diesem Befehl hatte, wollte er sich weiter umhören. Er war sich nicht sicher, ob Frau Doktor Lehmann eine Verbrecherin war. Aber er war sich ebenso wenig sicher, ob sie unschuldig war …

»Dieser Langer ist ein Teufelskerl!« Professor Amann nickte begeistert. »Über vierzehn Stunden war er alleine in der Luft! Mir ist es schon ein Rätsel, wie ein Mensch auch nur eine einzige Stunde fliegen kann.«

Sein Kollege war mindestens ebenso begeistert wie der Leiter des Rotkreuz-Krankenhauses. »Mein Neffe lässt sich jetzt zum Piloten ausbilden. Das bezahlt die National-Flugspende – und das ist ganz sicher ein Beruf, der Zukunft hat.« Seine Stimme wurde leiser, verschwörerischer. »Er hat mir erzählt, dass sie mit Sandsäcken Zielabwürfe üben. Wenn das kein Hinweis auf eine neue Form des Krieges ist … Wer hätte gedacht, dass dereinst die Pferde in den Ruhestand geschickt werden und die Soldaten auf das Feld der Ehre fliegen werden?«

Noch bevor Amann antworten konnte, hörten sie energische

Schritte, die hinter ihnen den Gang des Krankenhauses entlangkamen. Sie fuhren herum und erspähten Doktor Lehmann. In der Faust hielt sie einen aufgerissenen Brief, ihre Lippen hielt sie aufeinandergepresst. Ohne ein Wort des Grußes baute sie sich vor dem Klinikchef auf. »Das können Sie nicht machen!«

Dabei wedelte sie mit dem Brief vor seiner Nase herum. Entschuldigend nickte Amann seinem Kollegen zu, der sich schnell verabschiedete. Dann wandte er sich mit beschwichtigender Geste der aufgebrachten Ärztin zu. »Frau Doktor Lehmann, ich …«

Sie ließ ihn nicht zu Wort kommen. Aufgeregt sah sie in den Brief und las laut vor. »… ersuchen wir Sie, die Ihnen zur Heilbehandlung Anvertrauten in Zukunft nicht mehr in die Krankenanstalt vom Roten Kreuz zu verbringen.« Sie sah ihn wütend an. »Das heißt, Sie streichen mir meine Belegbetten? Die ich seit fünfzehn Jahren in Ihrem Hause habe?«

Prof. Amann seufzte. »Verehrte Kollegin, das Schreiben ist nicht von mir. Wie Sie sicher gesehen haben, ist es vom Komitee der Pflegerinnen.« Erklärend redete er weiter. »Wir sind ein christliches Haus, unsere Schwestern sind streng der katholischen Kirche verpflichtet. Die Untersuchungen der letzten Zeit …«

Jetzt färbte Hopes Gesicht sich noch dunkler. Eine steile Zornesfalte tauchte auf ihrer sonst so ruhigen Stirn auf. »Sie geben etwas auf diese Klatschgeschichten?«

Professor Amann sah den Gang entlang. Hatte einer seiner Ärzte oder Schwestern etwa bemerkt, dass diese Person es wagte, ihm in seinem eigenen Krankenhaus Vorwürfe zu machen? Zu seiner Erleichterung lag der Flur wie ausgestorben. Scharf rief er Hope zur Ordnung. »Frau Doktor, Ihnen mag Ihr Ruf ohne Bedeutung sein. Ich aber leite ein Krankenhaus der Kirche. Als solches unterliegt es Abhängigkeiten, die sicherlich auch Ihnen verständlich sind.«

Bei dem scharfen Ton sank die zornige Frau ihm gegenüber in sich zusammen, als sei ihr der Lebenswille abhandengekommen. Sie sah ihn bittend an. »Wenn Sie mir die Belegbetten nehmen und ich die Operationen in meiner Praxis nicht durchführen darf – dann nehmen Sie mir die Existenzgrundlage.«

Entschuldigend zuckte Amann mit den Schultern. »Jetzt dramatisieren Sie die Angelegenheit doch nicht so. Sie haben doch Ihren Gatten, den Stadtrat Lehmann. Der wird wohl für das Auskommen der gesamten Familie aufkommen können.« Er wandte sich von Hope ab. »Ich kann Ihnen nicht helfen. Bitte entschuldigen Sie.«

Damit verschwand er den Gang entlang. Hope sah ihm hinterher, den Brief mit der Kündigung immer noch in der Hand. Mit einem einzigen Federstrich hatte er ihr die Möglichkeit genommen, zu operieren. Und zum ersten Mal in ihrem Leben fiel ihr nicht ein, wie Sie dieses Problem lösen könnte. Noch während sie Amann nachblickte, trat Doktor Hengge auf sie zu. Sein freundliches Gesicht drückte Bedauern aus. Er griff nach ihren Händen. »Ich habe erst gestern von der Sache erfahren. Es tut mir unendlich leid.«

Hope nickte. »Wenn ich jemandem glaube, dann Ihnen, Doktor Hengge. Allein – es hilft mir nicht.«

»Allerorten wird versucht, Ihren Namen in den Schmutz zu ziehen. Beweisen kann keiner etwas, aber dumm daherreden tun sie alle. Auch in diesem Krankenhaus, so leid es mir tut. Ich wusste bis gestern nicht, wie viele Ärzte sich plötzlich ein streng katholisches Mäntelchen überwerfen …« Er schüttelte voll Abscheu den Kopf.

»Kann man denn gar nicht dagegen an?« Schon als Hope die Frage aussprach, kannte sie die Antwort. Nichts war mächtiger als ein Gerücht.

»Solange es kein ordentliches Verfahren gibt, stehen die Zeugen nicht unter Eid«, erklärte Hengge. »Da können sie sagen, was ihnen gerade in den Sinn kommt.«

Hope sah ihren Kollegen so vieler Operationen nachdenklich an. »Das heißt … ein ordentliches Verfahren würde die Zeugen dazu zwingen, die Wahrheit zu sagen? Dann sollte es in die Wege geleitet werden.«

»Und wie wollen Sie das bewerkstelligen?«, fragte Hengge.

»Ich habe da so eine Idee«, lächelte Hope. »Vielen Dank, Doktor Hengge!«

Die Sekretärin blinzelte Hope kurzsichtig an. »Könnten Sie mir erklären, welcher Art Ihr Begehr bei Professor Schwarzenberger ist? Der Herr Professor ist ein sehr beschäftigter Mann, da kann nicht jeder Arzt der Landeshauptstadt ohne einen Termin kommen ...«

Hope musterte die aufgeregte Dame mit dem locker geschlungenen grauen Knoten und dem fest geschnürten Korsett unter dem dunkelblauen Seidenkleid. Diese Dame war wahrscheinlich seit Jahrzehnten in den Diensten des Professor Schwarzenberger – und sie verteidigte die Zeit ihres Arbeitgebers mit Klauen und Zähnen. Mit ihrem verbindlichsten Lächeln erklärte Hope: »Es geht um eine Anzeige, die ich erstatten möchte. Die Sache duldet keinen Aufschub, deswegen bin ich lieber sofort hierhergekommen.«

Die Neugier der Sekretärin war geweckt. »Was für eine Anzeige?«

»Gegen Doktor Hope Lehmann ...«, begann Hope in verschwörerischem Ton. Sie wurde sofort unterbrochen.

»... davon habe ich schon gehört! Die Engelmacherin! Der gehört ihr hinterhältiges Handwerk gelegt.«

»Dazu kann ich beitragen«, nickte Hope mit bedeutungsvoller Miene. Ihr Plan ging auf.

Die Sekretärin erhob sich, verschwand im Nebenzimmer und tauchte wenige Sekunden später wieder auf. »Der Professor lässt bitten, Frau ... wie war doch Ihr Name?«

»Bridges«, lächelte Hope und verschwand im Zimmer des Professor Schwarzenberger. Als Vorsitzender des Ärztlichen Bezirksvereins war es seine Aufgabe, auf die Einhaltung der ärztlichen Standesregeln zu achten. Dabei wollte sie ihm helfen. Sie reichte ihm einen Brief und setzte sich. Schwarzenberger öffnete das Kuvert und las die wenigen Zeilen mit bewegungsloser Miene. Dann sah er sie verwirrt an.

»Habe ich das richtig verstanden, Frau Doktor – Sie wollen sich beim Ärztlichen Bezirksverband selbst anzeigen?«

»Richtig. Wegen Verdacht des Verstoßes gegen § 219 RSTGB – fortgesetztes Verbrechen wider das Leben.« Zur Bekräftigung nickte Hope.

Schwarzenberger sah durch diese Erklärung nicht weniger überrascht aus. »Und darf ich fragen, warum Sie eine Untersuchung beantragen?«

»Nun«, Hope lehnte sich zurück und sah sich den dicklichen Arzt an. »Weil gegen mich intrigiert wird. Sie haben die Vorwürfe sicher schon gehört? Diese Lügen werden schneller verschwinden, wenn diejenigen, die meinen Namen durch den Schmutz ziehen, unter Eid stehen.«

»Das ist ein gefährlicher Schritt«, erklärte Schwarzenberger langsam. Allmählich dämmerte ihm, was Hope genau vorhatte. »Sie müssen sich sehr sicher sein, dass die Vorwürfe gegen Sie haltlos sind. Wenn nicht, dann können Sie alles verlieren. Ihren Ruf, Ihre Praxis. Und dann haben Sie es nicht besser verdient.«

»Ich habe die Wahrheit auf meiner Seite. Sie gehört nur ans Licht gezerrt«, sagte Hope. Sie schob entschlossen ihr Kinn nach vorne.

Schwarzenberger las noch einmal den Brief in seiner Hand und wiegte bedächtig den Kopf. »Wir werden das überprüfen. Versprechen kann ich Ihnen nichts.«

Dankbar nickte Hope und verabschiedete sich. Schwarzenberger sah ihr nachdenklich hinterher. Dann öffnete er die unterste Schublade seines Schreibtisches, ließ den Brief hineinfallen und schloss die Lade dann wieder.

»Fräulein Weber?«

Eilfertig tauchte seine Sekretärin in der Tür auf. »Ja, Herr Professor?«

»Sollte diese Person noch einmal in meinem Büro auftauchen, dann bin ich auf keinen Fall zu sprechen. Haben Sie mich verstanden?«

Die Sekretärin nickte. »Ich dachte …«

»Sie sollen nicht denken.« Mit einer unwirschen Bewegung scheuchte er Fräulein Weber wieder auf ihren Platz im Vorzimmer zurück. Er wollte sich nicht mit den Problemen einer englischen Freidenkerin belasten. Wie er gehört hatte, war diese

Frau auch noch mit dieser Sozialistin Clara Zetkin befreundet. Da wunderte es wohl kaum, wenn sie das deutsche Heer schon im Keim schwächte.

»Der Wahnsinnige hat Österreich-Ungarn doch tatsächlich seine uneingeschränkte Bündnistreue zugesichert!« Carl knallte die Zeitung auf den Tisch. »Weißt du, was das bedeutet? Mit einem Federstrich hat er dafür gesorgt, dass wir am Rande eines Krieges stehen! Und dann fährt er in die Sommerfrische – so, als ob nichts wäre.«

Hope trat an das Fenster und sah hinunter auf die Straße. Es war noch früher Morgen, aber schon jetzt kündigte sich ein weiterer heißer Tag an. Sie drehte sich zu Carl um. »Was kannst du tun?«

Er trank nachdenklich einen Schluck Tee. »Man sollte die Völker zur Vernunft rufen können. Es kann nicht sein, dass wir sehenden Auges in eine Katastrophe hineinstolpern. Vielleicht eine Reise …«

Seufzend legte Hope ihren Arm um seine Schultern. »Eine Reise? Du denkst, du kannst den Krieg aufhalten, wenn er kommt?«

»Du glaubst doch auch, dass du mit der Stimme der Vernunft gegen Gruber kämpfen kannst! Bei der Begeisterung für diesen Dummschwätzer erscheint mir das ebenfalls reichlich optimistisch …«

Hope verdrehte die Augen. Professor Max von Gruber galt in diesen Monaten als der wichtigste Sozialhygieniker. Er hatte sich den Kampf gegen den Geburtenrückgang auf seine Fahnen geschrieben und predigte in Auditorien und Zeitschriften gegen den Niedergang seines Volkes an. Vorbedingung für alle großen Taten sei Vermehrung; Sozialdemokraten und Feministen hätten grundsätzlich eine lebensfeindliche Haltung. In den letzten Monaten war der Vorwurf, sie hätte gesunde Säuglinge abgetrieben, lauter geworden. Er war gleichbedeutend mit der Sabotage des Heeres …

Sie sah auf die Uhr. »Dann lass uns unser Tagwerk beginnen. Ich kämpfe in meinem Behandlungszimmer gegen Gruber, du sorgst mit deiner Partei für den Weltfrieden.« Sie küsste ihn. »Keiner kann uns vorwerfen, dass wir uns nicht ehrgeizige Ziele setzen …«

Carl erwiderte ihren Kuss liebevoll. »Lass uns die Hoffnung nicht verlieren, mein Liebling.«

Damit griff er zu seinem Hut. Wenige Augenblicke später sah Hope, wie er auf die Straße trat und schnell um die Ecke verschwand.

Nach einem kurzen Moment zog sie ihren weißen Kittel über und betrat die Praxis. Im Wartezimmer saßen wenige Patienten. Bei einer verrufenen Engelmacherin wollten sich nicht mehr viele Patienten sehen lassen. Unter ihnen saß Marianne Horn. Hope seufzte leise. Marianne tauchte seit ihrem ersten Besuch regelmäßig in der Praxis auf. Sie winkte sie zu sich ins Behandlungszimmer.

Marianne ließ die Untersuchung über sich ergehen. »Es tut mir leid, dass Sie so viel Ärger haben, Frau Doktor.«

Hope richtete sich auf und sah die blasse Frau ernst an. »Das ist lieb von dir. Aber es sollte dir viel mehr leidtun, dass du schon wieder schwanger bist.«

Marianne zuckte mit den Achseln. »Ja, ich weiß. Ich wollte ja auch nicht. Aber der Simon …«

»Hast du mein Buch denn nicht gelesen?«, fragte Hope. »Dafür habe ich es dir doch das letzte Mal mitgegeben. Dass du nicht noch einmal schwanger wirst.«

»Nee. Der Simon findet, das ist Schweinkram.« Marianne lächelte verlegen.

»Aber was er mit dir macht, um dich schwanger zu bekommen, das ist die reine Nächstenliebe, oder?« Hope spürte eine bleierne Müdigkeit in sich aufsteigen. Redete sie nicht seit Jahrzehnten mit Frauen wie Marianne Horn – ohne irgendein Ergebnis? Die Frauen wurden trotzdem schwanger, holten sich Geschlechtskrankheiten – und vertrauten darauf, dass die Ärztin in der Gabelsbergerstraße alles richten würde.

Marianne spürte ihren Zorn. Trotzdem druckste sie ihre Frage heraus: »Können Sie mich nicht wieder in die Klinik geben? Um's wegmachen zu lassen?«

»Ein Fötus ist keine Warze«, schüttelte Hope ihren Kopf. »Außerdem belastet jeder Abbruch deinen Körper und dein krankes Herz. Die nächste Narkose schon könntest du vielleicht nicht mehr überleben.«

Marianne sah sie ratlos an. »Und jetzt?«

Mit wenigen Schritten war Hope an ihrem Schreibtisch. Sie klappte mit ein paar wütenden Bewegungen ihr Buch auf, riss ein paar Seiten rücksichtslos heraus und drückte sie der blassen Frau in die Hand. »Wenn du schon nicht das ganze Buch lesen willst, dann lies wenigstens das. Es ist das Kapitel über Verhütung. Wenn dein Simon es dir nicht erlaubt, dann lies es heimlich, das ist mir egal.« Sie musterte ihre Patientin und seufzte. »Und dann geh zu Doktor Hengge ins Rotkreuz. Der soll dich noch mal untersuchen.«

An der Tür wurde laut und fordernd geklopft. Hope machte sich nicht einmal die Mühe hinzusehen. »Was gibt's?«

Die Tür flog weit auf, und zwei oder drei Polizisten kamen in den Behandlungsraum gestürmt. Marianne sah sie mit großen Augen an und zog ihre Bluse über ihrer mageren Brust notdürftig zusammen. Ein schnauzbärtiger Polizist sah Hope neugierig an. »Sie sind Doktor Hope Lehmann?«

»Ja, natürlich«, nickte Hope. Beruhigend beugte sie sich zu Marianne herüber. »Es ist in Ordnung, du kannst jetzt gehen.«

Der Polizist hielt ihr ein offiziell aussehendes Schreiben vor das Gesicht. »Mein Name ist Thalmayr. Das ist ein Durchsuchungsbefehl für Ihre Praxis.« Er deutete auf die drei Uniformträger, die hinter ihm standen und mit unverhohlener Neugier den gynäkologischen Stuhl anstarrten. »Diese Herren werden mir bei der Sichtung der Unterlagen behilflich sein. Und beim Abtransport.«

»Abtransport? Was wollen Sie denn mitnehmen?« Sie sah Thalmayr fragend an.

»Alles, was für das Vorverfahren unabdingbar ist. Medizinische Journale, Krankenakten, Adresskarteien, Rechnungsduplikate …«

»Die Journale händige ich Ihnen selbstverständlich aus«, erklärte Hope. »Doch die Adresskarteien und die Patientenunterlagen unterliegen der ärztlichen Schweigepflicht, wie Ihnen sicherlich bekannt ist.«

Thalmayr wühlte erneut in seiner abgeschabten Aktentasche und förderte ein weiteres Schreiben zutage. »Da wir die Patienten als Zeugen vernehmen müssen, habe ich hier eine Sondergenehmigung zur Beschlagnahmung aller Unterlagen, die zur Klärung der Sachverhalte beitragen können.«

Mit gerunzelter Stirn sah Hope das Papier an. »Das ist gesetzeswidrig!«

»Es steht Ihnen frei, Widerspruch dagegen einzulegen.« Thalmayr winkte seinen Gehilfen zu. »Bis dahin nehmen wir die Akten an uns. Wären Sie so freundlich, die Patienten aus dem Wartezimmer nach Hause zu schicken? Ich denke, wir müssen hier im Behandlungszimmer besonders gründlich nach Beweisen suchen.«

Wie betäubt nickte Hope der Sprechstundenhilfe zu. »Grete, bitte geben Sie den Wartenden Bescheid. Die akuten Fälle sollen in die Notaufnahme des Rotkreuz gehen. Für alle anderen bin ich morgen wieder da.«

In den nächsten Stunden sichtete Thalmayr den Inhalt der Patientenregister. Hope sah mit wachsendem Entsetzen zu, wie die intimsten Geheimnisse ihrer Patientinnen vor seinen Augen so schutzlos preisgegeben waren, als lägen die Frauen unbekleidet vor dem Mann auf dem Behandlungsstuhl. Informationen, die ihr unter dem Siegel der Verschwiegenheit anvertraut worden waren, verschwanden jetzt in großen Kartons und wurden aus der Praxis geschafft. Der Polizeibeamte gönnte sich bis zum Abend keine Pause. Es wurde schon dunkel, als endlich Carl in die Wohnung stampfte und das Durcheinander zornig ansah. Er griff einen der Polizisten fest am Kragen. »Was denken Sie, was Sie hier machen?«

»Es ist … ein Befehl. Wir müssen die Unterlagen … für die Untersuchung!«, stammelte der Mann. Die Gegenwart des rothaarigen Hünen nahm ihm die Fähigkeit, einen zusammenhängenden Satz zu formulieren. Carl wandte sich an seine Frau, die ruhig in der Ecke auf einem Stuhl saß. »Sehe ich richtig, dass dieser Mann all deine Unterlagen mitnimmt?«

Hope nickte. »Er hat einen Durchsuchungsbefehl. Da können wir nichts machen …«

Carl sackte in sich zusammen, als sei ihm die Energie abhandengekommen. Er biss sich auf die Lippen. »Ist die Welt denn wahnsinnig geworden? Europa tanzt auf dem Vulkan, aber die Polizei hat die Zeit, diese Farce gegen dich weiterzubetreiben?«

»Hast du heute denn wenigstens etwas erreicht?«

Carl wiegte seinen Kopf. »Wie man es nimmt. Wir haben beschlossen, dass ich nach Wien reise, wenn es zum Äußersten kommt. Wir dürfen die Hoffnung nicht verlieren, dass die Menschheit doch noch zur Vernunft kommt …«

Thalmayr verließ als Letzter die Praxis. Zum Abschied nickte er Hope zu. »Frau Doktor Lehmann, ich muss Sie bitten, morgen früh zu mir in das Präsidium zu kommen. Ich muss Sie zu dem Sachverhalt des Verbrechens wider das ungeborene Leben befragen. Können Sie um neun Uhr bei mir sein?«

»Als ob ich eine Wahl hätte«, antwortete Hope. Schweigend sahen sie und Carl dem Polizeibeamten hinterher. Allmählich kehrte wieder Ruhe in ihre Wohnung ein. Ohne ein weiteres Wort schloss Carl Hope in seine Arme.

»Wie stehen Sie zu dem Vorwurf, dass Sie wiederholt Verbrechen gegen das ungeborene Leben begangen haben?« Thalmayr sah Hope forschend an. Sie trug an diesem Tag ein dunkles Kleid, unter ihren Augen hatten sich tiefe Ringe eingegraben. Trotzdem sah sie ihn mit erstaunlich wachen Augen an. Der bayrische Polizist musste zugeben, dass er sich diese Ärztin ganz anders vorgestellt hatte. Irgendwie dunkler.

»In meiner Praxis stelle ich mich auf den Boden des Gesetzes. Nach dem geltenden Recht halte ich eine künstliche Unterbrechung der Schwangerschaft nur dann für zulässig, wenn durch die Schwangerschaft oder die bevorstehende Geburt eine Gefahr für Leib und Leben der Mutter herbeigeführt wird.« Sie sah ihm fest in die Augen. »Ich betone, dass bei allen Fällen, in denen ich einen Abbruch durchgeführt habe, diese Voraussetzungen gegeben waren. Im Rotkreuz-Krankenhaus wurde meine Diagnose regelmäßig von einem weiteren Arzt bestätigt. Soll ich in die Details gehen?«

Thalmayr nickte.

»Im Einzelnen sind folgende Krankheiten maßgeblich für einen Schwangerschaftsabbruch: Tuberkulose, Herzfehler, Unterernährung, Unterleibstumore …«

»Das reicht mir, danke!« Der Polizist wollte über die Unterleibsbeschwerden der Damen doch nicht so genau Bescheid wissen. »Ab wann halten Sie persönlich denn einen Abbruch für zulässig?«

Hope musterte ihn prüfend. »Sie meinen, wenn ich die Gesetze neu schreiben dürfte?« Sie lächelte traurig. »Das wird zwar nie passieren – aber sei es drum: Ich für meinen Teil würde jeder Frau das Recht zubilligen, bis zum Ende des fünften Monats der Schwangerschaft frei über ihre Leibesfrucht zu entscheiden. Ich kann die innere moralische Berechtigung der Gesetzesbestimmung, die eine Abtreibung des Fötus für ein Verbrechen hält, nicht verstehen. Das ist aber, wie schon gesagt, nur meine theoretische Anschauung.«

»Wie steht es mit dem Vorwurf der Bereicherung durch Abtreibungen?« In der bisher so gemütlich-bayrischen Stimme des Polizisten lag jetzt eine Härte, die Hope vorher nicht bemerkt hatte. Sie schalt sich selbst eine Närrin – warum nur hatte sie ihm so freimütig ihre persönliche Meinung erläutert? Offensichtlich war er von ihrer Forderung entsetzt.

»Geld war nie meine Motivation«, antwortete sie. »Sonst hätte ich mich wohl kaum von den ersten Tagen meiner Praxistätigkeit in Frankfurt an um die Armen gekümmert, die kaum ihre Rechnung bezahlen können. Von den Kassen kann ich für eine Ausräumung des Uterus von der Vagina fünfzehn Mark beanspruchen. Nicht selten musste ich also noch selber etwas zuzahlen: wenn der Narkosearzt und der Assistenzarzt noch jeweils zehn Mark beansprucht haben. Bei meinen wenigen Privatpatienten habe ich je nach Vermögensverhältnissen zwischen dreißig und zweihundert Mark in Rechnung gestellt. Wenn ein Leibschnitt nötig war, dann konnten es bis zu neunhundert Mark sein. Aber Privatpatientinnen waren in meiner Praxis nur selten zu finden – die verbreitete Ansicht, dass meine Praxis eine wahre Goldgrube sei, stimmt also nicht.«

Sinnend sah Thalmayr in seine Unterlagen, bevor er die Ärztin entließ. »Vielen Dank für Ihre Erläuterungen. Bitte halten Sie sich für weitere Befragungen bereit.« Er nickte ihr zu. »Einen schönen Tag noch.«

Er sah Hope Lehmann nachdenklich hinterher. Ihm erschien die Frau glaubwürdig. Sie schien den Unterschied zwischen ihrer eigenen Überzeugung und dem Gesetz zu kennen. Er beschloss, noch weitere ihrer Kollegen zum Verhör einzubestellen. Auch wenn damit der Prozess nicht mehr in diesem Jahr stattfinden würde.

»Weihnachten in Paris!« Die jubelnde Menge drängte sich mit ihren schwarz-weiß-roten Fahnen eng zusammen, winkte, lachte und brach immer wieder in Bravo-Rufe aus. Hope fasste Carl an der Hand und drängte sich vor einen Anschlag, der noch feucht an der Litfaßsäule klebte. »An das Deutsche Volk!«, stand da. »Mitten im Frieden überfällt uns der Feind! Darum auf! Jedes Schwanken, jedes Zögern wäre Verrat am Vaterlande. Wir werden uns wehren bis zum letzten Hauch von Mann und Ross! Vorwärts mit Gott, der mit uns sein wird, wie er mit unseren Vätern war!«

Hope suchte Carls Blick. Er sah mindestens ebenso entsetzt aus, wie sie selber sich fühlte. Seit Monaten fühlten sie den Krieg immer näher kommen. Und doch, gestand Hope sich ein, hatte sie auf ein Wunder gehofft, das den Griff zu den Waffen letztlich überflüssig machte. Jetzt, an diesem strahlenden Augusttag, war es klar: Die deutsche Reichswehr zog in den Krieg gegen Russland und Frankreich. In diesem Moment teilte sich die Menge und ließ die Soldaten durch, die auf der Mitte der Straße Richtung Bahnhof liefen. Einige Frauen steckten Blumen in die Gewehrläufe, andere verteilten Küsse an die Männer.

Hope beobachtete die Szenen mit ungläubigem Entsetzen. Warum nur benahmen sich alle, als ob diese Männer zu einem Ausflug aufbrachen – und nicht zu einem Krieg, aus dem sie womöglich nie wieder zurückkehren würden? Carl beugte sich zu Hope hinunter. »Ich ertrage das nicht«, wisperte er. »Lass uns nach Hause gehen und die Fensterläden schließen. Die Welt hat den Verstand verloren.«

Minuten später saßen sie in ihrem Salon. Die geschlossenen Fensterläden mochten das Sonnenlicht draußenhalten – die begeisterten Rufe und die Gesänge drangen immer noch herein. Hope lauschte und schüttelte dann den Kopf. »Nicht alle denken so wie die Menschen dort auf der Straße. Wir müssen die Stimme der Vernunft stärken. Sie in andere Länder tragen und zeigen: Nicht alle Deutschen rasseln mit dem Säbel und ziehen begeistert in die Schlachten!«

»Mit den Sozialdemokraten der anderen Länder Europas sollten wir eine Einheit bilden«, schlug Carl vor. »Wenn wir als eine einzige Partei wirken, dann ist es egal, ob wir Engländer, Österreicher, Deutsche oder Franzosen sind. Die Genossen können zeigen, was die wahre Internationale ist!« Er lauschte nach draußen. »Aber hier kann ich nichts bewirken. Ich muss weg. Nach Wien. Vielleicht Triest.«

»Lass mich mitfahren«, bat Hope.

»Kommt nicht infrage«, widersprach Carl. »Je nachdem, wie es läuft, muss ich womöglich in den Untergrund! Und wir haben zu zweit nicht mehr Stimme als ich alleine.«

Enttäuscht biss Hope sich auf die Lippe. »Aber du bist Stadtrat! Sicher kannst du hier …«

Carl lachte bitter auf. »Hier? Das ist eine bittere Illusion! Die Zeit des politischen Palaverns ist vorbei. Der Pöbel brüllt sich in die Schlacht. Es geht um alles.«

»Wie willst du denn diesen Krieg noch verhindern? Täglich erklären wir einem anderen Staat den Krieg!«

Carl sah Hope lange in die Augen. »Vielleicht kann ich nichts bewegen. Aber wie könnte ich mit mir selbst leben, wenn ich es nicht wenigstens versucht habe? Liebst du mich nicht gerade deshalb, weil ich niemals aufgebe?«

Mit Tränen in den Augen nickte Hope. »Dann lass mich nicht untätig zu Hause sitzen. Wenn ich schon nicht mit dir nach Wien kann, dann reise ich wenigstens nach London. Mit ein wenig Glück finde ich unter meinen ehemaligen Mitbürgern doch jemanden, der der Stimme der Vernunft Gehör schenkt.«

Carl griff nach ihren Händen. »Dann sei es so. Wir trennen uns, kämpfen für eine letzte Chance für den Frieden. Aber nur für eine kurze Weile. Wenn wir uns wiedersehen, dann müssen wir uns nicht vorwerfen, dass wir der Katastrophe tatenlos zugesehen haben.«

Entschlossen stand er auf, nahm seinen alten Koffer vom Schrank und fing an zu packen. Schweigend sah Hope ihm ein Weilchen zu, dann half sie ihm mit Tränen in den Augen. Endlich sah sie ihn an. »Die Abschiede von dir sind mir nie leichtgefallen. Aber dieses Mal ist es besonders schwer. Nie habe ich dich mehr gebraucht als jetzt – und ausgerechnet in dieser Zeit trennen sich unsere Wege.« Sie lehnte sich Halt suchend an Carl an. Er schloss seine Arme um ihre Schultern. »Sei nicht verzagt«, murmelte er. »Wir sehen uns wieder. Wenn wir Erfolg haben, mit Glück in einer friedlicheren Welt.«

Laut hallte der Klang der großen Glocken über die Stadt. Big Ben. Wie häufig hatte sie ihnen erst als Kind und später als junge Ärztin gelauscht. Diese Zeit lag eine Ewigkeit zurück. Hope lehnte sich an ein Geländer und sah auf die schnell fließende Themse herab. Sie war seit drei Tagen in London. Also noch keineswegs lange. Und doch: sie galt inzwischen als eine der Hunnen, wie hier die Deutschen von allen genannt wurden. Was für eine Ironie, dachte sie bitter. In München stand ihr immer noch der Prozess bevor, weil sie als Engländerin das deutsche Volk schwächte. Und hier galt sie als Vertreterin dieses barbarischen Volkes.

Zwei Herren mit Regenschirmen und Melonen liefen an ihr vorüber. »... bis Weihnachten haben wir sie wieder in ihre tristen Städte zurückgeprügelt!«, verkündete der eine. »Und ihre lächerliche Marine liegt auf dem Grunde des Atlantik!«, stimmte der andere zu. Hope sah den beiden Herren müde hinterher. So sicher, wie sich die Deutschen waren, die bereits von einem Weihnachtsfest in Paris träumten – so sicher waren sich auch die Engländer, dass sie in diesem Krieg nicht lange kämpfen würden. An ihren Reden von Frieden und Solidarität war niemand interessiert.

Entschlossen lief sie in Richtung des Hauses von Cousin Athelstan. Womöglich schenkte ihre Jugendliebe ihr ja noch Gehör. Bald klopfte sie an der schweren Tür. Ein Dienstmädchen öffnete und sah sie misstrauisch an. »Sie wünschen?«

»Ich hätte gerne Athelstan Randall gesprochen«, erklärte Hope. »Ich bin seine Cousine und wollte ihn überraschen.«

»Kommen Sie doch herein«, lächelte das Mädchen. »Sie können hier in der Eingangshalle warten. Einen Augenblick, bitte.«

Damit verschwand sie in einem der anliegenden Zimmer. Hope sah sich um. Seit ihrem letzten Besuch hatte sich einiges verändert. Die Teppiche waren dicker, der Kristallleuchter noch funkelnder – und das Porträt von Athelstan zeigte ihn als überaus gut aussehenden Mann von Mitte fünfzig. Hope lächelte. Das Schicksal war milde mit ihrem Vetter umgesprungen. Die Tür schwang auf, und das Dienstmädchen kam mit verwirrter Miene wieder zurück. »Verzeihen Sie, ich wusste nicht, dass Sie Deutsche sind.« Sie zögerte. »Ich soll Ihnen sagen, dass für Sie kein Platz in diesem Haus ist. Sie mögen gehen. Sofort.«

Überrascht stand Hope auf und strich sich die Röcke glatt. »Ich verstehe nicht …«

Das Mädchen geleitete sie zur Tür. Unsicher sah sie sich um. »Der junge Master ist bei einer der ersten Kampfhandlungen gefallen«, flüsterte sie. »Er war Kadett auf einem Kanonenschiff, das die Deutsche Kriegsmarine aufbrachte und versenkte.«

Verstehend nickte Hope und dachte an die hochschwangere Frau, die sie hier bei ihrem letzten Besuch gesehen hatte. »Wenn es geht, überbringen Sie Athelstan mein aufrichtiges Beileid. Mein Kampf gilt dem Krieg …«

»Ich darf nicht mit Ihnen reden«, schüttelte das Mädchen erschrocken den Kopf. »Ich soll Sie einfach direkt hinausbringen, hat der Herr gesagt.«

Sie schlüpfte durch die schwere Tür und schlug sie hinter sich zu. Hope blieb auf den breiten Granitstufen zurück. Langsam drehte sie sich um und ging zurück auf die Straße. War der Krieg womöglich schon zu sehr fortgeschritten, als dass man ihn noch mit gutem Willen alleine aufhalten könnte?

Sie lief ziellos durch die Straßen, die ihr einst vertraut waren. Erst nach einiger Zeit hob sie den Kopf und sah sich um. Zu ihrer Überraschung stand sie fast vor dem Haus, in dem einst ihre Schulfreundin Esther gewohnt hatte. Neugierig trat sie näher und suchte nach einem Namensschild. Tatsächlich – offensichtlich lebte Esthers Familie immer noch hier. Zum zweiten Mal an diesem Tag klopfte sie an eine Tür.

Doch dieses Mal wurde sie von der Hausherrin selber geöffnet. Graublonde Löckchen umrahmten ein gutmütiges Gesicht, Augen mit vielen Lachfältchen musterten Hope erst neugierig und dann mit ungläubigem Erkennen. »Hope? Bist du das wirklich?« Hope konnte nur nicken, während Esther sie in das Innere des Hauses zog. »Wo bist du nur in all den Jahren gewesen? Komm herein. Ich mache uns eine Tasse Tee, und du musst mir alles erzählen. Wirklich alles!«

Minuten später fand Hope sich in einem überladenen Salon wieder. Esther strahlte sie an. »Also?«

»Wo soll ich nur anfangen?« Erst jetzt merkte Hope, wie sehr sie einen freundlichen Menschen nötig gehabt hatte. Also erzählte sie in kurzen Sätzen, wie es ihr seit dem Examen an der Bedford-Schule ergangen war. »...und dann haben wir beschlossen, dass wir uns trennen und jeder auf seine Weise versucht, den Frieden doch noch zu bewahren«, endete sie. Vor den Fenstern war es längst dunkel geworden, auf dem Tisch stand die dritte Kanne Tee, zu der sich irgendwann Scones gesellt hatten.

Esther sah Hope aufmerksam an. »Wie um Himmels willen bist du dann nach England gekommen? Der Linienverkehr zwischen Deutschland und England ist eingestellt!«

»Es war ein bisschen kompliziert«, gab Hope zu. »Ich bin nach Kopenhagen, um die Reise von einem neutralen Land aus zu starten. Zwei Tage lang wartete ich auf eine Gelegenheit, um nach England zu kommen – und alles, was ich dann fand, war ein Kutter mit Schweinefleisch, der an den Shetlands vorbei nach Liverpool fuhr. Und so bin ich vor ein paar Tagen hier gelandet.«

»Und was macht deine Friedensmission?«, fragte Esther.

»Nicht viel.« Hope seufzte. »Entweder, man will nicht mit mir reden, oder man nimmt mich nicht ernst. Meistens beides, fürchte ich. Diejenigen, die sich mit mir treffen wollen, sind ohnehin für die Sache des Friedens. Mit George Bernhard Shaw habe ich Tee getrunken. Aber was bringt das? Zwei Pazifisten sitzen zusammen und jammern über den verlorenen Frieden.«

»Auf welcher Seite stehst du wirklich?« Esther fühlte sich nicht wohl bei der Frage. »Du bist jetzt eine Deutsche. Also bist du eine Feindin. Womöglich sogar eine Spionin?«

Hope konnte ein bitteres Auflachen nicht unterdrücken. »Das würde ja bedeuten, dass ich eine offizielle Mission habe. Glaube mir: So sehr, wie hier alle der Meinung sind, dass ich in den Diensten der Deutschen stehe, so sehr sind dort alle der Meinung, dass ich in den Diensten der Engländer stehe. Dabei stehe ich ausschließlich im Dienst des Friedens. Aber diese Wahrheit scheint mir niemand zu glauben.«

Esther legte ihre weiche, rundliche Hand auf Hopes Arm. Aus ihren blassblauen Augen sah sie die Freundin ihrer Schulzeit an. »Egal was die anderen glauben, ich vertraue dir. Wenn du willst, kannst du gerne bei mir wohnen, bis du nach Hause zurückkehrst.« Sie lächelte verlegen. »Wie dir wahrscheinlich aufgefallen ist, lebe ich alleine in diesem Haus. Ich habe es von meinen Eltern geerbt, muss niemanden um Erlaubnis fragen. Wenigstens ein Mal sehe ich in diesem Mangel einen echten Vorteil.«

»Danke!« Erst jetzt merkte Hope, wie sehr sie die letzten Tage in dem billigen Hotel gehasst hatte. Jetzt hatte sie wenigstens eine Adresse, die sie auch Carl schreiben konnte. Womöglich wendeten sich die Dinge hier in London doch noch zum Guten.

Der Novembernebel hing nass und schwer über Londons Straßen, als Miriam Allison an Esthers Tür klopfte. Hope öffnete selber und sah völlig überrascht die Kindergärtnerin an. »Was machst du hier? Ist etwas passiert? Mit Heinz? Mit Carl?«

»Nein, nein«, lächelte Miriam beruhigend. »Allen geht es gut.

Ich bringe Nachricht von Carl.« Sie sah sich um. »Aber sollten wir das nicht lieber drinnen besprechen?«

»Ich vergesse mein gutes Benehmen, verzeihe mir«, entschuldigte Hope sich. »Offensichtlich werde ich wunderlich bei meinem Kampf gegen die Behörden.« Sie winkte Miriam herein und brachte sie in Esthers behagliche Küche. »Ich habe gerade eine Kanne Tee gemacht.«

Minuten später saßen sie beide vor ihren dampfenden Tassen. Miriam sah sich neugierig um. »Wo ist denn nun diese Esther?«

»Sie ist heute unterwegs«, erklärte Hope. »Keine Sorge, du wirst sie heute Abend kennenlernen. Aber jetzt erzähl schon! Welche Neuigkeiten gibt es aus München? Wie geht es Carl und Heinz?«

Miriam nickte. »Ich soll dir von Carl die allerbesten Grüße ausrichten. Er wollte dir keinen Brief schreiben, damit deine Ausreise nicht noch mehr verzögert wird. Deswegen hat er mich geschickt. Ich soll dir ausrichten, dass seine Mission nach Wien und Triest kein Erfolg war. Niemand wollte für den Frieden kämpfen. Deswegen hat er beschlossen, dass er wenigstens die schlimmsten Auswüchse des Krieges lindern sollte.«

Verwirrt sah Hope die Kindergärtnerin an. »Die Not des Krieges lindern? Wie soll das denn gehen?«

»Nun«, erklärte Miriam. »Er hat sich an die Front gemeldet.«

»Nein.« Hope schloss die Augen. »Sag mir, dass das nicht wahr ist. An der Front hat er nichts verloren. Was soll ein Mann, der gegen den Krieg ist, im Schützengraben?«

»Er hat sich als Frontarzt gemeldet. Ein paar Genossen haben erzählt, wie es an der Front zugeht. Die Soldaten vegetieren in Schützengräben, Verwundete werden kaum versorgt. Carl hat beschlossen, dass er helfen muss.«

»Das sieht ihm ähnlich«, nickte Hope. »Immer fühlt er sich verantwortlich, muss unbedingt die größten Opfer bringen. Was kümmert es ihn, dass ich alleine zurückbleibe?«

Plötzlich sah sie in Miriams Blick Mitleid aufkommen. Mit einem Schlag wurde sie misstrauisch. »Was ist, Miriam? Gibt es noch etwas, das du mir sagen willst? Dann spanne mich nicht auf die Folter. Viel schlimmer als die Nachricht von Carls Einsatz an der Front kann es nicht mehr kommen.«

»Sag das nicht«, schüttelte Miriam den Kopf. »Deine Mutter, Ellen, sie …«

Hope barg ihr Gesicht in den Händen. »Nein. Das kann nicht sein. Sie ist alt, ich weiß. Verwirrt, das mag sein. Aber sie hat ein starkes Herz.« Sie sah Miriam an. »Sag mir, dass sie ein starkes Herz hat!«

Langsam schüttelte Miriam den Kopf. »Es war eine Lungenentzündung. Sie wehrte sich nur einen Tag lang, dann hörte ihr Herz auf zu schlagen. Gregor war bei ihr.«

Die Tränen liefen über Hopes müdes Gesicht. Dieses Jahr war verflucht. »Welcher Traum platzt als Nächstes?«, fragte sie verzweifelt. »Gibt es denn keine einzige gute Nachricht?«

Miriam griff nach ihrer Hand. »Ich weiß nicht, ob es dir ein Trost ist – aber Heinz und ich haben beschlossen, dass wir heiraten wollen.« Sie lächelte unsicher. »Das heißt natürlich, wenn du nichts dagegen hast!«

Hope schloss Miriam fest in ihre Arme. »Wie könnte ich gegen so eine Verbindung sein? Schon seit deinem ersten Tag in unserem Kindergarten habe ich gesehen, dass ihr euch aufrichtig liebt. Was könnte es für eine bessere Grundlage geben als das?«

Miriam sah ihre künftige Schwiegermutter an. »Dann müssen wir nur noch nach Hause. Wer weiß? Vielleicht kann Carl über Weihnachten nach München. Es wäre doch schade, wenn du dann nicht in der Gabelsbergerstraße wärest.«

Mit einer Grimasse gestand Hope: »Die Behörden lassen mich leider nicht so leicht ausreisen. Sie fürchten meine Spionagetätigkeit hier. Und ich weiß nicht, ob sie dich so einfach zu deinem Heinz lassen.«

Charles Trevelyan sah von dem Schreiben in seiner Hand hoch. »Was spricht denn jetzt dagegen, dass diese Frau ausreist?«

Ihm gegenüber saß seit Jahren Kollege Blythe. In all der Zeit hatte Trevelyan bei ihm kein Lächeln gesehen. Jetzt schüttelte er energisch den Kopf. »Sie hat sich seit Monaten hier im Land umgesehen. Sie spricht mit Politikern und Künstlern. Und das sind lediglich die Dinge, von denen wir offiziell Kenntnis haben – ich will mir nicht einmal ausdenken, was sie sonst seit September getrieben hat. Was, wenn sie jetzt ihrem Land alles mitteilt, was sie in dieser Zeit in Erfahrung bringen konnte? Ich denke, sie könnte unserem Land ernsthaft schaden!«

Trevelyan rieb sich über seinen kahlen Kopf. »Wenn ich das richtig sehe, dann trifft sie sich mit irgendwelchen wirren Suffragetten. Mit Theoretikern wie Bertrand Russell träumt sie von einem Völkerbund, der künftig den Krieg verhindern soll. Wir sollten sie zurückschicken – gerade wegen des Krieges.« Er feixte. »Dann kann sie in ihrem Land den Schaden anrichten, den sie im Moment hier verübt.«

»Das ist blauäugig!« Blythe deutete auf eine Randnotiz, die auf einer der Unterlagen von einem Beamten hingekritzelt worden war. »Vor ein paar Wochen traf auch noch eine Miriam Allison ein. Angeblich eine harmlose Kindergärtnerin – tatsächlich aber ist sie mit dem Sohn dieser Ärztin verlobt!«

»Na und?« Trevelyan sah noch einmal die Akten durch. »Ich kann nicht glauben, dass eine Kindergärtnerin aus München den Lauf des Krieges beeinflussen kann.«

»Ich schon.« Blythe schmiss die Akte zurück in einen Ablagekorb. »Und solange ich das glaube, bleiben diese beiden Weibsbilder, wo sie sind. In London. Unter meiner Beobachtung.«

München, 1915

Knarrend öffnete sich die Wohnungstür. Kalte, muffige Luft drang in Hopes Nase, als sie die verlassene Wohnung betrat. Als sie im August nach London abgereist war, hatte sie mit einer kurzen Trennung von Carl gerechnet. Ein paar Wochen vielleicht. Inzwischen war es Januar. Die englischen Behörden hatten endlich ein Einsehen gehabt und ihre und Miriams Ausreise genehmigt. Miriam war sofort nach Jena gefahren, um dort Heinz zu treffen. Den letzten Abschnitt der Reise hatte Hope allein zurückgelegt. Die Kilometer auf den Schienen hatten sich endlos gedehnt. Ohne Miriams Gesellschaft war ihr viel zu deutlich geworden, dass auf sie nur eine leere Wohnung und ein zermürbender Prozess warteten. Die letzten Monate in England hatten nichts bewirkt außer der Gewissheit, dass das alte Europa diesen Krieg wirklich wollte.

Sie sah sich um in der Wohnung, in der einst so viel Leben geherrscht hatte. Die Kratzer in der Tapete im Flur, die Maxim und Kostja bei ihren wilden Spielen gemacht hatten. Gedankenverloren strich sie über die Türklinke zu Maras Zimmer. Längst verheiratet in Montevideo, Mutter von zwei Kindern. Oder waren es inzwischen drei? Auf jeden Fall hatte sie keinen Kontakt mehr zu ihr. Otto erzählte in seinen spärlichen Briefen von Mara, weil er wusste, dass Hope sich wegen des Schweigens ihrer Tochter grämte. Die Erzählungen aus zweiter Hand waren für Hope schwer zu ertragen. Wo hatte sie versagt bei der Erziehung ihrer Tochter? Nachdenklich ging sie in das Behandlungszimmer. Das Laken über dem Behandlungsstuhl wirkte gespenstisch. Wie viel Freude und wie viel Leid hatte sie in diesem Raum erleben dürfen!

Plötzlich hörte sie ein Geräusch aus dem Salon. Das Knarren des großen Ohrensessels am Fenster, in dem Carl so gerne saß.

»Carl?« Hope wagte nicht zu glauben, was sie hörte. Mit klopfendem Herzen lief sie in den Salon. »Carl!«

Clara kam ihr entgegen und fing Hope in ihren Armen auf. »Es tut mir leid, Hope. Ich bin nicht Carl. Ich wünschte mir, ich wäre er.«

»Wo ist er, Clara? Noch immer an der Front?«

Sie nickte. »Er will immer noch die Kameraden in den Schützengräben vom Wahnsinn des Krieges überzeugen. Ich schwöre dir: Ich habe versucht, ihn von dieser Idee abzuhalten.«

In einem plötzlichen Zornesausbruch ließ Hope die flache Hand auf den Tisch knallen. »Der Krieg, dieser verdammte Krieg. Hat er je etwas anderes gemacht als Witwen aus Frauen, Waisen aus Kindern und Krüppeln aus Männern?«

Clara fasste Hope an den Armen und sah ihr eindringlich in die Augen. »Und deswegen geben wir nicht auf, Hope! Komm mit mir! Komm mit mir nach Bern, wo weder der deutsche Kaiser noch die britische Krone uns zu irgendetwas zwingen kann. Wo wir frei gegen den Irrsinn kämpfen können!«

»Ich kann München nicht verlassen«, wehrte Hope ab. »Die Voruntersuchung zum Prozess erlaubt es nicht. Und was, wenn Carl zurückkommt? Soll er eine leere Wohnung vorfinden?«

Mit einer ausladenden Handbewegung deutete Clara auf die mit Laken verhüllten Möbel und die staubigen Schränke. »Hier ist doch nichts mehr zu gewinnen. Sieh es doch ein.«

Entschlossen schüttelte Hope den Kopf. »Nein. Ich habe nicht zwanzig Jahre lang gekämpft, um nun aufzugeben. Geh nach Bern zurück, Clara. Geh und streite für die gute Sache. Und mach dir keine Sorgen um mich.«

Unentschlossen sah Clara ihre langjährige Freundin an. Sicher, sie musste nach Bern. Sie wusste allerdings nicht, wie sie es verhindern konnte, sich Sorgen um Hope zu machen. Carl irgendwo an der Front, ein Prozess in einer zunehmend feindlichen Welt … wie sollte Hope ohne Unterstützung zurechtkommen? Mit schlechtem Gewissen griff sie nach ihrem Mantel. »Ich gehe. Aber du sollst wissen, dass du jederzeit einen Unterschlupf bei uns in Bern finden kannst. Oder an jedem anderen Ort, in den uns dieser unglückselige Krieg verschlägt.«

Damit verließ sie die kalte, große Wohnung. Hope blieb verloren zurück. Sie ließ sich in einen der verhängten Stühle fallen und sah auf die Straße. Ein paar verlorene Schneeflocken wirbelten durcheinander, ein Kindermädchen lief mit einem kleinen Jungen im Matrosenanzug schnell von einer Straßenseite auf die andere. Ein quälender Husten überfiel Hope. Als er endlich nachließ, rang sie nach Atem. Ein Blick in ihr Taschentuch bestätigte ihre schlimmsten Befürchtungen. Hellrotes Blut befleckte das Taschentuch, das sie in ohnmächtigem Zorn zusammenknüllte. Sie schloss ihre Augen. »Carl, wo bist du? Wo bist du nur?«, murmelte sie leise.

Lautes Klopfen weckte sie. Eine Sekunde lang sah sie sich verwirrt um, dann erinnerte sie sich wieder an alles. Das Scheitern in England, der lange Kampf um die Ausreisegenehmigung, ihre

Heimkehr in diese leere Wohnung in der Gabelsbergerstraße. Das Blut im Taschentuch. Die verdammte Schwindsucht, wieder da. Das Klopfen an der Tür wurde dringlicher. Mühsam stand Hope auf und öffnete die Tür einen Spaltbreit. Vor ihr stand ein Postbote mit einem Brief in der Hand. »Bin ich hier richtig bei Lehmann?«

Hope streckte die Hand aus. »Was gibt's? Vom Gericht?«

Der Mann schüttelte den Kopf. »Vom Kriegsministerium.« Er nickte und polterte die Stufen hinunter. Mit einer schnellen Bewegung riss Hope den Umschlag auf. Leise murmelte sie vor sich hin. »... endlich. Post von meinem Carl. Warum nur hat er sich so lange nicht gemeldet?« Dann fiel ihr Blick auf die offiziell wirkenden Zeilen: »... wurde Ihr Mann bei einem feigen Angriff in Valenciennes schwer verletzt. Dem Kaiser alle Ehre ...«

Die Buchstaben auf dem Brief verschwammen vor ihren Augen. Mühsam stützte sie sich an der Wand ab und rang nach Atem. Carl verletzt? Sie konnte sich ihren Mann nicht krank und hilflos in einem Bett vorstellen. Carl, der vor Energie sprühte, dessen Elan kein Ende fand. Er sollte verletzt sein? Auf Leben und Tod? Sie konnte ihn nicht alleinlassen. Langsam faltete sie den Brief wieder zusammen. Sie musste nach Valenciennes – und wenn es das Allerletzte war, was sie tat. Sie musste mit eigenen Augen sehen, wie es Carl ging.

Ein paar zerrissene Laken trennten die Ecke des Zimmers ab. Es war dunkel, eine kleine Petroleumlampe brachte kaum Licht. Draußen krachten immer wieder schwere Geschütze, ein Pfeifen kündigte Granateinschläge an – nie rechtzeitig für die Soldaten. Im Keller schrie ein Mann in Todesangst nach seiner Mutter, immer wieder. So beginnen wir also unser Leben – und so endet es auch, dachte Hope. Wir brüllen nach unserer Mutter.

In dem Saal, in dem Carl untergebracht war, lagen viele Schwerverwundete. Sie stöhnten im Fieber, bewegten sich unruhig und unterhielten sich leise mit rauen Stimmen. Hope sah auf den Mann, der fiebernd und ohne Bewusstsein im Bett lag.

Seine Wangen waren eingefallen, die Augen lagen in tiefen Höhlen. Der Wundbrand, gegen den er bald eine Woche kämpfte, hatte seinen Tribut gefordert. Carl wirkte kleiner als sonst, zum ersten Mal in ihrem Leben sah Hope ihren Mann verletzlich. Seit sie am Vortag in der Frontstadt angekommen war, saß sie an seinem Bett. Er hatte das Bewusstsein nicht wiedererlangt, aber Hope gab die Hoffnung nicht auf, dass er doch noch seine Augen öffnen würde.

Sie griff nach einem Bogen Papier, den sie in ihrer Arzttasche mit sich trug, und fing an zu schreiben. »Liebste Clara, der Krieg geht in den achten Monat, und er frisst alles, was wir uns zu erkämpfen hofften – das Leben, die Hoffnung und die Liebe.«

Krachend schlug eine Granate neben dem Feldlazarett ein. Der Putz rieselte von der Wand, und Hopes Feder rutschte ab. Sie sah sich kurz um. Die Schule war solide gebaut, sie schien keinen Schaden durch den Einschlag davongetragen zu haben. Schwer zu glauben, dass dieser Ort bis vor ein paar Monaten von Kindergelächter erfüllt gewesen war. Jetzt war er nur noch ein Ort des Leidens und des Sterbens. Hope schrieb weiter.

»Schlimmer noch: Die Bestie Krieg beschmutzt unsere Träume, lacht sie aus. Immer öfter bleibt mir nur die Flucht in die Erinnerungen – an Zeiten, die fast vergessen …«

Nachdenklich sah sie vor sich hin. Erinnerte sich an das erste Treffen mit Carl, die Reisen nach Italien, die Wanderungen in den Alpen. Carl immer vorneweg, unbesiegbar mit einem breiten Lachen. Ihn konnte niemand unterkriegen. Nicht die Liebe zu einer verheirateten Frau, nicht das Gefängnis der Bürger aus Baden, nicht der Kampf gegen Armut und Krankheit …

Sie beugte sich vor, hörte, wie Carl noch einmal tief Atem holte, laut und rasselnd.

Und dann nichts mehr.

Schweigen.

Still griff Hope nach seiner leblosen Hand, während sich in seinem Gesicht tiefer Frieden breitmachte. Sie würde nie wissen, wie lange sie reglos an diesem Bett saß, gefangen in Erinnerungen und so leblos, als sei ein Teil von ihr mit ihrem Mann gestorben.

Eine junge Krankenschwester riss sie aus ihren Gedanken. Sie schob den Vorhang zur Seite und sah müde in die Ecke, in der Hope bei ihrem Mann saß. »Frau Doktor – soll ich Ihnen noch etwas für Ihren Patienten bringen? Frisches Wasser? Oder etwas Morphium gegen den Schmerz?«

Hope sah sie an, schüttelte fast unmerklich den Kopf. »Gegen diesen Schmerz hilft kein Morphium«, flüsterte sie.

Die Schwester sah sie nur kurz überrascht an und ging dann zu Carl. Sie legte ihm den Finger auf den Puls, schüttelte dann den Kopf. »Mein Beileid.« Mit einem Nicken verschwand sie.

Hope griff nach Carls kalter Hand. »Gute Nacht, Carl. Meine Liebe. Mein Tropfen. Mein Leben.«

Vorsichtig nahm sie ihm die Taschenuhr aus der Hand, die er bis zur letzten Minute umklammert hielt, und küsste zum letzten Mal seine Hand.

München, 1916

Der Hammer schlug hart und laut auf den Tisch, um die Menschen im Saal zur Ruhe zu bringen. Hope sah sich mit teilnahmsloser Miene um. Auf einer Bank saß Barbara Rauhenzahner, ergraut, mit einem bitteren Zug um den Mund – aber immer noch aufrecht und für jeden Kampf bereit. Daneben Doktor Hengge, der sie besorgt musterte. Ein paar junge Männer, deren Gesichter Hope nur entfernt bekannt vorkamen. Sie verlor das Interesse, starrte wieder nur auf ihre Hände. Abgearbeitete Hände mit kurzen Fingernägeln und Altersflecken auf dem Handrücken. Nie hatte sie über das nahende Alter nachgesonnen, aber jetzt war es da. Seit der Nacht in Valenciennes war ihre Jugend vorbei.

Der Hammer des Richters krachte noch einmal auf den Tisch. »Alle Beteiligten mögen sich erheben!«

Mühsam quälte Hope sich auf die Beine. Ein Hustenanfall nahm ihr die Luft, und sie hielt sich keuchend an einer Stuhllehne fest. Zum Glück konnte sie sich nach wenigen Augenblicken wieder auf die harte Bank der Angeklagten fallen lassen. Jetzt war es also so weit. Das Urteil. Wie oft hatte sie sich mit Carl ausgemalt, wie sie diesen Moment erleben würden. Und jetzt war der Augenblick da – und Carl war fort. Sie schloss ihre Augen, als der Richter mit der Verlesung begann.

»Es steht für uns außer Frage, dass die Angeklagte, auch gemäß des eingehenden und überzeugenden Gutachtens des Medizinalrates, wiederholt gegen Paragraph 219 des Reichsstrafgesetzbuches verstoßen hat.«

Hope hörte, wie die Zuschauer leise tuschelten. Waren sie jetzt zufrieden, endlich?

»Ihr Verhalten entspricht weder den allgemeingültigen Regeln der Kunst noch den Anforderungen einer gewissenhaften Ethik. Nichtsdestotrotz ist es nicht gelungen, dies im Einzelfall zu beweisen, besonders aufgrund der Komplizenschaft diverser Zeugen mit der Beklagten. Auf Antrag und mit Billigung des Staatsanwaltes wird daher von der Eröffnung eines Hauptverfahrens gegen Doktor Hope Lehmann abgesehen. Sie ist mit sofortiger Wirkung außer Verfolgung zu setzen. Die Kosten der Voruntersuchung trägt die Staatskasse.«

Es dauerte einen Augenblick, bis Hope verstand, dass sie mit diesen dürren Worten freigesprochen war. Sie hörte die empörten Stimmen der Zuschauer und vor allem der Hebammen – aber sie wollte ihnen nicht mehr begegnen und blieb reglos an ihrem Platz sitzen. Allmählich leerte sich der Raum. Erst jetzt sammelte Hope ihre letzten Kräfte und verließ das dunkle Gerichtsgebäude. Sie trat auf die Straße und hielt ihr Gesicht in die Sonne. Es wurde Frühling. Die Jahreszeit des Neubeginns für sie, eine Frau ohne Hoffnung. Wieder hustete sie, griff nach einem Taschentuch und lehnte sich gegen eine Mauer, bis der Anfall vorüber war.

»Sie sollten das mal von einem Spezialisten untersuchen lassen!« Diese Stimme hätte Hope unter Tausenden erkannt. Es war Otto – der Mann, mit dem sie an diesem Tag am wenigsten gerechnet hatte. Sie fiel ihm um den Hals.

»Otto, was ist … Was treibt dich denn nach München?«

Er wies auf das Justizgebäude. »Ich habe von dem Prozess gehört. Leider gab es keinen früheren Zug.«

»Das ist sehr lieb von dir«, sagte Hope warm.

Vorsichtig nahm Otto ihr das Taschentuch aus der Hand und reichte ihr ein frisches. »Ich meine das nicht im Scherz, Hope. Komm nach Nordrach. Erhol dich, zumindest für eine Weile. Du bist Alexandra und mir mehr als willkommen.«

»Nicht nötig«, winkte Hope ab. »Was ich tun musste, habe ich getan. Der Rest geht seinen Weg von allein.« Sie zögerte. »Was gibt es Neues von Mara?«

Otto zuckte mit den Schultern. »Sie schreibt noch manchmal. Sie ist wieder schwanger. In Montevideo führt sie ihr eigenes Leben.«

»Nicht mehr habe ich mir für sie gewünscht.« Ängstlich sah sie Otto an. »Sag mir, Otto: War ich eine schlechte Mutter?«

Er nahm sie vorsichtig in den Arm – und erschrak dabei, wie deutlich er ihre Knochen spüren konnte. »In keiner Sekunde. Lass dir das von niemandem einreden. Sie konnte deine Liebe vielleicht nicht immer annehmen – das heißt aber nicht, dass du sie nicht geben wolltest.«

»Du ahnst nicht, wie sehr ich das hören musste«, gab Hope zu.

»Kann ich dir denn irgendwie helfen? Was ist mit der Praxis?«, fragte Otto besorgt nach.

»Nichts. Ich werde sie schließen. Du kannst nichts mehr für mich tun. Mach dir keine Sorgen um mich ...«

Zögernd wandte Otto sich ab. Er kannte die hässliche Fratze der Schwindsucht, wusste, wie es aussah, wenn ein Patient den Willen zum Leben verloren hatte. Und er hatte den Blick der Todgeweihten bei Hope gesehen. Aber sie hatte seine Hilfe abgelehnt – also verabschiedete er sich von ihr.

Noch ein paar letzte Umdrehungen mit dem Schraubenzieher, und das emaillierte Schild löste sich von der Wand. Der picklige Lehrling reichte es der alten Frau, die ihm schweigend zugesehen hatte. »Wollen Sie's behalten?«

Hope fuhr mit ihrer zittrigen Hand über die beiden Namenszüge. Wie sehr erinnerte sie sich an den Tag, an dem das Schild befestigt worden war. Damals war ihr noch alles möglich erschienen – und sie hätte nie im Traum damit gerechnet, dass Carl sie dereinst als Witwe zurücklassen würde. Mit einem Kopfschütteln gab sie das Schild dem Handwerker zurück. »Sentimentaler Unsinn!«

Der Lehrling nickte, tippte sich zum Abschied an seine Mütze und verschwand. Hope sah ihm noch nach, als eine magere Frau in Begleitung eines jüngeren Mannes sich an sie wandte.

»Frau Doktor … Bridges?«

»Bridges?« Hope lachte kurz auf. »Schon lange nicht mehr.«

Die Frau deutete verlegen einen kleinen Knicks an. »Ach natürlich. Hatte ich ja in Ihrem Buch gelesen.«

Hope musterte das Gesicht, das ihr bekannt vorkam. »Kennen wir uns?«, fragte sie mit einem Stirnrunzeln.

»Das ist schon so lange her. Bald an die fünfundzwanzig Jahre. In Frankfurt war's!«, erklärte die Frau.

Mit kritischem Blick nahm Hope ihr Gegenüber genauer in Augenschein. Sie war nicht mehr so mager, aber das Haar war immer noch dünn und strähnig. Hope strich mit der Hand das Haar an der Schläfe zurück und sah die alte Narbe, die sich am Haaransatz entlangzog. Sie lächelte. »Lotte. Du bist die kleine Lotte aus Frankfurt.«

»Dass Sie sich daran erinnern!« Lotte strahlte.

»Gut schaust du aus«, erklärte Hope, nachdem sie Lotte noch länger betrachtet hatte. Nicht mehr so dünn, ein sauberes Kleid, die Zähne gepflegter.

Lotte nahm das Frauenbuch aus ihrer Tasche und hielt es Hope entgegen. »So geht's mir auch. Ihr Buch habe ich bestimmt tausendmal gelesen. Und als mein Frieder jetzt nach München musste, da sagte ich zu ihm – ich sagte, wir müssen Sie halt mal besuchen.«

»Das ist schön.« Hope war gerührt beim Anblick ihrer allerersten Patientin.

Lotte deutete auf den jungen Mann, der schüchtern hinter ihr stand. »Erinnern Sie sich noch an meinen Frieder? Sein Fuß ist nie mehr zusammengegangen, genau wie Sie's damals gesagt haben. Gott sei Dank – dafür muss er nun nicht in den Krieg.

Aber zur Schul' hab' ich ihn geprügelt – und jetzt ist er sogar Lehrer geworden!«

Schüchtern reichte Frieder der Ärztin die Hand und verneigte sich dabei ein wenig. »Sie mögen mir verzeihen, dass ich mich nicht selbst erinnern kann. Aber meine Mutter erzählt von Ihnen tagaus, tagein.«

»Was gibt's denn da groß zu erzählen?«, wunderte sich Hope.

»Sie machen wohl Scherze, Frau Doktor«, lachte Lotte. »Mein Leben haben'S mir gerettet und das von die Kinder! Ich halt's streng mit dem Buch, und meine Tochter Gunni tut's in ihrer Ehe gleich.«

»Das freut mich, wirklich«, lächelte Hope. Womöglich war ihr Leben doch nicht so ohne Wirkung geblieben, wie es sich in letzter Zeit oft anfühlte.

»Und nun wollte ich doch wenigstens einmal Danke sagen. Weil ohne Sie wäre doch alles nix gewesen«, erklärte Lotte ernsthaft.

Plötzlich fiel Hope das Atmen leichter. Selbst wenn sie nur dieser einen Frau hatte helfen können, dann war ihr Leben nicht ganz vergebens.

»Dürfen wir Sie auf einen Kaffee einladen? Ein Stück Kuchen vielleicht?«, fragte Frieder beflissen.

Hope zückte die Taschenuhr, die sie seit Carls Tod ständig bei sich trug. Bedauernd schüttelte sie den Kopf. »Es ist schon spät. Aber wenn Sie mich noch ein wenig begleiten würden, wäre das sehr nett. Ich habe eine kleine Wohnung hier in der Nähe gemietet.«

»Aber sicher!« Frieder stützte die Ärztin unauffällig, während sie die Straße entlanggingen.

»Gunni – gab's die damals schon?«, wollte Hope wissen.

Lotte lachte. »Nein, die Jüngste ist von meinem zweiten Mann. Den Kurt habe ich rausgeworfen, weil er doch nicht gut für mich war. Da hatten Sie schon recht. Der Bruno ist da ein ganz anderes Kaliber.«

»Wo lebt ihr denn jetzt?«

»In der Vorstadt!«, erklärte Lotte stolz. »Der Bruno hat uns ein Häuschen renoviert.«

»Das ist schön«, erklärte Hope und blieb vor einem schlichten Haus stehen. »Ich bin jetzt zu Hause. Danke für den Besuch und die Begleitung! Das hat mir viel bedeutet, wirklich.«

Sie schloss die Tür zu dem Mietshaus auf und erklomm langsam die Treppen zu ihrer Wohnung unter dem Dach. Hier blieb sie ein Weilchen an ihrem Küchentisch sitzen, bis sie wieder zu Atem gekommen war. Dann griff sie zu einem weißen Bogen Briefpapier, schraubte ihren Federhalter auf und fing an zu schreiben.

»Liebe Clara. Es kommt noch eine schöne Zeit, in der es eine Lust sein wird zu leben. Dass Carl und ich nicht dabei sein können, tut mir leid. Aber man darf nicht alles haben wollen. Wenn man alles gehabt hat, dann muss man auch einen Strich ziehen können …«

Epilog

Hope Bridges Lehmann schied am 10. Oktober 1916 freiwillig aus dem Leben. Sie wurde 59 Jahre alt.

Ihre Tochter Mara kehrte nie wieder aus Montevideo zurück. Sie wurde streng katholisch und bekam acht Kinder. Sie fand keinen Frieden mit ihrer Mutter – auch nicht nach deren Tod. Kurz vor ihrem eigenen Tod verbrannte Mara alle Briefe, die sie von ihrer Mutter erhalten hatte.

Ihr Sohn Heinz heiratete Miriam Allison und praktizierte als Arzt in der Gabelsbergerstraße.

In Nordrach steht noch heute ein Krankenhaus an der Stelle des Lungensanatoriums. An Otto Walther erinnert ein Gedenkstein. Hope wird darauf nicht erwähnt.

Auf dem Gelände des geplanten Frauenheims steht heute das Dantestadion in München.

Erst nach 1945 wagten sich die ersten Männer in den Kreißsaal. Heute sind 90 Prozent der Männer bei der Geburt ihrer Kinder dabei, so wie Hope es sich einst erträumte.

2004 wurde in München-Schwabing eine Straße »Adams-Lehmann-Straße« genannt. Tatsächlich nannte Hope sich mit vollem Namen »Dr. Hope Bridges Adams Lehmann«. Bereits ihr Vater trug den Doppelnamen Bridges Adams – auch wenn die Reihung der Nachnamen sich im täglichen Leben als unpraktisch erwies ... Deswegen wurde auch in diesem Buch auf die Nennung des kompletten Namens verzichtet.

Achtung!
Klassik Radio
löst Träume aus.
▸ Klassik Hits 06:00 bis 18:00 Uhr
▸ Filmmusik 18:00 bis 20:00 Uhr
▸ New Classics 20:00 bis 22:00 Uhr
▸ Klassik Lounge ab 22:00 Uhr
Alle Frequenzen unter www.klassikradio.de
klassik radio
Bleiben Sie entspannt.